国家社科基金项目"'命运共同体'视角下的北极海洋生态安全治理机制研究"（17BZZ073）结项成果

北极海洋生态安全治理研究

杨振姣　著

人民出版社

责任编辑:宫　共

封面设计:源　源

图书在版编目(CIP)数据

北极海洋生态安全治理研究/杨振姣 著. —北京:人民出版社,2023.6

ISBN 978-7-01-021748-2

Ⅰ. ①北…　Ⅱ. ①杨…　Ⅲ. ①北极–海洋环境–环境保护–研究

Ⅳ. ①X55

中国版本图书馆 CIP 数据核字(2019)第 292011 号

北极海洋生态安全治理研究

BEIJI HAIYANG SHENGTAI ANQUAN ZHILI YANJIU

杨振姣　著

人民出版社 出版发行

(100706　北京市东城区隆福寺街 99 号)

北京汇林印务有限公司印刷　新华书店经销

2023 年 6 月第 1 版　2023 年 6 月北京第 1 次印刷

开本:710 毫米×1000 毫米 1/16　印张:17.75　字数:272 千字

ISBN 978-7-01-021748-2　定价:54.00 元

邮购地址 100706　北京市东城区隆福寺街 99 号

人民东方图书销售中心　电话 (010)65250042　65289539

目　录

序　言

　　"人类命运共同体"是近年来中国倡导的新理念，是中国外交的新思维。"人类命运共同体"强调互利共生、合作共赢。北极海洋生态安全因气候变化而成为全球性议题。基于北极气候变化属于全球共同关注的重大事项，其未来关系到国际社会的整体利益。

　　安全是国际社会的永恒主题。生态安全作为非传统安全的一部分与人类的生活息息相关，是人类生存与发展的最基本安全需求，从 20 世纪后半叶开始受到了各国的普遍重视。蔡守秋认为，广义的生态安全是指人类和世界处于一种不受环境污染和环境破坏危害的良好状态。生态安全具有跨国性、多元性、社会性和相互关联性等特点，同时也关系到国家安全的问题。而国家安全基础上的生态安全主要是指和这个国家安全有关联的人类生态系统的安全，这种安全是建立在可持续发展的基础上的，同时也能够保证环境不被破坏。传统的国家安全概念大都是以国家主权的政治和军事威胁为出发点。但随着全球化程度的不断提高，世界各国已经联结成为一个紧密的整体，而由此引发的生态问题也打破了国界的限制，变成了全球性环境问题，加剧了国际关系的复杂性。生态问题不仅会加剧一个国家社会内部的冲突，还会引发国家间的军事冲突。生态安全在国家安全系统中应当是处于基础性地位的，它与军事安全、经济安全、政治安全具有同等重要的战略地位，而生态安全更是国防军事、政治和经济安全的基石。

　　海洋生态安全是指海洋生态系统所处的一种健康、良好状态。北极海冰融化，可供人类开发利用的区域增大，越来越多的国家参与到北极的生产开发活动中去，人类的进入对北极原生生态系统造成影响，特别是资源开采、油船泄露、渔业捕捞等活动造成了严重的海洋污染，北极海洋生态安全态势不容乐观。北极海洋生态系统是地球生态系统的重要组成部分，北极环境变化对周边地区乃至全球范围都会产生影响，因此维护北极海洋生态安全对构建人类命运共同体具有重要意义。

北极海洋生态安全是复合了政治、军事、经济、道德的综合性议题，作为全球生态安全系统的一部分，不仅影响着北极地区的生态状况，而且对整个地球生态系统影响巨大，引起了国际社会的强烈关注。北极的环境系统相对脆弱，如果遇到环境污染会造成极大的破坏，而北极当地的人口生存主要也依靠当地的环境情况。北极进行环境治理和保护的初始阶段，北极区域的国家仅仅依靠自己的能力来独自完成，缺少和其他国家之间的合作，因此它们的政策和保护条款不具有国际性，相关的法律也不具有权威性，同时这些法律虽然被制定出来，但是不具有实际应用价值。北极环境变化给人类带来的非传统安全风险更具有现实性。我们必须重视北极环境变化对全人类共同利益和我国国家安全的影响。北极问题是全人类的问题，它的环境保护关系着人类的生存利益，和我国的国家安全也息息相关。要是北极环境被破坏，冰川大量融化，我国的生态情况也会受到某种程度的影响，关系着我国的切身利益。

目前，国内外对于北极海洋生态安全治理问题研究相对滞后，大多数海洋生态安全问题是包含在海洋环境、海洋资源、海洋灾害等问题研究中被提及，没有上升到海洋生态安全领域，更没有上升到国家安全、地区安全乃至全球安全层面。本书通过梳理北极海洋生态安全相关理论，结合中国提出的"人类命运共同体"理念，分析北极海洋生态安全治理现状以及治理困境，分析俄罗斯、加拿大、美国、欧盟等北极国家和地区对于北极海洋生态安全治理的实践，总结相关经验，进而对北极海洋生态安全治理机制的构建进行研究。

作为"全球变化的指示器"，北极的未来发展关乎人类共同命运。北极海洋生态安全已经超越了区域的界限，成为全球公共问题。北极海洋生态安全为北极现有生态保护与可持续发展指明生态化、安全化路径方向。中国是北极利益攸关方，是世界上最大的发展中大国和发展迅速的经济体，中国与北极的发展息息相关，探讨北极海洋生态安全，选择"低度政治"领域，是中国参与北极事务的重要切入点。将北极海洋生态环境的变迁同当前我国积极倡导的"命运共同体"理念相结合，完善北极海洋生态安全治理机制，维护全人类在北极共享的生态利益，为和谐北极作出应有的贡献。

"命运共同体"理念是全球治理的灵魂，以中国理念和实践引领全球治理机制，彰显负责任大国风范。中国作为北半球最大的发展中国家，高度关注北极气候环境的变化问题及其对我国带来的影响是一个负责任政府的必然选择。参与北极海洋生态安全治理是以中国理念影响北极治理的具体展现。本书从助力中国参与北极治理出发，挖掘"命运共同体"背景下，将系统研究北极海洋生态安全治理所面临的障碍与阻力，提出具有针对性的国内外政策、路径，为我国建设性参与北极事务提供借鉴和参考。

第一章　北极海洋生态安全相关理论

北极地区位于地球的最北端，大部分地区终年冰雪覆盖，是地球表面的冷源和全球气候变化的主要驱动器。随着气候变暖，北极海洋生态环境发生了巨大的变化，其资源价值和开发前景日趋突出。

第一节　北极概况

北极位于地球的最北处，由于极端的位置造就了北极极端的地理条件和气候现象，同时由于北极具有极为丰富的自然资源，它在世界范围内具有极大的战略意义，被世界各国广泛关注。

一、北极自然环境状况

在地理层面上，北极区域在地球北部的中心区域，由于其极寒的天气，北极地区基本一直被冰雪所包围，拥有较为丰富的海洋物质，同时它也包含了巨大的地域面积。北极的土地面积超过2100万平分公里，而其中冰川地域面积有大约800万平分公里，这些面积的水深小于500米，同时北极地域还拥有一定的岛屿面积，这些岛屿中有北美、亚欧大陆所包含的苔原带以及岛屿群，另外北极外侧边缘的泰加林带地域也在其中。

由于极端的地理位置和天气环境，北极的资源基本尚未被挖掘，在厚厚的冰盖下面是大量的生物资源和矿产资源。在一份统计报告中，有科学家明确指出北极现有的可探知的资源包括了矿产资源、天然气资源以及大量的生物资源，大量的冰盖也可以提供大量的淡水资源。同时由于地域广阔，北极很大部分的资源还未被勘探出来，大量资源被埋藏在深深的冰盖下面，在海洋底部也有超过北极 22% 的资源被深埋，总量估计有 100 亿吨左右，因此人们戏称北极为"地球尽头的中东"。北极所拥有的大量矿产资源主要包括了镍、铜、钚复合矿等，经过专家计算这些资源的总量可达 1.5 万亿吨之多，而且专家们通过分析认为北极也拥有和南极同样丰富的铁矿资源，另外北极的天然气资源总量也估计超过 47 万亿立方米。在石油资源方面，北极拥有的石油储备在未开发的石油储备中占到了总量的 13%，而且北极还拥有包括煤炭等的其他能源资源。①

除地理学上的北极之外，物候学和植物学上也对北极地区的概念有所阐述。

在物候学上区分北极地区边界的主要方法有两种，一种是通过气候来区分，一种是通过树线。在气候角度上来看，主要用平均气温最高的 7 月来作为恒定标准，这个标准是在学术界最为常用的一个标准，在这个标准中将陆地平均 100℃ 和海洋平均 50℃ 来作为具体的划分方案。

而树线区分主要用"泰加林分布线"作为依据，这种依据的判定是通过植被的详细种类和高低情况来进行的，但是这种判定方法仅仅适用于陆地，在海洋区域的划分上还是要依靠气候学的方法，而且树线法的划分过于笼统，并不能进行详细的判定，因此它与实际的结果有较大的出入。

北极航道横穿北冰洋，将太平洋和大西洋连接起来。现有的北极航道主要有两条，一条是东北航道，一条是西北航道。

西北航道起于白令海峡，通过弗特海后，围绕着加拿大北极群岛的海岸线，再转向戴维斯海峡、巴芬湾等地区。西北航道的形成较为复杂，它是

---

① U.S.Geoolgical Survey.Circum-Arctic Resource Appraisal：Estimates of Undiscovered Oil and Gas North of the Arctic Circle，23 July，2008，http：//pubs.usgs.gov/fs/2008/3049/fs2008-3049.pdf.

不同的海峡共同形成的，这些海峡分布于各个不同的地域，交织在一起，被统称为西北航道。在西北航道中，一共有七条线路可以开发。由于气候的问题，航道能否正常运行很大程度上受到了航道中冰况的作用，因此航道的通行都存在一定的困难。船只在选择适合航道的过程中必须要考虑许多不同的因素，包括了船只的具体承载力、破冰能力、航道的具体数据等。现有被记录可能通行的航道有五条，其中一条是 2007 年冰川融化后形成的，它连接了太平洋和大西洋，最初于 2007 年夏季正式贯通。西北航道在地理位置上用最短的航线贯通了欧洲和亚洲，甚至可以取代巴拿马运河来进行货物运输，如果西北航线可以正常通行，将缩短大约 7000 公里的航行路程，不管在军事角度还是商业角度它都有较大的价值。而 1980 年加拿大收回北极群岛主权后宣布自己拥有西北航道的所有权，并制定了相关的法律，这也在国际社会上引起了一系列问题。

东北航道的定义由北极理事会于 2009 年提出，具体的定义中东北航道起于挪威北角，横穿欧亚大陆，跨越西伯利亚北岸，然后再贯穿白令海峡，最后止于太平洋。通过专家对东北航道进行的详细估算可以看出，从东北亚到达欧洲，它是最快最短的路线，是航运中的绿色通道，在航行时间上，它甚至比苏伊士运河还要快，可缩短到 40%。而在被人发现之前，这个航道里到处充斥着浮冰，这使得航道根本无法通行。近些年由于温室效应的作用，全球的气温逐步上升，而温度的变化导致了冰川的融化，这使得每年夏季大概有三到五个月东北航道可以通行，很多商船为此获得了巨大的便利。2009 年，在没有破冰船的前提下，两艘德国的货运船只从韩国借助东北航道顺利到达了阿姆斯特丹；2013 年，中远集团的"永盛轮"也借助了东北航道成功运输货物。在此之后越来越多的国家开始借助东北航道进行货物运输，它为海运事业贡献了巨大的力量，这也说明了东北航道具有巨大的实用价值。但由于东北航道的主要路线处于俄罗斯境内，因此俄罗斯一直认为自己拥有东北航道的所有权。北方海航道穿过北冰洋的五个边缘海，经过十条海峡，沿线有四个重要港口，从巴伦支海到白令海峡之间有四条不同的航线。1991 年，俄罗斯政府颁布实施的《北方海航道海路航行规章》中规定，北方海航道是"位于苏联内海、领海水域毗连苏联北方沿海的专属经济区内的基本海运线"。[①] 这条航道从 1932 年起处于苏联控制之下。由于气候变化，北冰洋大面积的冰川融化，新的航道运行成为可能，这将带来巨大的经济价值，同时也具有重要的战略意义。而为了牢牢把控北方海航道，俄罗斯政府制定了严格的法律来对航道的运行进行管控，保证俄罗斯政府的航道主权，同时从中获取巨大的利益，这也导致了许多国家对俄罗斯政府提出了抗议。

二、北极地缘政治环境

与地理区域的稳定性相比，地缘政治区域具有明显的动态性和边界的不确定性。地缘政治研究需要将研究对象置于地域空间中进行，这就是地缘政治区域问题。地缘政治区域以地理区域为基础，但不简单地等同于地理区域，它是由国际行为体在地理空间中相互作用所形成的一个空间范围。

地缘政治其实就是一种空间关系，它是为了实现某种权利如安全、利益和权力等，单个国家或多国联盟通过掌控某个地域来索求某种利益。[②] 所以，地缘政治这种空间关系不是固定不变的，会跟随国家之间或者联盟之间的竞合关系不断发生变化。若将整个世界比喻成地缘政治的一个超大系统，那么这个超大系统一定存在很多以国家或联盟为形式的单位结构，单位结构和单位结构之间存在不同程度的联系。若某些单位结构之间联系过于紧密，远远超出了跟其他单位结构的联系，则这些单位结构所覆盖的区域即形成地缘政治区域。

这种特殊的区域比通常所讲的地理区域的稳定性要差得多，具有明显的动态性，不仅可以迅速产生、进展，亦可瞬息万变、迅速消亡。究其原因在于，这种特殊区域所存在的政治力量能够产生明显的地缘政治边界，而这种边界又是动态的、柔性的和模糊的。从历史时段的动态来看，北极地缘政治实践中，不同行为体在北极地区的活动空间和范围有很大变化；另一方

---

① 周洪钧、钱月娇：《俄罗斯对"东北航道"水域和海峡的权利主张及争议》，《国际展望》2012 年第 1 期。

② 陆俊元：《地缘政治的本质与规律》，时事出版社 2005 年版，第 86 页。

面，参与北极地缘政治的行为体情况有明显的变动，导致北极地缘政治区域不同于地理学概念中的北极地区，具有明显的动态性。

近来不断有声音质疑地缘政治理论是否已经过时，甚至成为国家间冲突的根源，而事实上全球化并不会导致地理的终结，地缘政治学也未过时。无论是 1991 年的伊拉克战争还是 1999 年的科索沃战争，都未证明地缘因素不再重要，近期俄乌冲突的爆发更是证明地缘政治并未离我们远去，国际社会也未形成托马斯·弗里德曼（Thomas Friedma）所描绘的地理上的"平面"世界。地理与政治互动的理论依然可以解释国际社会的一些实践和现象。

在北极地区的国际事务中，北极特有的地理性质将有关国家或其他政治行为体关联起来，形成一个以北极特征为显著属性的、以北极地区为基本空间的国际政治和国际关系体系，构成北极地缘政治及其与之相关的北极地缘政治区域。因此，北极地缘政治区域必然与北极点、北冰洋、北极圈等北极自然因素有关，一些重大的自然边界成为北极地缘政治区域的参照，但它受到参与北极地缘政治建造的行为体的深刻影响，在确定北极地缘政治区域时，北极国际政治行为体（如国家）的情况更是需要考虑的。

地缘政治是国际行为体之间的竞争，特别是作为国际关系分析或国际战略分析的地缘政治研究，是以国际行为体——国家、国家集团等为单元的，一个国家被看作一个整体，而通常忽视其内部差异。北极地缘政治区域中的行政区首先考虑的是国家边界，是以国家为基本单元的。美国、加拿大、俄罗斯、丹麦和挪威这几个国家都是北冰洋地域的沿海类型的国家，而瑞典、芬兰和冰岛距离北冰洋虽有一定的距离，但从整体上看其领土涵盖于北极圈内，"北极五国"与"北极八国"的称呼由此得来。

俄罗斯、加拿大、挪威、美国、丹麦等与地理上的北极地区相关的国家将被整体地纳入北极地缘政治区域范围。但是，地缘政治上的北极地区将大大超越上面提到的地理学上的北极地区范围。要完全精确界定北极地缘政治区域的外部界限是困难的，北极圈范围和北极行政区范围是北极地缘政治区域的中央部位和主要部分，是北极地缘政治竞争的中央舞台，是北极地缘政治关系的主体空间。由于地缘政治区域是地缘政治力量在空间上相互作用形成的，而地缘政治力量的主体是行为体（如国家），在当今北极地缘政治持续兴起的背景下，各类行为体纷纷参与北极地缘政治事务，致使北极地缘政治区域呈扩大之势，更趋模糊和不定。但是，我们应该看到，北极地缘政治关系已大大扩散到北极地区之外，在全球化背景下来自世界各地的各种国际行为体的介入，在中央舞台之外，越来越多的利益相关方正在进入北极地缘政治区域。①

苏美冷战期间全世界以两国为首开始了长达几十年的冷战，而当冷战结束以后，北极地缘各国与国际之间的政治环境发生了极大的变化，在竞争的同时各国之间也有合作存在，两者具有一定的制约性。涉及北极利益相关的许多国家都存在政治以及军事包括法律层面的竞争。值得庆幸的是现有的各国之间的合作已经逐步稳定，这也是北极地缘政治中较为乐观的部分。例如俄罗斯与挪威之间存在的边界争端，其具有争议的边界海域达到了 17.3 万平方公里，这些区域中包含大量的原油储备，预计储备量达到 120 亿桶，虽然这个矛盾存在很久而且没有被彻底解决，但两国之间还是在不断通过谈判来解决这个问题。2005 年 11 月两国的外长进行了会谈，会谈内容就是关于争议区域的问题解决，这对于日趋紧张的北极形势具有很好的缓和作用，同时它也释放出了和平解决争端问题的信号。有媒体认为，两国将就争端区域进行合作开采，对共有资源进行共同开发，这一合作也推动了两国之间其他问题的解决。2009 年 5 月挪威首相访问了俄罗斯，两国就争议地区开发问题进行了商讨，商讨内容包括两国对于北极地区能源共同开发的问题，这也积极推动了两国之间矛盾的解决。俄罗斯总统就两国之间的合作提出积极的看法，他认为这是解决两个争端最为有效的方式。②

（一）北极区域发展模式越来越具有"准全球化"特征

北极区域政治环境于冷战结束后，越来越具有"准全球化"特征。北

---

① 陆俊元：《北极地缘政治与中国应对》，时事出版社 2010 年版，第 9—14 页。

② ［挪威］英格丽·科瓦尔维克：《挪威与俄罗斯（前苏联）海洋划界谈判评估》，《亚太安全与海洋研究》2015 年第 5 期。

极气候恶劣变化，生态环境遭到严重破坏，已经引起环北极国家、北冰洋沿岸国家以及其他地区国家的高度关注。尤其涉及北极的气候变化、生态治理以及科学探索等方面内容不断更新，因而采取的协作和交流活动远远多于北极自身的活动，逐渐迈入全球治理方向。参与北极地缘政治行为体的数量和类型迅速增加，其分布范围已不再局限于北极地区，而向全球扩散，北极事务逐渐全球化。① 因为海冰融化以及北极气温升高，全球气候随之发生改变，世界各国清醒地认识到，全球环境、北极环境跟全人类福祉的关系是密不可分的，需要认真对待；北极航道的开通问题已经迫在眉睫，它将影响世界商业格局、全球航运的发展；世界各国尤其是北极内部国家越来越关注北极的资源价值，大部分国家开始制定计划、采取措施，北极能源与资源的开采即将迈入新时代。

苏联解体后，世界各国政府以及国际组织纷纷加入到争夺北极区域丰富的石油、渔业资源中来。联合国关于海洋及气候的分支机构亦主动加入到北极事务管理中。北极理事会等地区性国际机构表现得更加活跃，俨然把北极区域事务当成自家的事务。欧洲大陆距离北极区域比较近，因而对北极区域事务更加感兴趣，有一套完备的北极开发利用战略方针，其目的是争取欧洲大陆国家的利益最大化。

近年来，参与北极区域事务的国家开始逐渐向北极周边区域延伸。北极区域事务属于北半球兹事体大的事务之一，世界上绝大多数国家皆欲加入其中，亚洲国家如中国、印度、日本以及韩国等国家，来自欧洲的荷兰、爱尔兰、英国、法国、俄罗斯、意大利以及德国。以上国家有的是为了改善北极区域生态环境，积极投身于治理北极环境污染的行动中，而有的国家则是为了自身利益，欲在北极区域攫取更多的自然资源。

日本对北极事务的关注主要集中在北方航道利用和北极资源开发，以及北极地缘政治对其自身国家安全的影响。② 在科研领域，日本进行了针

---

① 李振福、崔林嵩：《基于"通权论"的北极地缘政治发展趋势研究》，《欧亚经济》2020 年第 3 期。

② 闫德学：《地缘政治视域的日本北极战略构想》，《东方早报》2013 年 8 月 2 日，第 A18 版。

对北极航线的卫星发射以及增加北极科考投入①，并在2013年在外务省设置"北极担当大使"职位以负责北极外交事务。②

印度作为农业大国，尤其关注北极气候变化对印度季风即印度次大陆的影响。2013年6月，印度外交部发布了题为《印度与北极》（*India and the Arctic*）的文件③，并早在2008年就在斯瓦尔巴岛群岛建立了科考站。在北极外交方面，印度积极与俄罗斯合作，达成了能源、军事等方面的一系列合作。④

关于北极区域生产建设和科学研究的内容正在不断更新中，不论是数量还是类型都在猛增，其分布的领域已大大超过北极区域的边界，向世界其他地区蔓延、扩散，导致北极事务的全球化。

（二）北极地缘政治竞争呈现"持久化"趋势

各行为体在北极竞争中的根本目的无非是为了其自身利益，相邻或相向国家间往往存在海域边界争议。大部分国家亦于北极生态环境、水域航道、石油能源开采等方面加快探索的步伐，推进相关研究，这是因为北极区域海底构造以及地形特点在于解决北极区域争端中可作为客观的科学依据。有些国家探索钻研出北极区域海底构造以及地形特点后，马上当成本国享有北极区域权益的相关证据。例如距离北极区域比较近的五国提交对北极海域享有主权的相关证据，距离北极区域比较远的国家提交对海域大陆架享有主权的证据。北欧五国历史文化相似，地理位置相近，在北极地区的利益诉求也大同小异，在北极治理中更关注气候变化、原住民权利等议题。

北极区域关乎北半球大多数国家的利益，因而北极区域丰富的石油及渔业资源争夺必将是长期且持续的。北极地区近年来气候状况变化很大，已

---

① 中国新闻网：《日本欲发射卫星观测北冰洋海冰预测北极航线》，2012年5月16日，https://www.chinanews.com/gj/2012/05-16/3891914.shtml。
② 环球网：《日本设立驻北极大使拟提高在北极"存在感"》，2013年3月19日，http://world.huanqiu.com/exclusive/2013-03/3747218.html。
③ 王晨光、孙凯：《域外国家参与北极事务及其对中国的启示》，《国际论坛》2015年第1期。
④ 新华网：《印度总理访俄与普京会谈俄印将加强能源军事等合作》，2013年10月22日，http://news.xinhuanet.com/world/2013-10/22/c_125576250.htm。

经不再是常年积雪冻冰，而是逐步转化为夏季无冰的情况，这将有利于进行科学考察和能源开发，亦能唤起世人对北极能源、渔业、航行和旅游业的关注。北极区域将陷入一个以大国博弈为主角、以开采能源为中心、以石油及渔业资源争夺为特征的境况中。

为参与北极区域丰富的石油及渔业资源争夺，世界上一些政治团体及大国纷纷制定指导性的战略方针。北约、欧盟分别从不同层面研究出台各自的北极区域战略，以应对日趋白热化的北极之争。北约研究决定，为了有效避免北极争端的产生和扩大，稳定北极政治环境，向北极区域派驻军队；2008 年，欧盟公布《欧盟与北极地区》战略咨文，确定其北极事务战略目标"维护人类与北极和谐发展"，主张欧盟于北极区域拥有采油、捕鱼等权利，促进北极治理的主体多元化，推动资源长久有效利用。

2009 年，加拿大为争夺北极区域丰富的石油及渔业资源，公布了其关于北极区域的总体战略方针，并且筹集了大量的专门资金，目的是保证该国对北极区域的基础研究设施经费充足，为增强北极研究能力提供物质保障。2019 年，加拿大颁布新北极政策文件《加拿大北极与北方政策框架》，旨在加强加拿大的北极地位。[①]

伴随更多的国家对北极区域战略的兴趣不断上升，加拿大愈加感到争夺北极区域领导权之重要性，因此加拿大政府出台了该国针对北极区域的发展规划，宣称其对石油及渔业资源丰富的北极区域拥有开采权利，并公布了最新的开发利用报告，以期促进北极区域经济社会的繁荣稳定，同时为该国争取到最大的权益。改进并加强北极区域管理，治理北极水域环境污染，促进北极区域和谐共建以及于北极区域行使权利是加拿大的四大北极战略。加拿大旨在北极区域石油及渔业资源争夺中占据有利位置，通过实行一系列北极区域战略方针及出台相应的报告。加拿大是领土面积仅次于俄罗斯的第二大北极国家，将主权安全列为首要关注议题，积极倡导以"扇形原则"划分

---

① 周超：《加拿大颁布新北极政策》，中国海洋信息网，http：//www.nmdis.org.cn/c/2019-09-20/68924.shtml。

北极地区水域和岛屿的主权，同时也从生态环境保护、原住民权利等方面全力促进北方经济发展。

俄罗斯亦不甘示弱。2008 年，俄总统批准了《2020 年前俄罗斯北极地区政策原则与远景规划》，该文件公布了该国于北极区域的执行机制、基本任务、战略优先方向、权利义务以及战略方针。俄罗斯政府认为，资源掠夺可能是未来世界竞争的焦点，北极区域丰富的石油及渔业资源则是一个掠夺的重点目标，为此俄罗斯特意筹建了北极区域安全部队，同时表示可能在北极区域未来资源掠夺中使用武力，颁布了《2009 年海军战略》。俄罗斯的行为可概括为强调巩固俄罗斯主导地位，继续重申其航道主张，增加在北极地区的经济、军事存在。俄政府接连出台多部与北极相关的法律文件，2019年 12 月发布《2035 北极基础设施规划》，2020 年 3 月普京批准《2035 北极国家政策原则》，2020 年 10 月出台《2035 北极国家战略》，2021 年 4 月批准《北极地区社会经济发展综合计划》和《北极地区发展战略行动计划》，这些文件构建起一整套更为明晰的北极战略框架体系，使得俄罗斯在北极地区的发展目标和举措更加系统化，为维护俄罗斯在北极的国家利益和能力优势奠定了基础。[①] 在争夺北极区域石油及渔业资源方面，俄罗斯连年奔赴北极区域以及北冰洋水域进行实地考察，开展相关证据的整理工作，待所有证据整理完毕后，直接提交给联合国有关部门，以期联合国判定北极属于俄罗斯。俄罗斯改进了该国破冰船的构造，目的是能够搭载更多的奔赴北极区域的科学家，同时亦可彰显俄罗斯争夺丰富的北极区域石油及渔业资源的决心。俄罗斯需要重建一个北极活动站，因为对于该国而言，北极的地理位置及政治地位均不可低估，加大研究力度、扩展该国于北极的疆界是俄罗斯的北极地区事务的总体战略方针。以上国家对北极区域制定的战略方针以及采取的相关行动，表面上看是为了世界人民的根本利益，实则是为了自身权益。因此亟须有责任有担当的大国加入到北极区域开发实践之中，以扭转当

---

① 张祥国、李学峰：《论俄罗斯新版北极战略及其经济前景》，《东北亚经济研究》2022 年第 6 期。

前北极区域所处于的不利局面。

苏联解体后，根据错综复杂的世界形势变化以及北极区域丰富的石油及渔业资源竞争的不断加剧，美国联邦政府重新宣布了该国对北极区域的最新政策，调整了战略方针，具体包括接连发布总统令，宣布该国属于北极内部国家，应当享有在北极区域开采石油及渔业资源的权益，认为该国于该海域具有航海自由，美国船只有权过境通行等。2016 年 12 月，美国政府发布《北极研究计划（2017—2021)》，明确了今后五年在北极科研的主要目标；①2018 年美国国家科学技术委员会发布了名为《美国国家海洋科技发展：未来十年愿景》的报告，在其中强调了未来对北极安全问题的继续投入。②美国持续强调北极地区的"战略走廊"地缘价值，重视北极地区的军事部署，提出陆军计划加强在北极地区的军事力量投射，保证在北极竞争与冲突中保持主导地位和长期作战优势。

（三）有关各方纷纷进行法律准备，以谋求国际社会的承认

《联合国海洋法公约》属于一部关于大陆架归属问题的法律文件，建立了比较完善的法律分界制度，明确规定了海洋沿岸各国拥有比非沿岸国更大的权益。北极水域拥有复杂的大陆架构造，沿岸各国均主张大陆架归属本国所有，尤其是欧亚国家对大陆架权益的争取大多存在比较大的争议。该公约规定沿岸国应首先向联合国有关机构提交方案，然后在该机构批准方案后确定属于该国的大陆架权益，绝不能私下单方面宣布，200 海里以外大陆架归其所有。该公约严格按照大陆坡脚以及沉积岩厚度标准进行划界，这种划界方法相对公平公正，亦得到世界上绝大多数国家的认可和支持。

但是也存在少数国家对该公约持怀疑态度，比如当今世界第一大国美

---

①　The National Science and Technology Council. Arctic research plan FY2017-2021.15December 2016.https：//www.whitehouse.gov/sites/default/files/microsites/ostp/NSTC/iarpc_arctic_ research_plan.pdf.

②　National Science&amp；Technology Council. Science and technology for america's oceans：A decadal vision，14 November2018.https：//www.whitehouse.gov/wp-content/uploads/2018/11/ Science-and-Technologyfor-Americas-Oceans-A-Decadal-Vision.pdf.

国政府就不太认可和支持该公约，其国会通过投票阻止该国总统在该公约上签字，原因是美国单方面认为该公约对全球海洋自由航行非常不利。然而，美国总统不在公约上签字，亦在一定程度上影响该国在北极陆地及水域的合法权益。该国最新北极区域政策为保留在北极区域自由飞行及航行的权益，宣布北极区域的北方航道及西北航道属于国际航道。该国亦表明了其于空中航线以及海上航线的法律地位，宣称拥有毗邻区控制权、管辖权、大陆架主权、领海权以及专属经济开发权等。美国没有签署《公约》，所以无法主张对北极地区价值高达数万亿美元的天然气与石油开发的权利，尚未获得开采北极区域丰富的石油及渔业资源的权益。为此，美国前任政府出台的有关法律文件，指出该国加入该公约关乎联邦未来发展建设以及现阶段的合法权益，敦促国会尽快通过决议，支持该国总统在公约上签字。现任联邦政府亦认为，公约给本国带来的有关权益远远大于给本国带来的弊端，因此主张国会尽快批准加入该公约，可以说是签署该公约是现任联邦政府的当务之急，已经迫在眉睫，旨在为该国争取最大的权益。

俄罗斯也已向联合国有关机构提交大陆架分界计划，包括 200 海里以外大陆架的外缘。该国主张，西伯利亚大陆架的扩展包括罗蒙诺索夫海岭，俄罗斯的北极海域继而达 120 万平方公里。俄罗斯作为首个提交此申请的政府，遭到挪威、加拿大等环北极国家的集体反对。2002 年，联合国有关部门经过研究决定暂不批准俄罗斯提交的划界方案，原因是俄罗斯的方案缺乏证据，责令俄及时补充证据。于是从 2005 年开始，俄罗斯不断开展北极科考活动。2008 年，俄在北冰洋开展更深入的勘察活动，不断搜集相关证据，以佐证该国对上述区域拥有主权。

2007 年，挪威继俄罗斯之后把北极划界提案上交联合国有关机构，为该国在北极区域丰富的石油及渔业资源争夺中争得一席之地。丹麦作为环北极国家亦不甘示弱，多次展开北极区域及海底环境考察，搜集某些北极海域属于其领土主权的证据，并把搜集整理出的材料一一送达联合国有关机构，目的是申请权益保护。2014 年 12 月丹麦向联合国大陆架委员会（CLCS）提交文件，主张拥有包含北极点在内的 89.5 万平方公里北极区域的主权，北极"圈地运动"愈演愈烈。①

（四）各国纷纷加大军事投入，为北极地缘政治竞争服务

属于北极区域的国家是目前北极地缘政治最为主要的力量。但是目前来说，国家的基础实力是决定拥有话语权的关键，其中军事实力是考究一个国家基础实力的关键所在。如果国家之间的矛盾无法通过谈判的方式和平解决，武力将成为最为有效的解决方式。因此在北极问题上拥有利益冲突的国家都在进行军事竞争，以扩大本国的军事实力，为北极区域的话语权打下基础。

美、俄、加、丹麦、挪威五国在北极的活动幅度在逐步加大，这些活动不仅仅包括了科研考察的活动，也包括了政治经济以及军事活动，这些行动都关系着各国在北极的切身利益。在这五个国家中，美国的军事实力最强，同时在北极地区美国的军事部署的力度也较大。伴随着北极活动的幅度加大，美国在北极地区的军事投入也在不断增加，同时美国也以有效增强抵御俄罗斯的能力。而加拿大也在原有的军事部署的基础上增加了军事预算的投入，同时也加强了军事力量的部署。加拿大总理在 2007 年提出了本国海军扩展计划，计划的主要内容包括加大海军招募的数量，购置新的巡洋舰，其主要目的是保障加拿大在北极地区的基础利益，保障其军事威慑性。在 2009 年，加拿大在北极地区举行了一场大规模的军事演习，通过演习加拿大展现了自己的军事实力，同时向世界展现了加拿大捍卫北极主权的决心。而相比于其他国家，俄罗斯对于北极地区的军事关注程度更高，俄在北极专门建立了一支特殊的军事力量用于捍卫俄罗斯在北极的权益，保证其军事威慑的实力。俄罗斯通过一系列高科技的军种和技术的组合应用，通过不同的方式对北极领地进行了密切关注，实时保障本国在北极的利益，力图达到领先水平。而丹麦也通过了一系列相关的法律条款，在格陵兰岛增强了军事力量的部署，同时专门组建了北极作战司令部，成立了一支专用部队来处理北极事务。

---

① 曲兵：《从丹麦提出领土新主张看北极领土争端》，《国际研究参考》2015 年第 3 期。

　　各国在北极越来越重视本国的自身利益，出于保证自身权益的需要各国之间展开了军事竞赛活动，而且各国之间的关系也较为紧张，各种军事演习从未间断，俄美两大集团的冲突最为明显。2018 年北约"三叉戟交点—2018"联合军演期间，美国航母驶入北极海域，法国军舰驶过北方海航道，对俄罗斯的管控权造成冲击；① 2022 年 2 月爆发的俄乌冲突引起欧美对俄罗斯开展战略施压和全面制裁，其影响扩展至北极领域，北极理事会除俄罗斯外的其余七国为抗议俄罗斯对乌克兰采取军事行动的行为发表联合声明表示暂停参加北极理事会及其附属机构的所有会议，北极治理面临空前危机。②

（五）北极地缘政治关系互动表现出两面性：竞争与合作并存

　　冷战结束以后，北极地缘各国之间的政治形势存在双面性，即在竞争的同时各国之间也有合作存在，而各国之间的竞争力度逐步加大，它们之间的合作也在不断增强，两者具有一定的相互制约性。涉及北极利益相关的许多国家都存在政治以及军事包括法律层面的竞争，而且这种竞争具有普遍性，它们之间的矛盾也越来越剧烈。尤其是冷战虽然结束，但是美国与俄罗斯之间的竞争依然没有停歇。不过值得庆幸的是现有的各国之间的合作已经逐步稳定，这也是北极地缘政治中较为正能量的部分。比如俄罗斯与挪威之间存在一定的边界争端，具有争议的边界海域达到了 17.3 万平分公里，同时这些区域中包含了大量的原油储备，预计储备量达到 120 亿桶。虽然这个矛盾存在很久而且没有被彻底解决，但是两国之间还是在不断通过谈判来解决这个问题。2005 年 11 月两国的外长就争议区域的问题解决进行了会谈，这对于日趋紧张的北极形势起到缓和作用，同时它也释放出了和平解决争端问题的信号。有媒体认为，两国将就争端区域进行合作开采，对共有资源进行共同开发，这一合作也推动了两国之间其他问题的解决。2009 年 5 月 19 日，挪威首相访问了俄罗斯，两国就争议地区开发问题进行了商讨，商讨内

---

① 东方网：《北约举行"三叉戟接点 2018"联合军演》，http：//news.eastday.com/eastday/13news/auto/news/world/20181031/u7ai8159629.html。

② Lrestia Degeorge：The Arctic Council can continue without Russia.Arctic Today，https：//www.arctictoday.com/the-arctic-councilcan-continue-without-russia/。

容包括两国对于北极地区能源共同开发的问题，这也积极推动了两国之间矛盾的解决。俄罗斯总统就两国之间的合作提出积极的看法，他认为这是解决两国争端最为有效的方式。①

除了两国之间的合作以外，多国之间的合作也在不断进行。虽然领土争端的问题依然尖锐和敏感，但是各国在相互竞争的过程中也在不断尝试用谈判的手法来解决问题。2008 年 5 月，包括美、俄、丹麦、挪威、加拿大在内的五个国家在格陵兰岛就合作和争端的问题进行了会谈，商讨的内容不仅仅包括了边界争端的问题，同时也包括了对北极环境的共同保护，对北极航道的共同利用以及对于可能发生的灾难进行相互救助。由于温室效应的作用，北极气候也在逐步变暖，温度逐步上升，带来了许多资源开发的新机会可供各国开展合作。其中温度上升，航道的浮冰逐步融化，航道的可利用时间有所延长，航道的利用概率也会增加。但是在资源利用的同时也要防止资源过度开发可能造成的问题，在保护环境的前提下进行资源开发，同时要做好风险防范的工作。这些工作不是可由某个国家独自完成的，它需要不同国家之间的相互合作和努力，而在这些合作中环北极国家的合作是关键。北极理事会作为这些国家之间的合作机制对于保护北极环境，共同开发北极资源，解决北极矛盾起到了举足轻重的作用。

第二节　海洋生态安全概述

环境恶化问题是工业文明发展的结果，近些年的环境恶化对社会发展带来了极大的阻碍，也逐渐引发了人们对发展的反思。21 世纪是海洋世纪已成为大多数人的共识，在向海洋进军的同时，海洋生态安全也逐渐被越来越多的学者所重视。对海洋生态安全的研究是一个从无到有，逐渐深入的过程。人类从开发利用海洋的第一天起，就开始了对海洋环境与资源的侵占和

---

① 匡增军：《2010 年俄挪北极海洋划界条约评析》，《东北亚论坛》2011 年第 5 期。

破坏，当这种破坏到了一定的程度，海洋环境问题也相应出现。而海洋生态安全问题是海洋环境问题日益恶化和加剧的必然结果，海洋环境问题的逐渐积累、叠加和放大，就会对人类社会的生存与发展产生一种新的威胁，即海洋生态安全问题。综合目前国内外学者对海洋生态安全问题的研究，海洋生态安全的提出主要有两个背景，一个是非传统安全研究的日益发展，另一个是生态安全逐渐受到人们的重视。

生态安全是实现国家安全和社会稳定的重要因素。在非传统安全出现的过程中，生态安全问题是一个非常突出的刺激因素，也是一个非常重要的新安全领域。同时，它自身也有一个安全化过程，即生态问题从一个非安全问题走入安全领域，成为一个安全问题，我们把它称为生态问题的安全化。

一、海洋生态安全的发展

（一）非传统安全的兴起

冷战结束后，人们普遍认为，军事上直接或间接的对抗方式所带来的传统安全风险已经大大降低，国际社会的安全问题潜移默化地发生了重大变化，大规模的武装冲突几乎不会发生，而"非传统安全"对国家安全和社会稳定的威胁呈现出日益上涨的趋势。关于"非传统安全"（Non-traditional Security）这一概念，李学保（2007）等学者综合分析了对非传统安全界定的各种分歧，认为："非传统安全多是由非国家行为体的组织、个人或社会群体所实施的暴力或非暴力的威胁，包括由于政府'治理失败'所诱发的社会动荡、贫困加剧、认同危机等对国家安全会产生的威胁；全球化的负面效应或不合理的国际政治、经济秩序所引发的信息安全、恐怖主义、金融危机、非法移民等对国家安全的威胁；以及全球性问题，如环境污染、武器扩散、毒品走私、跨国犯罪和疾病传播等，对国家安全产生的威胁。"[1] "非传统安全"主要是非国家行为体对国家主权和利益以及个人、群体以至于全人类生存和发展所带来的非军事威胁和侵害。它具有跨国性、多元性、社会性

---

[1]   李学保、蒋玲：《非传统安全的概念辨析》，《科教文汇》（中旬刊）2007 年第 3 期。

和相互关联性。著名国际政治经济学家理查德·乌尔曼在《国际安全》杂志上发表了《重新界定安全》一文指出："将国家安全主要定义在军事含义上，表明了对现实的错误设想和虚构，它导致国家注重军事威胁而忽视其他也许更为有害的危险，同时使国际关系出现军事化倾向。"① 巴瑞·布赞明确把安全概念沿垂直和水平两个方向向外延伸，认为人类安全比国家安全更重要，国家只是"安全的手段而非最终目的"。② 联合国开发署在 1993 年和 1994年人类发展报告中明确指出：安全概念必须改变，由单独强调国家安全转向更多强调人的安全，由通过军备实现安全转向通过人类发展实现安全，由领土安全转向食物、就业和环境安全。③ 国际社会必须致力于实现免于恐惧和免于匮乏的人类安全，包括工作安全、收入安全、健康安全、环境安全和免于犯罪的安全。④

　　近年来世界总体上以和平与发展为主题，国际环境总体良好，但地区冲突、国际恐怖主义、跨国流行病传染、索马里海盗的猖獗以及严重的环境污染等问题开始困扰着全球，非传统安全问题影响之深远俨然成为人类现如今最为关注的问题。非传统安全问题本身是随着人类社会变化而不断地变化，在众多非传统安全问题当中，由环境问题引发的生态问题越来越被人们所关注，而全球气候变暖无疑是近年国际热议的话题。全球气候变暖对两极地区的生态环境也产生了非常大的影响，例如南极臭氧层空洞、北极冰层消融等。其中北极独特的地理位置和自然环境，使得北极近年来在国际政治和全球科学研究中地位不断升高，甚至成为众多学科研究的重点，这与北极脆弱的生态系统和较弱的自我修复及调节能力密切相关，各国尤其是环北极国

① RICHARD ULLMAN. Redefining Security，International Security，Summer1983；Jessica Mathews，Redefining security，Foreign Affairs，Spring 1989.
② BANY BUZAN. People，States and Fear：An Agenda f or International Security Studies in the Post-Cold War Era，Hemel Hempstead：Harvesters-Wheat sheaf，1991.
③ United Nations Development Programme. Human Development Report，1993，New York：Oxford University Press，1993.
④ United Nations Development Programme. Human Development Report，1994，New York：Oxford University Press，1994.

家都不断地出台了相关治理政策。

　　随着"地球村"概念的诞生以及可持续发展战略的提出,"国家安全是谁的安全"这一论题被提了出来,并成为非传统安全兴起的理论核心。国家安全观念的拓展使人们重新思考对安全的定义,对"国家安全是谁的安全"这一问题的解答逐渐明朗,以往把国家主权安全作为核心的传统安全模式受到非传统安全理论的强烈冲击。丁德文①认为国家安全不仅包括国家的完整、稳定以及不受侵犯,而且包括个体公民生存的安全、社会经济发展的安全、地球持续繁荣的安全。刘学成②认为非传统安全威胁是相对传统安全威胁而言的,非传统安全主要涉及社会经济和生态环境领域内的安全威胁,包括经济安全、金融安全、资源安全、水安全、粮食安全、生态环境安全、信息安全、传染疾病蔓延、跨国有组织犯罪、武器走私、贩卖毒品、非法移民、海盗、洗钱等,并总结了非传统安全问题跨国性、行为体的非政府性、相对性、可转化性、动态性的特点。

　　由此我们认为非传统安全问题按照性质可以一分为二:一种是人与自然之间的问题,一种是人类社会内部的问题,而人与自然之间的问题就涉及人类活动对自然环境造成的影响,属于生态环境安全的范畴。

　　有学者认为国家安全不仅包括国家的完整、稳定以及不受侵犯,而且包括个体公民生存的安全、社会经济发展的安全、地球持续繁荣的安全。目前比较公认的非传统安全的概念是:"来自非国家行为体的对国家的主权和利益以及个人、群体和全人类的生存和发展的非军事威胁和侵害,具有跨国性、多元性、社会性和相互关联性。"③非传统安全对人类带来的威胁虽然不能排除用传统的军事方式解决的可能性,但是依靠合作来解决依然是最可能的解决办法。安全问题泛化给人类带来的困惑将通过对非传统安全进行界定而减少。从定义来看,如果威胁到国家和人类的生存和发展的根本利益,那

---

① 丁德文、徐惠民等:《关于"国家海洋生态环境安全"问题的思考》,《太平洋学报》2005年第10期。

② 刘学成:《非传统安全的基本特性及其应对》,《国际问题研究》2004年第1期。

③ 傅勇:《非传统安全与中国》,上海人民出版社2007年版,第6、24、179页。

么就属于非传统安全问题。海洋生态安全是非传统国家安全体系中的重要基础，是国家生态安全的重要组成部分，与国家政治安全、经济安全和社会安全等具有同等地位。非传统国家安全体系是一个不可分割的整体，构成国家安全的几种安全要素之间存在着密不可分的联系：非传统安全内涵广、内容多、解决的途径复杂。传统国家安全与非传统国家安全是长期共存的。经济安全、生态环境安全、信息安全、生态环境与资源安全、恐怖组织、传染性疾病、跨国犯罪、走私贩毒、非法移民、海盗、非法洗钱等均属于非传统安全威胁。

（二）国家总体安全观的发展

国家安全是一个国家最为基础的保证，也是我国"两个一百年"的奋斗目标，同时也是实现中国梦的基础所在。我国经过几十年的发展，已经逐步摆脱了落后的困境，国家实力逐步增强，在世界舞台上中国占据了越来越重要的国际地位，是世界舞台上不可缺少的一部分，这也让中华民族的伟大复兴得以逐步实现，我们越来越有信心完成这一伟大的梦想。国家安全问题对于中国未来的发展越来越重要，安全是国家发展的保障所在，只有确保国家安全才能够进行长远规划，部署国家未来的发展计划，避免因为安全问题阻挠我国经济和军事的发展，让我国走上国家安全发展的康庄大道。国家主席习近平着眼于国际发展的格局和世界规律，做好国际风险防范的国家统筹工作，同时也把握了我国发展的关键基调，在中央国家安全委员会第一次会议上就已经指出了"总体国家安全观"是国家安全发展的必要思路。2017年习主席再次强调了国家安全的重要性，要求必须坚定国家发展的总体安全观，在确保人民和国家安全的基础上开展国家建设工作，引领国家安全工作的新形势，让中华民族的伟大复兴得到充分的安全保障。而海岸防卫力量是国家安全力量最为重要的一部分，它保卫了国家海岸线以及海洋领域的安全，是我国与其他国家进行海洋主权对抗的关键所在，因此也必须牢固树立国家安全观。

国家安全是一个国家安定发展的基础。在当前复杂变幻的国际形势下，各国之间的争端尤其是海洋争端越演越烈，我国的海洋安全问题也面临严峻的形势。在这种大的国际形势和背景下，为了确保我国的国家安全，牢牢树立国家安全观，2015 年 1 月 2 日我国颁布了《国家安全战略纲要》①，在纲要中明确指出了当前严峻的国际新形势，并指出在这种形势下我国应当坚持国家安全观的理念，保证国家的根本利益，坚持走中国特色社会主义道路。在具体内容上，国家安全观要把人民的安全作为主要目的，依据政治安全这一基础，保障文化、军事、社会的安全，在推动国际安全的同时建立我国统一的安全体系，从政治、经济、军事、科技、信息、生态、资源等各个方面来共同推动国家安全的构建，这也是新的国际形势下我们所必须遵循的安全观念。在国家安全的大背景下，海洋安全是其中十分重要的环节，它能够充分体现出一个国家的安全程度。海洋安全从古至今一直是一个国家主权安全最为重要的一部分，掌握海洋领域的安全才能够确保国家的长治久安。历史上我国多次的民族危难都是由于无法掌握自己的海洋安全所导致的，从中日甲午战争到八国联军入侵，敌人很多来自海洋。虽然战争的云烟已经逐步在消散，和平成为世界发展的主旋律，但是海洋安全问题却越来越被各国所重视。海洋安全的核心内容是如何获取海洋的主导权，这些权利包括了海洋航路的掌控，航洋资源的掌控，这些对于一个国家的发展和进步都有着不可忽略的作用。

　　我国目前面临着内部资源缺乏的难题，同时我国的海洋主权也存在一定的纷争，在这个严酷的环境下，海洋安全问题对于我国来说尤其重要，是我国国家安全问题的重中之重。而由于经济全球化的影响，一体化的速度越来越快，在这个大的背景下，海洋问题将变得越来越突出，海洋经济能对国家作出的贡献也越来越大，海洋争端问题也将越来越剧烈，我国也面临着海洋领土纷争的威胁。而这些海洋领域的纷争往往会演变成一定的政治和经济的纷争，这对国家安全来说是极为不利的，存在着较大的风险。同时海洋灾害所带来的问题也不容忽视，它对很多沿海国家造成了不可估量的损失，

---

①　人民网：政治局会议通过《国家安全战略纲要》，2015 年 1 月 25 日，http：//politics.people.com.cn/n/2015/0125/c1001-26445047.html。

比如说地震、海啸以及台风等自然灾害都会带来大量的经济损失乃至人员伤亡。2011 年 3 月 11 日，日本的 9.0 级地震以及伴发的海啸带来了极大的损失，同时也造成了大量的人员伤亡，这次灾难波及方位极广。同时由于地震的原因，日本福岛的核电站发生了泄漏事故，事故对周边环境造成了极大的破坏和污染，对于海洋的破坏和环境的污染极为严重。因此，国家安全观要求我们在关注国家安全的同时必须重视海洋所带来的风险和威胁，时刻做好防范工作，海洋灾难可能带来的损失甚至能够威胁到国家安全的根本所在。因此海洋安全不仅仅是实现国家安全的必要条件，同时也是国家安全的核心内容。在新的国际经济和政治环境下，海洋安全问题必须得到高度的重视，它是国家安全体系十分重要的环节，具有不可轻视的作用。海洋安全的核心内容在于对国家海岸线以及海洋领土的捍卫，保证海洋经济和航运的发展，维护国家海洋权益。因此，我们必须站在国家安全的层面来充分了解我国海洋安全所面临的问题以及威胁，树立海洋安全忧患思想；同时我们要将海洋安全内容作为国家安全的一部分融入国家安全体系的构建工作中，同时推动相关的立法进程，为海洋安全的实现提供坚实的基础；最后，我们必须将保护国家海洋安全和海洋权益作为重点工作来开展，做好当前海洋权益纠纷问题的处理工作，用最为合理的手段来解决我国海洋周边的领土纷争问题，为我国实现"四个全面"提供优质的安全环境。

纵观世界历史，开海强海是一个国家强盛的关键所在。在我国近代，海洋安全问题是国家安全所主要面临的问题；在当代多变的国际形势下，海洋安全依然关系着国家安全的发展，它是国家安全最为重要的一部分，是一个国家强盛的必要条件。21 世纪以后，海洋资源被人类逐步开发出来，海洋所能产生的经济效益也越来越明显，带给一个国家的利益也越来越大，同时海洋主权的捍卫对于一个国家来说也尤为关键，它在国家生态文明建设中所起到的作用也越来越明显，同时它的战略地位也越来越强，对国家的经济、政治、军事以及科技实力的提升都有着积极的作用。我国土地面积广阔，同时也拥有较长的海岸线，长度多达 1.8 万公里，海洋岛屿岸线也长达 1.4 万公里，所管辖的海域面积达到 300 万平分公里，在战略开发上海洋资源拥有较高的战略地位。我国海洋事业的发展关系着国家强盛。习总书记提出，海洋事业的发展是社会主义发展中必不可少的重要组成部分，只有积极推动海洋事业的发展才能够有效促进社会主义现代化建设的进程。党的十八大也作出了关于海洋事业发展的相关部署，这一举措有助于我国经济的健康可持续发展，同时捍卫了国家主权，保证了国家安全以及基础利益，它有助于推动社会主义现代化的实施，有助于推进中华民族的伟大复兴。但是由于我国目前海洋领域与多国之间存在一定的争端，因此采取合理的海洋策略来解决这些争端也就显得尤为必要。

　　我国的海洋安全问题主要集中在我国与日、菲、越南等国家的海洋领域争端问题，包括了海岸线和岛屿以及海洋资源的归属。海洋安全不仅仅关系着国家的领域安全，也与国家的政治军事安全密不可分。因此，想要保障我国的海洋权益，首先必须树立国家安全观，在内部稳定、和平的基础上做好海洋发展和建设工作；在外部求同存异，以和平谈判为主武力为辅的手段来解决争端问题，在和平的大趋势下寻求多国共同发展。我国面临着多变复杂的海洋环境，因此海警建设也是国家安全观必不可少的一部分。2014 年 6 月 27 日，我国召开了第五次全国边海防工作会议，会议指出国家主权和安全问题是我们所要考虑的首要问题，坚持树立总体国家安全观，做好海洋边界的管控工作以及我国海洋维权行动，保护我国的领土安全和海洋利益的完整，为我国的海防工作打下坚实基础。同时我们要牢记总体国家安全观，坚持社会主义特色道路，海洋安全问题是亟待解决的问题之一，海警建设的工作也必须遵循国家总体安全观。

二、海洋生态安全的含义

（一）生态安全

　　生态安全包括了很多层面的内容，它不仅仅包含了环境的安全，也包含了环境中生存的各种物种的安全甚至是人类生存的安全。联合国早在 1948 年就开始对生态安全相关的问题予以了足够的重视，在同年的 7 月联合国在全世界范围了发布了相关的呼吁，提议世界各国的科学家共同合作对环境相关的问题进行调查研究，解决人类所面临的环境灾难，这是现代生态安全的雏形。美国学者布朗在 1977 年将安全这一名词加入了对环境保护的讨论中，他认为环境也面临着严重的安全威胁，这种威胁甚至会对国家的安全和稳定造成一定的影响，他认为环境安全问题也必须被作为国家安全问题的一部分，在维护国家安全的同时也必须保护环境的安全。① 在 1987 年，世界环境组织提出了一份关于未来环境发展情况的安全报告，在报告中他们认为环境问题是否安全也是我们人类所必须注重的问题之一，它的安全威胁甚至比国家的经济、军事、政治安全威胁更加严重，环境安全问题主要是指环境被破坏。② 而生态安全的概念在 1989 年被提出，生态安全问题涉及人们生活的各个方面，它包括了人们生活的资源问题、健康问题、舒适性问题、社会安全问题、人类的适应性问题，它的主要宗旨是保障人类生存的安全稳定和社会发展的繁荣稳定。生态安全问题是生态系统可持续发展最为基础的条件，而生态安全问题一般从自然、社会、经济几个方面来进行考虑。③

美国在 1991 年针对生态安全问题提出了对应的报告，在报告中美国政府将生态安全正式作为国家安全的一部分，在保证国家安全的同时也必须保障生态环境的安全。在三年后的 1994 年，美国国会再次制定相关的新法案将生态安全作为国防安全的一部分来进行维护。④ 俄罗斯在 1995 年对生态安全进行了详细的界定，通过界定对俄罗斯实施生态安全的相关内容和措施进行了说明，将生态安全作为国家安全发展重要的一部分。⑤ McNelis（2001）提出，环境安全是国家安全的一个因素，并且环境问题与暴力冲突有着直接

---

① ［美］莱斯特·R. 布朗：《建设一个持续发展的社会》，祝三友等译，科学技术文献出版社 1984 年版，第 291 页。

② Bruntland，G. "Our common future"，The World Commission on Environment and Development. Oxford：Oxford University Press，1987：10-12.

③ 徐继承、易佩荣：《人类的终极安全：生态安全》，《佳木斯大学社会科学学报》2004 年第 1 期。

④ 丁德文等：《关于"国家海洋生态环境安全"问题的思考》，《太平洋学报》2005 年第 10 期。

⑤ 《俄罗斯宪法》，第 72 条；《俄罗斯苏维埃联邦环境保护法》，第 11 条。

的关系。

　　国内较早从安全角度对海洋生态环境问题进行研究的文献是丁德文等①论述了海洋环境安全的内涵及作用。他们认为海洋生态安全可以看作与人类生存、生活和生产活动相关的海洋生态环境及海洋资源处于良好的状况或不遭受不可恢复的破坏，并认为海洋生态环境安全具有战略性、整体性、区域性、层次性和动态性的特点。张素君②认为，海洋生态安全是一种状态，而不是活动。它是指以"海洋生态"代表的事务所处的一种状态。这种状态是受到保护、没有危险，或者说暂时不会受到危险威胁的。张珞平等③利用联合国海洋环境保护科学问题联合专家组（GESAMP）的报告和述评，首次系统化地提出了"海洋环境安全"的概念，以促进海洋环境保护和海洋资源的可持续利用，并讨论了海洋环境研究和海洋环境管理应采取的行动。张珞平还认为，海洋环境安全是海洋环境的可持续发展观，我们应考虑海洋环境安全，而不是海洋污染或被动的海洋环境保护。

　　McNelis④提出，环境安全是国家安全的一个因素，并且环境问题与暴力冲突有着直接的关系。我国学者邓聿文⑤通过研究发现在非传统安全中，生态安全是必不可少的，它也是世界各国国家安全中所遵循的内容。生态安全主要是指人类生存的自然环境和环境中的物种安全，同时还包括了环境中的资源问题、社会平衡问题等一系列问题。生态安全的主要威胁来自于它对于社会经济所造成的破坏，同时生态安全问题也会导致民众生存问题的产生，从而导致大量的民众无家可归，对社会安全造成极大的威胁。

---

① 丁德文等：《关于"国家海洋生态环境安全"问题的思考》，《太平洋学报》2005年第10期。

② 张素君：《海洋生态安全法律问题研究》，硕士学位论文，中国海洋大学法政学院，2009年。

③ 张珞平等：《海洋环境安全：一种可持续发展的观点》，《厦门大学学报》（自然科学版）2004年第8期。

④ MCNELIS，D.N. and SCHWEITZER，G.E.. Environmental security：An evolving concept. Environmental Science and Technology. 2001.

⑤ 邓聿文、王丰年：《生态安全因素对中国经济影响力增大》，《科学决策月刊》2008年第2期。

综上所述，海洋生态安全是在作为一种非传统安全的生态环境安全越来越受到人们的重视，海洋生态环境在人类活动影响下出现危机的背景下提出的。生态安全主要包括两个含义：一是生态系统自身是否安全；二是生态系统对于人类是否安全。生态安全的本质可以认为是围绕人类社会的可持续发展目的，促进经济、社会和生态三者之间和谐统一。

基于以上分析，可以对海洋生态安全作出这样的定义，即海洋生态安全是指海洋环境及海洋生物组成的生命系统处于不受或少受破坏与威胁的状态，海洋生态系统内部以及人类与海洋生态系统之间保持着正常的功能与结构。海洋生态安全主要包括三方面内容，即海洋环境安全、海洋生物安全和海洋生态系统的安全。海洋生物安全和海洋环境安全构成了海洋生态安全的基石，海洋生态系统安全构成了海洋生态安全的核心。

1. 生态安全的产生

生态安全这个概念是结合一定的历史原因所产生的，它最初是以"环境安全"的形式呈现在人们的面前。当美苏冷战停止以后，核威胁也不复存在，在这个前提下人们也逐步意识到生态环境破坏所带来的危害。由于战争及工业的高速发展，越来越多的地区生态环境遭受到严重的破坏，工业文明的进步需要环境付出极大的代价，这让越来越多的国家意识到环境保护的重要性。人类工业发展所依靠的主要原料是石油等化工能源，这些能源在转化的同时带来了大量的环境污染和破坏，这些污染和破坏极大地损害了生态系统的平衡，由此产生了许多环境问题，在这个背景下生态安全这一概念也逐步产生。

美国从事环境研究的著名学者 NormanMyers 在 1993 年开始对生态安全的相关理念进行大力宣传，他通过国际会议和期刊的方式来宣传这种理念。随着这种理念被人们逐步接收，各国在 1996 年共同制定了《地球公约》，这个公约得到了广泛的响应，越来越多的人关注到生态安全的重要性，他们签订了关于资源环境可持续发展的相关条约，共同监督各国履行生态环境和资源保护的义务。越来越多的国家意识到生态安全的重要性，虽然仍然有一些中立和反对的观点，但是生态保护的大势已经势不可挡。

2. 生态安全研究的热点

对于生态安全问题的研究各国目前都属于初步的探讨阶段，理论尚未完全成型。而根据现有的研究，对于生态安全的研究主要分为四个不同的阶段，即对于定义扩展的研究、对于环境变化和生态安全之间联系的研究、对于两者之间综合性关联的研究、对于两者之间内在联系的研究。目前是第四个阶段，就是两者之间内在联系的研究，而通过对相关问题的具体研究各国学者得到以下几点共识：

第一点，由于环境问题越来越突出，同时人类的过度开采导致资源匮乏，由此可能引发一系列资源分配不均匀所产生的矛盾和冲突，这种矛盾和冲突会危害到社会安全以及国家的政治经济安全，这种危害一般是针对一个国家内部而言的。

第二点，由于人口数量的逐步增加，所需要的资源也逐步增加，同时所产生的污染和破坏也会造成更大的环境压力，这种压力对于一些国家来说尤为明显，特别是发展中国家和一些较为贫穷的不发达国家。

第三点，由于环境问题所造成的矛盾会降低环境保护所带来的成效，因此在生态安全相关策略的制定过程中应当充分结合对应的经济生产活动、社会形态问题和相关的规则，最大限度地降低环境破坏所带来的负面影响。

第四点，对于生态安全的思考不能只针对某个国家而言，它针对的目标应当从最小的区域到最大的全球范围。目前对于这个问题的研究停留在第四阶段，并且已经进入了阶段末期，此时所应当关注的问题不能仅仅是外部所产生的问题，还应当关注内部问题以及生态系统的易破坏性，应该将环境压力和安全问题放到共同的层面上来进行思考，而不能将其作为因果对象来研究。

现阶段，对于生态安全的研究是世界范围的科研话题，它也是现阶段的研究重点，而且不同国家的研究结果在逐步融合。虽然目前的研究已经取得了一定的成效，但是这些研究具有一定的局限性，这种局限性往往会导致研究结果过于片面，关于地方区域以及某些特定区域的相关研究较少。同时现阶段以理论研究为主，对于未来的预测以及相关的解决方案研究较为不成熟，这些内容需要更加深入的研究。

3. 生态安全的内涵

在生态安全的内涵问题研究上我们可以发现，生态安全包括了很多层面的内容，它不仅仅包含了环境的安全，也包含了环境中生存的各种物种的安全甚至是人类生存的安全。联合国早在 1948 年就开始对生态安全相关的问题予以了足够的重视，在同年的 7 月联合国在全世界范围了发布了相关的呼吁，提议世界各国的科学家共同合作对环境相关的问题进行调查研究，解决人类所面临的环境灾难，这是现代生态安全的雏形。生态安全所包含的含义较为广泛，但是其具体内容主要有两点：首先是生态系统自身的安全性，生态系统是否完整，功能是否健全；其次是生态系统是否适应人类的生存，能够让人类获得稳定的生存环境。对于人类生存和生态安全的关系研究有以下几点内容：

第一点，生态安全是人类生存的根本，只要保证生态安全人类才有可能生存下去，生态安全提供了安全的状态和条件环境，同时生态系统提供了人类生存和进化所需要的一切。

第二点，生态安全具有一定的相对性，它并不是绝对的。由于生态安全的构成因素较为复杂，不同情况下人类的适应程度也不相同。如果用具体的数值来判定人类对于生态安全的满意值，这个数值在不同的地方也各不相同。同时可以通过建立具体的恒定指标的方式来确定生态安全的情况，评价不同地区和国家的生态安全情况。

第三点，生态安全的概念并不是静止不动的。不同的区域和国家它的生态安全不是固定不变，它可能由于某个要素的变化而发生巨大变化，它主要受到人类活动的影响，通过人类活动发生变化并将这种变化传递给人类的生产条件，而这种变化也将破坏人类可持续发展的平衡。

第四点，生态安全的地域性较强，并不具有普遍性。一般某个地区的生态安全发生剧烈变化，严重威胁人类生存时，这种生态威胁仅仅是局部的，并不会发生大范围扩散，但是会对较为相近的地区造成巨大的影响，这在某种程度上也说明了生态安全的外溢性。

　　第五点，生态安全可以通过人为的方式来进行控制。对于生态环境条件不同的区域，采用不同的治理手段来对不同地区的生态环境进行治理，让生态环境适应人类生存。在治理的过程中应当依据生态系统的调控规律，通过科学手段有效提升生态环境的安全性，让人类更加容易生存。

　　第六点，生态环境的修复需要大量的人力物力成本。生态安全遭到破坏一般是由于人类的生存或者生产活动引起的，这些活动最后造成了生态系统对自身的威胁。想要消除威胁，人类必须为此付出一定的代价，这些代价都是人类发展造成的。生态安全的最终目的是保证人类生存的可持续发展，保证社会发展、经济发展、生态保护三者之间的平衡。而对于较为复杂的生态系统，它所包含的应当有物质、社会、经济、环境等各方面安全的统一。

　　生态安全是保证经济安全的根本所在，同时想要保证生态安全就必须保证环境、资源以及生物的共同安全。想要实现经济的可持续发展就必须保证所处环境的生态安全，只有生态安全的稳定才能够确保人类持续发展的环境和资源。生态安全是国家安全密不可分的一部分，它也是人类发展、社会进步的必要因素。

　　（二）海洋生态安全的含义

　　1. 海洋生态安全的提出

　　海洋生态安全是指海洋生态系统所处的一种健康、良好状态。首先提出环境是人类生存的安全因素的学者是莱斯特·R. 布朗，1981 年他指出，由于人类经济和社会的不断发展，越来越多的国家和地区产生了严峻的环境问题，环境问题成为各国关注的首要问题。[①]20 世纪末期，各国自然灾害发生的频率越来越高，环境破坏给人类带来的苦果也让人们逐步认识到环境保护的重要性。美国在 1990 年将环境问题作为国家安全问题来严肃对待，并且在其外交活动中反复强调环境保护的重要性。而我国在生态安全方面的研究起步较晚，相关研究成果也较少。由于我国初期环境破坏较为严重，产生了较大的负面影响，从而引发了政府的环境保护意识。我国首次提出海洋环

---

① 　[美] 莱斯特·布朗：《建设一个可持续发展的社会》，科学技术文献出版社 1984 年版。

境保护是在 2000 年，《全国生态环境保护纲要》充分强调了环境保护的重要性，由此生态安全问题也成为我国研究的重点。

我国现阶段是海洋经济发展的上升期，大量的港口工业建设让大量的人口涌入沿海地区，从而导致了沿海地区海洋环境受到了极大的破坏。这些破坏有人类生存所产生的污染破坏，还有工业建设所带来的破坏。由于大量不合规范的工业活动在沿海地区进行，很多企业不达标的工业污水被直接排入海域，导致了海洋环境被严重破坏，一些自然灾害由此发生，比如赤潮、绿潮等。联合国在 1982 年已经开始重点关注海洋环境保护问题，海洋生态系统的维护任务也越来越紧迫。海洋对于人类的包容不是无限的，恶意的破坏让海洋展开了对人类的报复，这些伤痛需要人类的海洋污染治理行动和环境保护意识来抚平。

2. 海洋生态安全的特征

通过对生态安全含义的分析，可见生态安全比环境安全的范围更广。陆地资源的日趋衰竭，促使人类将注意力转移到海洋上，海洋资源的开发和利用给人类的发展带来了希望。可以说海洋生态系统的生态价值和服务功能成为人类赖以生存和发展的基础。但是由于人类的肆意活动造成了巨大的海洋环境破坏，越来越多的海洋环境问题让人们不得不关注海洋生态安全，同时认真思考生态安全对于人类活动的价值和意义。因此当海洋系统没有受到或者几乎不受到人为破坏时，生态环境保持相对稳定，资源具有可持续性，此时可以为人类生存提供稳定的生态安全。海洋生态安全的对象是海洋的生态环境，安全的目的是让人类安全生存下去，因此海洋生态安全的最终目的是达到人与海洋的和谐共存，通过可持续发展的生态模式合理开发海洋资源。

（1）海洋生态安全以海洋生态系统稳定为基础

海洋生态系统的构成主要包括两个部分，一个部分是海洋中各种生物，另外一个部分是海洋的自身环境，两者有机结合起来形成了不同的海洋生态系统，这些生态系统根据不同的划分标准又可以分成不同的种类。由于海洋生物和其生存的环境都是其生态系统的有机组成，因此其稳定性也反映出海洋环境的优良，也说明了海洋拥有充足的资源供给人类的政策生存活动，若是缺少这些必备的资源人类无法在海洋上进行必要的生产生存活动，从而发展海洋经济。海洋生态系统的保护是人类开发海洋资源的前提条件，想要获得海洋资源长期充分的开发就必须维持海洋生态系统的稳定性和可持续发展性。

（2）海洋生态安全以免受海洋灾害威胁为要求

海洋生态安全包括了环境安全的问题以及人类行为活动安全的问题。海洋所面临的威胁不仅仅来自各种频发的自然灾害，人类的各种生态活动也给其造成了极大的破坏，其中人类活动所造成的危害更大一些。人类活动所产生的温室效应，会引发各种自然灾害频发，海平面也不断上升，这些行为不仅仅破坏了海洋生态的平衡，对人类的经济和生产环境也造成了极大的破坏。海洋灾害频发的根本原因是人类越来越频发的资源开发，过度的开发让海洋没有休养生息的时间，严重威胁了海洋的生态平衡。这些灾害的发生导致了越来越频发的自然灾害，同时人类的开发从未停止，这样加深了海洋体系破坏的速度，最终会导致海洋经济的崩溃，人类无法再从海洋获取资源。因此必须从现在做起，合理规划人类的海洋开发，保护海洋的生态系统平衡，让海洋有休养生息的时间，从而保证海洋经济的可持续发展。

（3）海洋生态安全具有整体性、动态性和滞后性

海洋环境的破坏已经是一个普遍的现象，各国在对海洋资源开发的同时也进行了大量的破坏活动，全球范围内的海洋生态都受到了不同程度的破坏。往往一个国家的破坏活动会导致相邻海洋的许多国家受到影响，比如说日本倾倒核废料将造成大量的海洋鱼类不再可以食用。因此海洋生态环境的破坏具有一定的关联性，海洋生态环境是一个完整的整体，任何地区的破坏都将导致与其关联的地区受到影响。因此想要对海洋生态环境进行有效的保护，保证海洋生态系统的完整性就必须从以下几点做起：首先是保证海洋生态系统的平衡，减少人类的破坏活动；其次是根据现有的破坏情况制定合理的恢复计划，逐步恢复海洋生态系统。人类在减少破坏的同时合理规划海洋资源的开发，同时进行相关的环境治理活动，只有这样才能够保证海洋处于

长期稳定的健康状态，保证海洋经济的可持续发展。海洋环境破坏的产生不是即时的，往往是由于一系列生态环境问题复合产生的，比如温室效应导致海洋环境问题，而温室效应产生的原因是二氧化碳浓度的升高，这种现象又是由于人们各种不同的工业活动以及植被破坏产生的，这是一种长期的破坏活动，不是立刻产生效果的。因此当海洋问题发生，人类意识到问题严重性的时候往往已经到了最严峻的阶段，犹如人类绝症的晚期，平时不被人类所重视，但是问题爆发出来时，它往往是致命的。①

（4）海洋生态安全强调过程安全

生态安全的实现是一个长期而又艰难的过程，它不仅仅需要人类对生态安全中的重点进行关注，同时也需要对整个安全实现的过程予以足够的重视。② 因此想要达到海洋生态安全的实现就必须重视过程安全的作用，不仅仅要确定其中的关键点，同时要对实施的过程进行规范管理。若从生态环境的视角来进行分析，能够对海洋生态系统中不同的组成部分进行拆分，保证每个部分的稳定，从而保证整体的稳定；从人类的角度来看，必须制定一个世界范围内的法律政策来对海洋环境的开发和保护问题进行规范管理，保证海洋环境恢复的过程中人类不会对其造成二次伤害，通过世界各国共同的努力保证人类活动的每个环节都严格遵循这一法律法规，保证法律法规的彻底实施，从而保证海洋生态安全的彻底实现。

（5）多元主体参与是海洋生态安全的内在要求

俄罗斯在1989年就已经开始重视国家生态安全问题，并且将这一问题写入了宪法中，同时制定了专门的环境保护法来保证国家生态安全。1995年俄罗斯颁布了《联邦生态安全法》，在法律中针对国家生态安全问题提出了专门的保护措施和规章制度。③ 这一举措说明了国家已经充分重视到生态安全的重要性，并要求每个公民参与到保护中来，同时制定了相关的法律法

---

① ［美］诺曼·迈尔斯：《最终的安全：政治稳定的环境基础》，上海译文出版社2001年版。

② 肖笃宁、陈文波等：《论生态安全的基本概念和研究内容》，《应用生态学报》2002年第3期。

③ 陈星、周成虎：《生态安全：国内外研究综述》，《地理科学进展》2005年第6期。

规来对此进行规范，国家生态安全关于每个公民的切身利益，每个人都有责任和义务来保障本国生态安全。而其中对于海洋生态安全的保护也尤为重要，每个公民都必须意识到海洋生态安全的重要性，积极主动地参与到保护之中。海洋生态问题的产生会导致大量的弊端，资源的减少会导致不同国家为争夺资源产生争端甚至爆发战争，这些关系国家利益；环境问题会导致海洋附近的居民生存遭到威胁，这些关乎个人利益。而海洋环境的破坏是一个长期积累的过程，各个因素共同作用导致生态不再平衡，人类社会的活动也是破坏的根本原因。因此保护海洋环境也需要人类的积极参与，通过各方努力共同治理以及合理开发保证海洋生态环境的可持续发展。

（6）海洋生态安全注重可持续发展

海洋生态安全的重点是海洋系统的平衡以及健康，海洋的健康包括海洋的各项环境指标的健康，海洋的稳定是指各种生物的稳定，健康的海洋环境可以保证生物的稳定生存。同时，这种安全还包括了海洋与人之间的和谐共存。因此海洋安全不仅仅反映了海洋的整体状态情况，同时也是海洋和人类共存，共同进步和发展的基础条件。想要保证海洋经济的可持续发展就必须重视海洋安全的作用，通过法律的手段来进行相关的管理，各国共同监督和努力保障海洋安全的实现，维持海洋系统的稳定，实现海洋经济的可持续发展。

三、海洋生态安全的内容

（一）海洋环境安全

目前学界普遍认为环境安全作为国家安全的重要部分，作为维系人类自身的利益以及与后代关系的纽带，为人类提供生存的源泉，它反映了人类对环境变化问题的关心，尤其是导致资源稀缺和生态系统退化的问题。环境安全的标志是：社会系统与自然生态系统能够以可持续的方式获取环境利益，并在环境危机和冲突发生时有合理的机制能够解决这些问题。海洋环境安全要求人们更多地关注海洋生态系统的健康状况和面临的风险，并采取行动预防或控制海洋环境为人类带来负效应。传统的"海洋污染治理"和"海洋环境保护"都是以被动的方式评价和管理海洋，而且几乎是在海洋环境已经产生不利于生态系统以及人类利益的影响之后才实施补救行动。"海洋环境安全"有别于传统的海洋污染及环境保护概念，它与可持续发展原则紧密联系，是一种积极的提前预防的行为方式。它强调的是提前预防而非事后补救。而海洋环境安全是海洋环境的可持续发展观，我们应考虑海洋环境安全，而不是被动的海洋污染治理或海洋环境保护。

在全球化时代，区域经济重组、资源再分配等社会现象突出。沿海省市是中国人口密度最大的区域，集中了一半以上的人口和资源。沿海地区的发展趋势还将继续持续，我国人口数量基数较大，往沿海地区不断发展是经济发展的必然，这给沿海地区的环境保护带来了极大的压力。国际海底区域的资源以及公海区域属于世界各国共同拥有，我国也同时拥有这些权益。而我国经济想要进一步发展海洋资源的帮助必不可少，因此对于海洋权益的保护也尤为重要，必须保障海洋环境安全才能够为海洋经济的发展提供必备的条件。

经济的进步必将消耗大量的资源，海洋资源也必不可少，人类的经济进步对海洋环境的保护造成了极大的威胁，未来15年海洋环境的保护问题也成为人们亟待解决的问题，人类面临着前所未有的压力。对于这些问题，我国必须提出对应的解决方案，防止海洋生态环境的底线被打破从而造成某些不可逆转的破坏，让更加严重的问题和灾难产生，同时也将极大地制约我国经济的发展，影响到我国的国际地位。

（二）海洋生物安全

海洋生物安全是指海洋生物特别是渔业资源的污染、衰退问题，这主要是过度捕捞、海洋污染、海滩围垦破坏以及水利和海洋工程对生态环境的破坏等因素导致的。海湾、河口及海滨湿地生态系统长期处于亚健康或不健康状态，水体富氧化极为严重，生物的整体结构平衡遭到破坏，生存环境也在被人类逐步侵蚀。

海洋对于人类来说还存在许多未解之谜，人类对于海洋的研究还具有一定的局限性，对于生物的研究也相对不完整，这对于保护工作来说也是一种障碍。人类生产所产生的各种废水和大量的垃圾都被海洋所承受，这些污染物在不断侵蚀海洋本身的环境，海洋受到的伤害也越来越深，自身的环境被破坏的同时生态的平衡也在不断被打破，海洋中物质的生产也面临着极大的压力。沿海地区常见的许多生态系统都遭到了毁灭性的打击，例如红树林、河湾、海草床等生态现象在逐步消失，或许有一天会彻底消亡。人类建造了大量的港口来进行运输，从而促进人类自身经济的进步，但是这些港口会成为船只所携带的外来物种的天堂，这些物种对当地的生态环境造成了很大的破坏。而和农业作业区域相连的港口水域或多或少都被农药和淤泥问题所困扰。

作为海洋生态系统一分子的珊瑚，近年来也遭受到严重的威胁，大量的珊瑚白化可能是海洋生态系统大范围突变的预兆。气候环境的突变也对极地地区有一定的影响，气温上升使得极地的冰雪融化，这会进一步导致全球的灾难，因此保护海洋环境所必须考虑的问题也比较复杂。在环境保护问题上想要做好对海洋环境的保护必须从多方面着手，对全球气候情况要有整体的把握，同时要充分了解海洋的各种生物的构成情况以及发展情况，掌握其形成和生长的具体规律。海洋环境问题一直被各国忽视，我国的海洋保护发展也仅有 20 年左右，我国在经济发展的初期对海洋环境造成了极大破坏，海洋生态平衡被打破，而人们并没有采取对应的措施来解决这个问题，直到海洋环境破坏给我国带来深切之痛，政府部门才意识到海洋保护的重要性，开始制定各种措施来确保海洋环境的恢复和保护。在世界范围内，海洋资源是共享的，因此各国主要的精力是在海洋资源开发上，并没有对海洋资源保护予以足够的重视。但是海洋资源也有枯竭的一天，而生态环境的破坏将会加剧这个过程，因此必须对现有的资源进行合理分布做好有规划的开发，保证海洋资源的可持续发展，同时在开发的过程中必须保证海洋的环境不被破坏，维持海洋生态系统的平衡。

（三）海洋生态系统安全

海洋的生态系统包括了具体的环境和不同种类的生物，它们有机地结合在一起构成了完整的系统。在现代工业的作用下，沿海地区现有的海洋系统大都处于一种亚健康甚至严重破坏的状态，这种状态的长期性存在会导致各种自然灾害的发生，从而威胁到人类的生产。而人类依然在不经意间破坏着海洋的生态平衡，原油泄漏所造成的污染范围极广，污染消退速度极慢会造成大范围的破坏，核废水和核废料的海洋倾倒也会造成大规模的破坏，这些威胁对于海洋来说都是致命的。海洋在地球上占据了大部分的面积，同时也孕育了大量的资源，是人类十分重要的生态宝库，而这个生态宝库一旦被破坏，想要恢复其工作量将是巨大的。人类不能无休止地向海洋索取资源，必须在保护海洋环境的前提下做到可持续开发，保证海洋生态系统的安全，保障海洋资源的长久可持续利用。

四、海洋生态安全对其他安全的影响

于淑文[①] 认为海洋因有丰富的资源、能源，使其在我们的生活中占有越来越重要的地位，海洋安全也成为国家安全的重要组成部分。因此，采取相应的措施完善海洋安全保护的立法，建立海上应急机制，成立独立的国家海洋管理机构，建立信息化的监测系统，加强国际合作，继续发挥合作等和平手段解决争端，保证我国的海洋安全，维护我国的海洋权益是十分紧迫的任务。

刘中民[②] 提出，海洋环境污染的不断加剧威胁人类生存和世界经济的发展。他从三个方面分析了海洋生态环境污染的原因：首先是大量的陆源污染物入海，主要包括生产和生活污水、石油、有毒有害化学物质、放射性物质等入海造成的海洋生态环境质量下降；其次是人口趋海移动造成的环境压力，人口趋海移动已成为全球性问题，全世界每天有 3600 人移向沿海地区，大量人口的聚集必然造成生存空间不足、污染加重以及其他生态环境和社会经济问题；再次是油船泄露或沉没导致的大规模海洋污染。于淑文[③] 认为海洋环境问题包括两方面的内容：一是海洋污染，即污染物进入海洋，超

---

① 于淑文：《关于加强海洋安全和海洋权益保护的思考》，《行政与法》2008 年第 2 期。

② 刘中民：《国际海洋整治专题研究》，中国海洋大学出版社 2007 年版，第 168 页。

③ 于淑文：《我国海洋生态环境现状及对策》，《中国水运》2009 年第 12 期。

过海洋的自我净化能力；二是海洋生态破坏，即在各种人为因素和自然因素的作用下，海洋生态环境遭到破坏。海洋污染物绝大部分源于陆地上的生产过程。海岸活动，如倾倒废物和港口建设等，也会影响海洋生态。污染物进入海域，不但污染海域环境，危害海洋生物，更会危及人类的健康。帅学明等① 指出，海洋处在生物圈的最低位置，人类总是不适当地向海洋排放环境污染物或者其他物质、能量，造成对环境的不利影响和危害，如陆源污染、船舶污染、海上石油污染等。对于海洋生态的破坏，帅学明将其称之为"非污染性损害"，是指由于人类不适当地从海洋环境中取出或开发出某种物质、能源所造成的对海洋生态系统的不利影响和危害，如滥捕海洋鱼类、滥采海洋矿产等，这些都将导致人类生存环境的恶化。

海洋生态安全作为非传统安全因素中非常重要的部分，对其他安全因素也有较大的影响，综合学者们的研究，主要集中体现在以下几个方面：

1. 海洋生态安全与海洋经济安全

刘明② 在论述我国海洋经济安全形势时指出，海洋生态环境问题是影响我国海洋经济安全的重要因素。我国海洋经济安全受到多方面因素的威胁，其中海洋资源特别是渔业资源的衰退以及海洋生态系统的恶化是重要因素，这些问题都是由过度捕捞、海洋污染、海滩围垦破坏以及水利和海洋工程对生态环境的破坏等因素导致的，属于海洋生态安全研究的范畴。在地区海洋经济方面，陈惠彬③ 以天津市为例分析了海洋经济发展如何受生态环境安全问题限制。他认为 20 世纪 80 年代以来人们对渤海湾污染排放的增加，对渔业资源的攫取，围海造地的无序开发，以及海上石油、港口、工业、运输、旅游等对渤海的生态是一种严重破坏；进入 90 年代，城市化的进程进一步加剧了这种破坏，加大了海洋生态系统的压力，导致赤潮频发，更是产生了一种新公害："环境激素"，严重影响海水养殖业的发展，对天津市海洋经济

---

① 帅学明、朱坚真：《海洋综合管理概论》，经济科学出版社 2009 年版，第 161 页。

② 刘明：《我国海洋经济安全现状与对策》，《中国科技投资》2008 年第 11 期。

③ 陈惠彬：《天津海洋经济可持续发展面临严峻生态安全挑战》，《海洋环境保护》2005 年第 1 期。

的总体安全构成威胁。

2. 海洋生态安全对国际关系的影响

McNelis[①]认为环境安全是国家安全的一个重要组成部分，并认为环境问题是产生暴力冲突的直接原因。张海滨认为，环境恶化的后果会使一个国家更富有进攻性，可能希望通过将其生态圈扩展到国外、淡化和隐瞒其环境污染以及获得新的资源来弥补其国内的生态赤字，因此，张海滨认为："环境破坏可能导致越来越多源于资源的战争"[②]。除此之外，冲突还体现在国际贸易中比较常见的绿色贸易壁垒，由于对海洋生态安全的关注，很多国家抵制那些在生产过程中对生态环境产生危害的产品。但是，正如池田大作所说："地球是一个整体，全人类是一个命运共同体"[③]。黄全胜认为："生态系统的相互依存性为实现共同利益提供了机会，使得各种争端可能转化为有益的环境合作"[④]。海洋生态安全问题的处理对于协同合作关系的要求得到了世界各国的承认。又如杨金森先生指出："合作是海洋国际事务中使用最多的词汇，包括闭海和半闭海沿岸国之间的合作，国际海底勘探开发的国际合作，公海生物资源保护的合作，海洋科学研究的国际合作……世界的海洋是连在一起的，开发和保护海洋必须有各种国际合作。"[⑤]

3. 海洋生态安全对社会安全的影响

海洋生态安全恶化很可能会产生一系列的社会问题，破坏原有的社会秩序。周忠海[⑥]认为，自然资源的耗竭、海洋环境的恶化以及自然灾害与安全议程直接相关，因为这些问题能够破坏数百万人赖以为生的自然基础。海洋生态安全问题可能会破坏以海洋资源为依赖的社会结构，诸如海平面上升等问题还可能导致某些文明的消失。现实中的典型事例是环境难民的产生。

---

① MCNELIS D.N., SCHWEITZER G.E..Environmental security: An evolving concept. Environmental Science and Technology. 2001, (35): 108A-113A.

② 张海滨:《环境与国际关系》，上海人民出版社 2008 年版，第 174 页。

③ [日] 池田大作:《二十一世纪的警钟》，中国国际广播出版社 1988 年版，第 45 页。

④ 黄全胜:《环境外交综论》，中国环境科学出版社 2008 年版，第 158 页。

⑤ 刘中民、修斌等:《国际海洋整治专题研究》，中国海洋大学出版社 2007 年版，第 171 页。

⑥ 周忠海:《海洋法与国家海洋安全》，《河南省政法管理干部学院学报》2009 年第 2 期。

太平洋岛国图瓦卢的举国搬迁，这是由于环境问题引起的大规模移民的典型案例。

除此之外，海洋生态安全问题也可能直接影响人的安全，比如生态环境恶化导致的一些疾病等等；海洋生态安全问题对经济的影响也会引起社会问题，比如海洋生态的恶化导致海洋渔业的衰退，本来以渔业为生的渔民要转向其他行业，这就给社会带来了就业等一系列的压力。所以说维护海洋生态的安全状态，保证海洋资源的可持续开发对维护社会安全同样有重要影响。

海洋生态安全是海洋安全的重要组成部分，从目前我国学者研究的现状来看，涉及海洋安全的文献主要内容还局限于军事政治安全，而涉及海洋生态安全或海洋环境安全的内容相对较少。国内更是缺乏一套完整的海洋生态安全体系，但是就如何维护海洋生态安全，或者是这套体系可能包含的内容上，不少学者进行了各自领域的研究工作，也取得了一定的成就，主要体现在以下方面：

（1）海洋生态安全法律体系

海洋生态安全的法律保障体系是维护海洋生态安全的基础。张式军[1] 认为生态安全是环境立法的价值所在，并指出从调整范围看，国际海洋生态安全法律体系分为全球性的国际海洋生态安全法律文件和区域性的海洋生态安全法律文件，并对法律体系各层次的内容做了详尽的阐述，并结合现实指出了我国海洋立法体系的不足和改进措施。蔡先凤等[2] 认为我国已初步建立海洋生态安全法律体系，逐步建立了海洋综合管理制度，《宪法》和包括《海洋环境保护法》在内的有关海洋环境保护的行政法规中关于保护海洋生态安全方面的规定，对遏制海洋生态环境进一步恶化的趋势发挥了重要作用，但是还存在不足。他们认为应该构建海洋生态安全法律体系，充实海洋资源的开发、利用与保护的内容，将海洋生态安全保护、海洋资源开发利用与社会

---

[1]   张式军：《海洋生态安全立法研究》，《山东大学法律评论》2004 年第 1 期。

[2]   蔡先凤、张式军：《我国海洋生态安全法律保障体系的建构》，《三江论坛》2006 年第 3 期。

经济发展紧密结合起来。修订《环境保护基本法》和《海洋环境保护法》，或制定一部综合性的《国家（海洋）生态安全法》明确海洋生态安全保护的概念、基本原则、法律制度等内容，对海洋生态安全保护的方针政策、体制与制度提出统一规范的要求。

在国外海洋生态安全法律保障体系方面，张素君[①] 在其硕士论文中介绍了美国、加拿大、英国、日本的立法情况。这四个国家都是海岸线很长的沿海国家，在很早以前就认识到海洋的战略重要性，对海洋生态环境的关注也早于其他国家，均与20世纪六七十年代就有了海洋生态环境保障方面的立法。特别是美国海洋保障的立法涵盖了海洋资源、海洋生物、海洋渔业等方面，海洋执法力量体系也相对健全，对我国的海洋生态安全法律体系的建设有很好的借鉴意义。

（2）海洋生态环境监测与评价体系

海洋生态环境的监测与评价属于事前控制的范畴。魏爱泓等[②] 认为大规模、高强度的不当海洋开发加速了我国海洋环境和生态的恶化，加剧了海洋生态灾害发生的频率，直接威胁到海洋资源的可持续利用和海洋生产力的进一步解放，也威胁到人类的生命健康。因此，有必要进一步加强海洋开发对海洋生态环境的影响评价，运用各种科学技术手段对各种海洋开发项目可能导致海洋生态环境的影响进行客观的分析、预测和评估；根据预测和评估结果，针对项目具体情况，提出减少影响或改善海洋生态环境的策略与措施。李彦苍[③] 也认为欲有效地解决海洋的生态与环境问题，需要通过海洋环境监测，快速准确地获取相关的海洋环境数据，并采取恰当的方法对这些海洋环境数据进行评价，通过构建数字海洋，最终获得对海洋环境保护、海洋资源

---

① 张其云：《海洋生态安全法律问题研究》，硕士学位论文，中国海洋大学法政学院，2009年。

② 魏爱泓、徐虹等：《海洋生态环境影响、评价与监测管理若干问题的探讨》，《江苏环境科技》2007年第2期。

③ 李彦仓、周书敬：《基于改进投影追踪的海洋生态环境综合评价》，《生态学报》2009年第10期。

开发和可持续发展有指导意义的科学依据和决策支持。但是在学界，关注海洋环境监测的成果较多，且多是从专业技术角度来研究；在海洋环境评价方面，研究成果却少之又少。

在环境评价方法上，毛文永[①] 介绍了环境评价的一般方法，主要包括：类比分析法、列表清单法、生态图法、指数法和综合指数法、景观生态学方法、生态系统综合评价方法、生物生产力评价法等，但是在专项环境影响评估上，缺少针对海洋生态环境影响的评价方法。2004 年国家发布《海洋工程环境影响评价技术导则》[②]，对海洋工程对海洋生态环境的影响评估做了详细说明。通过资料收集、环境现状调查、环境现状评价、环境影响预测、经济损益分析、生态环境保护、恢复和替代方案七个程序，其中介绍了海洋环境评价适用的方法，为评估海洋工程对海洋环境的影响提供了程序上的指导。

（3）海洋生态系统管理体系

刘家沂[③] 提出，在海洋生态系统迅速衰退的情况下，需要采取特殊的政策和措施，针对海洋区域广阔、流动的特点，从管理上找出路，应由专业的行政主管部门采取有别于陆地的理念和方法等实施有效管理，强化以生态系统为基础的海洋综合管理，即海洋和沿海资源管理应反映所有生态系统组成部分之间的关系。

叶属峰[④] 等提出了一种基于生态系统的海洋综合管理体系，即海洋生态系统管理。在综述生态系统管理和生态系统途径作为生态系统管理的一种方法论的研究进展基础上，结合我国海洋生态系统的特点及开发利用特征，系统阐述了在我国实施的海洋生态系统管理的必要性和紧迫性，提出了建立以生态系统为基础的海洋综合管理新战略与行动计划。他们认为，一个海洋生

---

① 毛文永：《生态环境影响评价概论》，中国环境科学出版社 2008 年版，第 371—384 页。

② 《海洋工程环境影响评价技术导则》，GB/T 19485—2004。

③ 刘家沂：《生态文明与海洋生态安全的战略认识》，《太平洋学报》2009 年第 10 期。

④ 叶属峰、温泉、周秋麟：《海洋生态系统管理——以生态系统为基础的海洋管理新模式探讨》，《海洋开发与管理》2006 年第 1 期。

态管理体系应包括：实施系统化和区域化的管理；综合经济发展和生态保护；生态监控区建设与管理；建立海洋开发时空秩序（实行总量控制）；加强科学研发，开展国际合作；重点海域或典型生态系统修复与整治工程；确保海洋开发秩序的海洋执法；企业和公民参与八个方面的内容。丘君等①认为基于生态系统的管理（ecosystem-based management，EBM）是一种得到海洋界广泛关注和普遍认可的管理理念，并分析了EBM的内涵、原则，简要介绍了各海洋大国在海洋发展战略中基于生态系统的海洋管理实践，简要分析了我国在基于生态系统的海洋管理方面的初步尝试。结合EBM所提倡的原则、方法以及我国国情，他们提出了为实施基于生态系统的海洋管理所亟须开展的工作，包括开展海洋管理单元区划研究、制定科学的管理目标、建立和健全生态系统监测和评价系统、建立涉海机构和部门之间的有效合作机制以及扩展公众参与海洋管理的渠道等五个方面。

（4）海洋生态安全社会价值体系

黎昕②认为，生态安全体系的构建不仅要从生产方式即产业体系以及管理制度体系入手，还要树立全民生态安全意识，构建有利于国家生态安全的社会价值体系。他认为，环境破坏和国家生态安全受到侵害，直接的原因都是民众或其他社会主体的不当行为，它与现代社会人们注重物质享受的价值观及社会组织的运行方式有密切关系，工业社会的价值观与生活方式及经济体系的共同运作，使人们对自然界的攫取不断增加，对自然生态机制的破坏也不断增大。所以黎昕认为要从根本上解决环境问题，维护国家生态环境安全，就必须对人们的文化价值观念和社会体制进行深层次的改造，通过完善公民参与机制，来唤醒人们的生态安全意识。同样，在海洋生态安全方面，人们的生态安全意识也是至关重要的。因为在传统陆地国土观念的影响下，海洋国土的观念比较薄弱，而海洋生态安全的意识更加淡薄，所以按照黎昕

---

① 丘君等：《基于生态系统的海洋管理：原则、实践和建议》，《海洋环境科学》2008年第1期。

② 黎昕：《社会结构转型与我国生态安全体系的构建》，《福建论坛》（人文社会科学版）2004第12期。

的观点来构建一个社会价值体系，将个人行为对环境的影响纳入道德规范，来引起全社会对生态环境的关怀，是维护我国生态安全的重要基础。

刘家沂[1]认为树立海洋生态安全意识是建设海洋生态文明的战略措施之一。海洋生态安全是海洋经济可持续发展的重要保障，同时也是海洋资源可持续发展的基本内容。但目前，有限而且脆弱的海洋资源正在应对着人类没有节制的利用，我们在攫取海洋资源的同时也将大量有毒有害的物质抛向海洋，累积的效应将毁掉海洋生态系统未来对人类能够作出的经济服务能力。因此，他认为，必须正确地对待和意识到人类开发活动对海洋生态的影响；意识到海洋生态系统中生物群落和生态环境的相互作用；意识到维持复杂而且具有适应性的自然系统多样性和恢复力的重要性，这样才能保证海洋资源的可持续利用和海洋经济的可持续发展。

绿色经济核算是一种综合环境与经济数据的核算体系或分析框架，它为可持续发展的测度和可持续发展战略决策的制定提供了一个基础性的分析框架。周景博[2]介绍了该体系的产生、思路及尝试。他在文中指出，20世纪80年代后期，各国政府的经济发展战略都发生了很大的变化，即由传统的片面强调经济增长的战略，向强调经济、社会、人口、资源和环境的全面协调发展的"可持续发展战略"转变。传统的国民经济核算体系忽略了经济活动与环境之间的关系，没有把人类的活动产生的环境成本计入在内，所以传统的国民经济核算体系是片面的、狭义的。雷明[3]指出，确保我国经济社会可持续发展战略这一目标的实现，我们所面临的首要的一个基础性任务就是，必须从可持续发展的角度，迅速建立可持续发展绿色核算评价体系，重新审视、衡量和把握我们的发展路径。黎昕[4]也在其著作中指出要建立健全环境与发展的综合决策机制，用"绿色核算体系"来重新审视和把握经济发

---

[1]　刘家沂：《生态文明与海洋生态安全的战略认识》，《太平洋学报》2009年第10期。

[2]　周景博：《绿色经济核算的理论与方法》，《环境保护》2003年第10期。

[3]　雷明：《中国绿色核算及经济环境协调发展战略选择》，《科学社会主义》2006年第5期。

[4]　黎昕：《社会结构转型与我国生态安全体系的构建》，《福建论坛》（人文社会科学版）2004第12期。

展之路径，实现经济增长、社会进步和环境保护的"三赢"。

进入21世纪，传统安全向非传统安全范式的转变已是不可逆转的。国家的安全内容开始多元化，由于海洋世纪的到来，社会经济的发展越来越依赖海洋，海洋生态安全理所应当地处于重要的地位。

由于长期以来国民受陆地国土观念的影响根深蒂固，海洋国土观念淡薄，这就导致了在进行海洋开发活动时出现了重经济效益轻环境保护的现象。近年来我国采用的是粗放型的海洋开发模式，不仅造成了资源的浪费，还给海洋生态环境带来了极大的损害。所以维护我国的海洋生态安全，涉及多方面的内容。借鉴西方海洋强国的经验和学者的研究，法律政策体系处于基础地位。早在20世纪80年代初，我国就颁发了《中华人民共和国海洋环境保护法》，之后陆续发布了一系列相关条例，但是环境污染仍在加剧。张炳炎[1] 认为原因很复杂，但关键在于人们环境意识普遍淡薄，对环境污染危害的严重性和治理污染的艰巨性缺乏认识，很多严重的问题，如重生产轻环保、先污染后治理、明防治暗排污等等，自然而然地造成污染加剧。只有在全社会形成了海洋国土的观念，人们才有可能自发地维护海洋生态安全。但是观念的转变是一个难点，简单地通过宣讲来灌输海洋意识效果不甚乐观，在这方面，政策的导向作用要得到充分发挥。通过建立一个完整的海洋生态安全体系，从多个方面使社会形成一种自上而下的生态文明的氛围，这样才能有效地维护海洋生态安全。

第三节　北极海洋生态安全

一、北极海洋生态系统概况

全球性的温度升高让北极大量冰川融化，同时也让一些航道的通航成

---

[1]　张炳炎：《中国的海洋生态》，《科学决策》2007年第12期。

为可能，这对于北极生态来说是一次重大的改变。

首先，由于气候环境的变化臭氧层被大量破坏，地球温度在逐步上升，北极的冰盖融化速度在不断加快。北极区域位于北极圈北部，它的占地面积高达 2100 万平方公里。但是由于地球环境的不断变化，冰川的面积也在不断减少，截止到目前北极区域的占地面积每年以 1500 平方公里的速度在缩减。科学家通过分析指出，地球都在经历全球变暖的过程，但是这个过程在北极的效应更加严重，超过了地球其他任何地方，超过的幅度甚至达到了平均数值的两倍。在过去的 50 年，一部分地区的温度上升达到了 2.5 摄氏度，按照现有的二氧化碳排放的数量北极地区在 2100 年温度的增幅将达到 10 摄氏度。而不断上升的气温会导致冰川融化速度更快，一系列恶性循环也呈现了出来。在北极区域有超过 20% 的土地下面是大量气态能源碳，含量高达几十亿吨，其主要成分是甲烷，而在实际研究的过程中科学家发下甲烷的温室效应是 CO_2 的 30 倍以上。温室效应加速了北极冰川冻土的融化，而冻土融化导致大量的甲烷外泄，这又进一步加大了温室效应，正是这种恶性循环让北极的生态系统受到了严重破坏。在一份研究报告中，科学家指出北极地区甲烷排放的数量在逐年增加，这个增幅数值达到了每年 100 万吨。不断增加的甲烷排放，更加强烈的温室效应，融化速度更快的冰川，再次增加的甲烷排放量，这一切似乎形成了一个死循环。6.35 亿年前的冰川世纪正是由于甲烷大量排放造成的温室效应终结的，这也为北极地区的生态安全敲响了警钟。2008 年在一份世界权威机构的联合报告中有学者指出，北极地区的冰川覆盖面积在 50 年的时间内减少了一半，这是我们不得不面对的事实。

当大量的冰面融化后，太阳光无法通过冰面反射到天空中去，海水吸收大量的太阳光线后温度进一步上升，这会导致更多的冰块融化。因此冰块融化、海水升温、更多冰块融化、更大面积海水升温也形成了一个恶性循环，进一步导致冰川面积较少，海面温度上升。同时由于风力的作用，北极地区的冰川融化的速度更快。在某些特定的年份，冰块融化的速度达到了峰值，北极风将大量的破碎冰川吹向南部区域进入大西洋中融化。在日本和美国的相关研究和数据记录中，许多学者指出北极区域的冰川融化有 30% 以上是由于风力作用所引起。

随着北极海冰融化、冰盖面积减少，北极生物间的物理距离逐渐增大，北美驯鹿、格陵兰海豹、北极熊、独角鲸等物种的交叉繁殖率降低，对其生存与基因健康造成了不利影响。此外，外来物种随航道开辟后往来的船舶得以入侵北极，对北极海洋生态系统造成不小的风险。不止如此，北极海洋生态系统还面临着海水污染风险，其中因航道运行而加剧的微塑料污染、石油污染已经进入北极海洋生态系统，危害海洋生物健康，还将跟随食物链进入人体。[①]

二、北极海洋生态安全的含义

海洋生态安全是指海洋生态系统所处的一种健康、良好状态。[②] 北极海冰融化，可供人类开发利用的区域增大，越来越多的国家参与到北极的生产开发活动中去，人类的进入对北极原生生态系统造成影响，特别是资源开采、油船泄露、渔业捕捞等活动造成了严重的海洋污染，北极海洋生态安全态势不容乐观。北极海洋生态系统是地球生态系统的重要组成部分，北极环境变化对周边地区乃至全球范围都会产生影响，因此维护北极海洋生态安全对构建人类命运共同体具有重要意义。

北极环境变化深刻影响着人类命运，这些变化在给人类生存和发展带来机遇的同时也带来了巨大的挑战，主要表现在：第一，海冰融化导致海平面上升，淹没了北极与亚欧大陆的沿岸地区，对北极地区海洋生态系统的安全造成重大影响；第二，气候变化使北极植物群落发生迁移，物种多样性、范围和分布发生改变；第三，冰盖的消融，对北极原有生物圈产生深刻的影响，鳕鱼、北极熊等物种急速减少；第四，北极能源资源的可开采性增加；第五，海平面上升使得许多沿海地区和设施面临更多风暴潮袭击。

随全球化发展及北极地缘政治变迁，北极海洋生态安全治理的行为体

---

① 杨振姣：《人类命运共同体视域下北极海洋生态安全治理机制研究》，《理论学刊》2022 年第 3 期。

② 杨振姣、姜自福等：《海洋生态安全研究综述》，《海洋环境科学》2011 年第 2 期。

呈现多元趋势，不仅包括北极八国、非北极国家等国家行为体，也包括政府间组织、议会间组织、全球性组织、区域性组织、非政府组织、原住民团体等非国家行为体。① 具体包括：

第一，北极国家。从地理位置上看，北极是指北极圈以北的广大区域，也叫作北极地区，北极地区包括北冰洋、边缘陆地海岸带及岛屿等范围。北极国家包括美国、加拿大、俄罗斯、挪威、丹麦、瑞典、芬兰和冰岛，简称"北极八国"。由于地理位置上的毗邻，这些国家在相关水域或资源问题上存在冲突，很大程度上导致了北极海洋生态安全治理的混乱局面。

第二，近北极国家。中国、韩国、日本、欧盟等与北极距离较近的国家属于"近北极国家"，这些国家受北极海洋生态环境变化影响显著。以中国为例，相关研究数据显示，近年来中国很多地区不断出现极端气候，严重影响农作物生长，威胁中国粮食安全。同时，北极海冰融化造成海平面上升，极易淹没沿海低地，威胁中国领土安全。此外中国沿海多为发达省份，人口密集，一旦被海水吞噬，将直接威胁中国发展。越来越多的"近北极国家"深刻认识到北极环境变化对其自身的巨大影响，积极寻求机会参与北极海洋生态安全治理，但是却由于地理位置的局限，在参与治理的过程中面临极大挑战。

第三，国际组织。北极的公共性决定了其治理主体包括国际组织，这些国际组织是北极治理的重要主体，在北极海洋生态安全治理中发挥着重要作用，比如北极理事会、国际北极科学委员会、大陆架划界委员会等。

第四，次政府和非政府层面的行为体。次政府和非政府层面的治理行为主体在北极海洋生态安全治理过程也扮演着重要角色，例如北极原住民组织、国际北极科学委员会、国际海洋考察委员会等。北极区域的原住民特指西方移民到来之前，就在北极地区生活和繁衍的民族。通过世世代代的北极原住民对北极生态环境的研究与探索，北极原住民对北极海洋生态安全治理

---

① 夏立平、谢茜：《北极区域合作机制与"冰上丝绸之路"》，《同济大学学报》（社会科学版）2018 年第 4 期。

形成了一整套以经验积累为主的知识体系，对包括人类在内的北极生物体与北极环境之间的生存关系有一定的研究，这套知识体系成为北极海洋生态安全治理机制的重要组成部分。目前，由北极原住民组成的非政府组织数量还在增加，使北极原住民在北极海洋生态安全治理中的影响力越来越大，涉及北极事务的重大会议中，都会看到北极原住民组织的身影，有 6 个北极原住民非政府组织是北极理事会的永久参与方。国际北极科学委员会成立于 1990 年，是由环北极国家成立的，以制定北极科学考察研究、环境保护的规划和计划，协调、组织和促进北极地区国家间的科学研究、环境保护及学术交流与合作为宗旨的非政府北极科学研究组织。目前，国际北极科学委员会已经拥有包括环北极国家在内的 17 个成员国。

目前并未形成有效的北极海洋生态安全治理机制，北极海洋生态安全的治理大多依托一些具有普遍约束力的国际条约或协议是内角海洋生态安全治理的重要法律约束与制度保障。这些条约包括：首先是综合性条约，《联合国海洋法公约》是北极海洋生态安全治理最主要的法律依据，其概括性地规定了全球海洋的相关问题。北极海洋生态安全治理也应遵循其相关规定。其次是一些专门性条约，《斯匹茨卑尔根群岛条约》是专门针对斯匹茨卑尔根群岛相关主权与进入的一个国际性条约，该条约确定了挪威政府对该岛有充分的自主权，各缔约国公民均可进出该地区，并在该地区内进行任何不违反挪威政府法律的活动，无须取得挪威政府的签证许可。许多国家签署了该条约，因此在斯匹茨卑尔根群岛获得了相应的权利，为北极域外国家参与北极事务提供平台，也为世界各国进行北极海洋生态安全治理提供了合作平台与法律依据。

三、北极海洋生态安全的影响因素

安全是国际社会的永恒主题。生态安全作为非传统安全的一部分与人类的生活息息相关，是人类生存与发展的最基本安全需求，从 20 世纪后半叶开始受到了各国的普遍重视。蔡守秋认为，广义的生态安全是指人类和世界处于一种不受环境污染和环境破坏危害的良好状态。生态安全具有跨国性、多元性、社会性和相互关联性等特点，更与国家安全紧密联系。国家安全意义上的生态安全是与国家安全相关的人类生态系统的安全，是指人类及其生态环境的要素和系统始终维持在能够永久维系其经济社会可持续发展的一种安全状态。传统的国家安全概念大都是以国家主权的政治和军事威胁为出发点。但随着全球化程度的不断提高，世界各国已经联结成为一个紧密的整体，而由此引发的生态问题也打破了国界的限制，变成了全球性环境问题，加剧了国际关系的复杂性。生态问题不仅会加剧一个国家社会内部的冲突，还会引发国家间的军事冲突。生态安全在国家安全系统中应当是处于基础性地位的，它与军事安全、经济安全、政治安全具有同等重要的战略地位，而生态安全更是国防军事、政治和经济安全的基石。

北极海洋生态安全作为全球生态安全系统的一部分，不仅影响着北极地区的生态状况，而且对整个地球生态系统影响巨大，引起了国际社会的强烈关注。海冰消融无疑是北极环境最显著的变化。海水水温上升，海冰急剧减少，冻土层融化。北极正经历着大气、海洋、陆地、生态和社会的重要变化。由于人类不可持续的生产生活方式，导致脆弱的北极生态系统日趋恶化，北极环境面临越来越严重的威胁。其迅速变化的表现及成因有以下几个方面：

（一）全球变暖影响北极气候变化

温室气体排放导致全球气候变暖。相较于地球上其他地方而言，全球气候变暖对北极气候的影响更加显著和突出，而且两者之间的影响是相互的。一方面，全球气候变暖影响北极大气、海洋、植物以及种群，同时对北极的人类活动产生深刻影响，如狩猎困难、破坏基础设施，从而影响到整个生态环境。另一方面，北极地区的这些变化又将进一步导致更大范围内的气候不平衡，使全球持续变暖。比如说，气候变暖会改变植被的分布，随着地面吸热植物的密度加大，水蒸气、二氧化碳和甲烷将导致地球表面、海洋和低大气层逐渐变暖。全球气候变化的背景下，北极作为全球气候系统的重要组成部分，是全球气候变化最为敏感的地区之一，气候变化致使北极区域冰盖融化，地面反照率降低，极端天气事件频发，生态环境恶化。

1. 北极冰川面积减少

北极区域的温度变化情况具有一定的特性，以十年作为观察单位，它们是以波动的趋势分布变化的，但是在总体趋势上气温是上升的。在近 30 年的气温变化过程中，北极区域受到温室效应的影响最为严重，它在温室效应的作用下气温上升的幅度达到了其他区域的两倍以上，被称为"北极放大"现象。[①] 在每年的冬季和春季，北极区域的温度上升幅度是最高的。在 1950 年以后，北极区域夏季海面的冰川面积大幅度减少，很多区域甚至没有冰川存在，这也为航道的通行提供了便利条件。随着人类发展的需要，对于能源的使用越来越多，工业生产和人们的日常生活排放出来更多的 CO_2，这也使得温室效应的作用越来越剧烈，北极变暖的幅度也越来越大。在 IPCC 的第五次报告中，专家们指出北极冰川未来缩减的幅度会逐步增加，很多冻土都会逐渐融化，北极区域的总体面积也将逐步减少。专家预测在 2050 年之前，北极区域的北冰洋在每年的 9 月份可能会出现无冰的情况，全球的海面高度也会逐步上升。

2. 极端天气事件

由于北极气温的逐步上升，北极的各种气候问题凸显了出来，各种极端天气在北极出现。从 20 世纪开始，北极区域的降水情况就显得较为异常，它明显高于其他地域和同期的其他年份。同时伴随着海面温度的上升，纬度越高的地区降水幅度越大，大范围持续强降雨现象频发，而且持续时间较长，降水地域逐步往极地移动。随着北极海冰减少和增暖的加剧，北极与中低纬度之间的联系加强，通过大气动力和热力过程影响中纬度地区极端天气、气候事件的发生频率、持续时间和强度。[②]

3. 生态变化

作为地球上最少被人类开发的区域，北极的生态系统极为薄弱，很容

①　Cohen J，Screen J A，Furtado J C，et al："Recent Arctic amplification and extreme mid-latitude weather"，*Nature Geoscience*，Vol 7，No. 9，2014，pp.627-637.

②　蔡子怡、游庆龙等：《北极快速增暖背景下冰冻圈变化及其影响研究综述》，《冰川冻土》2021 年第 3 期。

易受到外界环境的影响产生一些不可逆的破坏。北极大量的冰川受到气候影响逐步消融,这种变化导致了北极生态环境受到了显著的破坏,北极区域的生态平衡被打破,物种的生存环境发生了极大的变化。北极区域近些年变暖的趋势越来越强烈,气温上升幅度是其他地区的两倍以上,这种持续性的变化极大地破坏了北极原有的生态系统,北极的物种数量也急剧下降。一些哺乳动物的栖息地遭到破坏,鱼类和贝类种类的丰度下降,这导致北极食物链结构与功能发生改变。① 同时北极也拥有一定的淡水区域,这些区域中物种已经逐步适应了北极现有的环境气候和生态系统,当北极生态系统遭到破坏以后,这些物种的生存将受到极大的威胁;全球气候变暖影响北极大气、海洋、植物以及种群的同时,也对北极的人类活动产生深刻影响,如狩猎困难、基础设施破坏等,从而影响到北极整个生态环境。

（二）人类经济活动导致北极环境污染

1.4 万前,第一批人类踏足北极区域,他们就是因纽特人,他们迫于生存的压力从亚洲地区徒步迁徙到北极区域,并逐步在这里扎根生存下去,世世代代繁衍生息。如今,在北极区域仍然有超过两百万的因纽特人生存着,但是在树线以北的区域仅仅有不到 10 万的居民生存在那里。在传统的生存方式里,渔猎是因纽特人赖以生存的最主要手段,他们以原始人的方式繁衍生息,对环境基本没有影响。但是随着现代技术的涌入,越来越多的居民融入了现代的生活。下水道、暖气设备、汽车等工具走入了千家万户,同时打猎的工具也被枪械所替代,这些设备和工具带来的污染是不可忽视的,他们对北极脆弱的生态系统造成了一定的破坏。更加严重的是在北极区域进行的资源开发和旅游项目进一步破坏了原有的生态系统,让北极区域的环境更加恶劣。水、陆生态系统也已被从矿区冲过来的有毒物质污染,如水体酸度增加,土壤化学组成改变;地下水和地表水的变化引起土壤微生物、植物、水分状况、生物体中化学元素积累等。自然植被的缺损将破坏永久冻土区的热

---

① 蔡子怡、游庆龙等:《北极快速增暖背景下冰冻圈变化及其影响研究综述》,《冰川冻土》
2021 年第 3 期。

辐射平衡，造成土地的剥蚀和侵蚀。

在北极区域有着各种丰富的资源，这些资源包括渔业资源、能源资源、矿产资源，其中世界范围内有25%以上的原油分布在北极，有33%以上的天然气和煤炭也存在于北极区域，大量的海洋生物也为全世界提供了丰富的海洋资源。同时北极冰川融化也导致了大量航道的开通，极大地方便了海运，降低了成本。但是这些航道在运行的同时也造成了大量的污染和破坏，频繁的运输会导致航道内超过1000种物种的生存环境被破坏，同时一些原油运输事故的发生导致了航道内的原油污染，威胁到各种生物的生存环境，造成了北极区域的生态安全问题，产生了巨大的隐患。

（三）环境脆弱性加剧北极生态系统破坏

因北极地区特殊的地理位置和特有的环境因素，北极成为地球上最脆弱、最敏感的生态系统，不仅仅是地球上最容易受到气候变化影响的地区，它的脆弱敏感性本身又与全球的环境息息相关。例如，温度的逆差使北极地区产生了烟雾和冰雾，从而导致了空气中污染物的聚集，又因为北极地区空气中对流转换层比南部地区薄得多，即使这里的污染物少，但污染物扩散的速率也比南方慢得多。由此可见，气候变化和污染都会使北极地区的生态系统更加敏感，威胁更大。北极生态系统脆弱性主要体现在北极生态系统的结构和系统功能的变化过程中。

1.北极生态系统结构的变化

由于全球气候变化温度上升，同时臭氧层被严重破坏，辐射提高，北极生态物质的生存也受到了严峻的挑战。为了适应生存，系统内的生态结果发生了巨大的变化，这些变化都会导致北极的环境发生剧烈变化。在这种不同的物种群中，植物以及无脊椎动物受影响最大，尤其在夏季高温会导致植物更加活跃，这也导致与植物生物链相关的生态系统发生变化。同时由于冰川大量融化也会产生一定的影响，这些都是导致北极生态系统结构变化的因素。

2.北极生态系统功能的变化

北极生态系统作为全球生态系统中的重要一部分，在全球气候调节系统中具有无可取代的特殊作用，它的健康与否对人类的继续生存和发展具有直接影响。北极地区是一个特殊的地理单元，中央是浩瀚的海洋，大部分海域处于冰封的状态。基于天寒地冰的环境和偏远的地理位置，北极曾是一个远离世界经济和政治中心的区域。北极地区具有独特的地理优势、丰富的自然资源和特殊的战略价值。资源丰富的北极环境不仅脆弱，而且自我修复和调节能力较弱，一旦北极地区环境进一步恶化，其影响对全人类来说将难以预测。世界自然基金会对开发北极对环境造成的影响已经发出警告，北极地区开发与保护的关系也已成为全人类的课题。北极生态安全是全球生态安全系统的重要组成部分，其不断变暖的气候，以及不断融化的冰盖，对全球生态系统都产生了重大影响，中国作为一个近北极国家，亦不例外。

第二章　人类命运共同体理念与北极治理

　　当前由于北极地区丰富的资源条件和北极航道的阶段性通航，国际社会对于北极的关注度在不断提高，各相关国家也在积极地参与到北极的开发利用过程中，但对于北极生态环境安全的保障却似乎有所忽视。北极地区生态安全的治理与保护需要的是国际社会的共同参与，北极的生态环境安全关系到全球的生态安全，积极参与北极海洋生态安全的治理并不是依据空泛的口号，它需要有多种理论的支撑与指导，当前中国所大力提倡的"人类命运共同体"理念正被越来越多的国家所接受，将该理念与北极的开发利用与生态安全治理相结合，为北极海洋生态安全治理提供一种全新的治理理论和模式。

第一节　人类命运共同体理念的提出

　　地球对于人类来说是唯一的，不是某个国家独有的，而是属于世界人民共同拥有，因此"人类命运共同体"这一观念对于人类的发展来说尤为重要。习近平总书记在对外发言中曾表示，地球一体化的趋势是未来发展的必然趋势，"人类命运共同体"是人类发展所必须倡导的理念，在多变的全球经济局势下，这些问题都是世界各国所必须共同面对的问题，谁也无法忽视。2011 年我国的《中国的和平发展》白皮书提出，"命运共同体"是我国未来经济和社会发展的新思路，它有助于我国的进步乃至世界的发展，是未来发展的必由之路。

目前各国经济发展分化剧烈，经济全球化趋势明显，同时各国文化具有多样性特点。而世界各国都面临着各种各样的危机，从资源危机到人口危机，从环境危机到国家安全危机等。而这些危机的发展逐步具有全球化的趋势，面对这些问题各国都不能独善其身，必须共同发展和进步，努力解决这些问题，克服共同的困难。由此，各国逐步形成了共同面对问题和危机的共识，这一共识也被越来越多的国家所接受。

"人类命运共同体"理念是中国共产党对马克思主义和中国外交理念的重大理论创新。面对北极海洋生态安全和资源合理分配的新需求，地缘政治理论、全球治理理论等现有理念与北极海洋生态安全的治理需求已经不能完全相适应，"人类命运共同体"理念则能够更好地指导北极海洋生态安全治理机制的运行。"人类命运共同体"理念在治理主体、目标、手段等方面对北极海洋生态安全治理机制进行了补充和创新，强调各治理主体间的统筹协调，非政府组织、民间团体、科研机构等治理主体均可以参与到北极海洋生态安全治理进程中，在治理手段上，强调以和平方式逐步指导建立北极海洋生态安全治理机制，以寻求实现北极海洋生态问题的综合安全、共同安全、合作安全。

人类命运共同体意识并非一成不变的静态思想，而是通过相互依存、紧密联系的各构成层次间的动态平衡形成的意识体系，主要表现为人本意识、合作意识和共进意识。①"人类命运共同体"把人类整体的生存与发展视为一个不可分割整体的思想，为北极海洋生态安全治理机制的构建提供价值基础，促使北极海洋生态安全的治理向公平性、科学性、共享性、有效性方向发展。

"人类命运共同体"是近年来中国政府根据世界各国相互联系、相互依

---

① 黄德明、卢卫彬：《国际法语境下的"人类命运共同体意识"》，《中共浙江省委党校学报》2015 年第 4 期。

存的程度空前加深的基础上提出的，是蕴含了中国政府"全球观"的人类社会新理念。"构建人类命运共同体"是为解决当今世界各种难题、消弭全球各种乱象的"中国方案"。我国在 2012 年就明确提出了关于命运共同体的新发展思路，具体为"要倡导人类命运共同体意识，在追求本国利益时兼顾他国合理关切"，这也是人类命运共同体理念的前身。2015 年 9 月，中国国家主席习近平在纽约联合国总部的讲话中指出，在继承和弘扬联合国宪章的宗旨和原则的基础上，合作共赢是新型国际关系的核心，再次提出打造"人类命运共同体"。2017 年 2 月，"人类命运共同体"理念被写入联合国决议。① 党的十九大报告中明确提出，坚持和平发展道路，推动构建人类命运共同体。

2019 年 2 月 16 日，中共中央政治局委员、中央外事工作委员会办公室主任杨洁篪参与了第 55 届慕尼黑安全会议，在会议中他发表了相关国际合作的演讲，在演讲中他重点强调了人类命运共同体的重要作用，呼吁世界各国共同重视。他主张采取共同发展的平等视角来应对世界各国共同存在的问题，在解决问题的同时不侵犯他国的主权，保证他国应有的权利。不论任何国家，在实现人类命运共同体的过程中，都应当处于同等的地位，都应当予以足够的尊重。各国之间应当不论大小，无论强弱共同进步，互补互助，用和平的理想方式解决各国之间的问题。针对世界上某些国家的霸权主义，他再三强调武力不是解决问题的最好手段，通过和平谈判的手段，将共同的矛盾和争议合理解决才是解决问题最好的方案。同时，世界各国应该坚决拥护《联合国宪章》，确保联合国在实施调节和治理中的地位和权威，各国应当遵循国际法，从而实现共同发展和进步。②

---

① 侯和君、李镭：《联合国决议首次写入"构建人类命运共同体"理念》，人民网，2017 年 2 月 11 日，http://world.people.com.cn/n1/2017/0211/c1002-29074217.html。

② 《杨洁篪在第 55 届慕尼黑安全会议上的主旨演讲》（全文），新华网，2019 年 2 月 17 日，http://www.xinhuanet.com//2019-02/17/c_1124124350.htm。

一、全球治理理论

1990 年以后，联合国邀请了世界各国 28 名知名人士根据世界目前的基本情况成立一个专门用于全球治理的组织，命名为全球治理委员会。在联合国成立 50 周年时，该组织发表了一篇《我们天涯成比邻》的联合说明，在这份说明中全球治理有了详细的定义，这一定义被世界各国所认同。它是指针对全球问题，相关的治理机构提供合理的解决方案和手段，这些方案和手段作为一种公共产品存在。①

这一理论最为重要的内容是：全球化是未来发展的必然趋势，日后可能存在的威胁和问题也具有全球化的趋势，针对这些问题产生的争议需要一个跨国组织来引导和解决，这个组织囊括了世界各国各种组织，它们共同参与来解决这些问题，而成立这个组织最终的目的是为了形成一个具有权威领导和说服力的机构来对全球范围内的重要问题进行合理解决，这种解决途径也是日后解决各种全球性问题的合理机制。在 2008 年全球金融危机发生以后，二十国集团出现，它们共同携手采取有效措施防范了经济大萧条的发生，让国际经济迅速复苏。这次问题的解决就是全球治理理论的有效实践，它让国际重大问题的治理有了可以遵循的条款和方案。

虽然这种治理方式依然存在某种缺陷，例如在主权和国家治理的问题处理上。在全球治理实施的过程中，中国积极参与并发挥了重大的作用，同时也促使全球治理的过程更加公正，确保了参与各国的自身利益，同时中国也充分借助了全球治理的倒逼机制推动我国的改革和进步，获得更多的国际发展机遇，而中国的发展又再次推动了全球治理的发展，它们互补互成。我国在十八大报告中对现有的外交成果进行了总结，通过总结可以看出我国在积极推动全球共同治理的过程中发挥了积极的作用，通过与各国的不断会晤和谈判，促使全球治理的平稳运行。同时在全球治理的过程中，中国也处于

---

① [瑞典] 英瓦尔·卡尔松、什里达特·兰法尔主编：《天涯成比邻——全球治理委员会的报告》，赵仲强、李正凌译，中国对外翻译出版公司 1995 年版。

越来越重要的地位，在维护国际环境、推动国际经济发展的过程中起到了不可忽视的作用。

在全球治理的过程中，中国通过不断实践和总结得出了一套独有的治理理论，这些理论和全球治理的有机结合是未来治理发展的源动力。在这一理论中主要阐释了和谐世界观的作用，同时将这一观点从五个不同的层面进行剖析。这些层面包括经济层面、环境层面、政治层面、文化层面以及安全层面。从经济层面上来看，经济发展必须保持全球各国的共同进步，只有真正地做到共同进步和发展才能从根本上促使世界经济发展。从环境层面上来看，可持续发展是未来各国经济发展所必须遵循的原则，这需要世界各国共同努力做到环境的可持续发展。从政治层面上来看，对于世界事务必须有一个多边构成的具有一定公平性的权威机构来处理各国之间的政治问题。从文化层面上来看，文化多元化发展是世界各国文化发展的最优路径，这样有助于推动全球文化的发展。从安全层面上来看，安全具有相互性，保障他国的安全最终目的也是为了保障自身安全，通过相互合作共同促进全球安全发展和进步。

（一）为全球治理提供智慧

世界发展的速度越来越快，全球化进程也已经成为必然，因此当遇到人类所必须一起面对的问题时就需要不同国家之间的同心同力，共同面对。对世界性的挑战和难题，仅仅依靠某个国家来克服和解决是不现实的，闭门造车最后的结果必将是远远落后于其他国家。

首先要协同其他国家共同努力解决问题，全球治理的过程是许多不同的国家针对某个难题进行协同合作的过程，它不能被少数国家所左右，也不能被少数国家所独立掌控，世界的命运应当由全球各国共同掌握，世界进步的成果也应该由各国共同享受。因此治理的过程中我们必须遵循的原则是：共同进步、相互尊重、和谐共建人类命运共同体。

其次在治理的过程中必须拥有合理的统一机制对不同国家进行协调和任务分配，通过合理的治理机制有效提高治理的效率。我国在治理的过程中一直致力于共同治理机制的形成，同时针对"一带一路"倡议建立了大量的合作共赢体系，这些体系有助于推动全球治理机制的完善和提升。

在治理的过程中要针对重点问题进行密切关注，我国在参与治理活动的过程中，密切关注治理领域较为突出和重点的问题，并提出了合理的方案来促进和推动治理的进行，从经济、文化、政治、生态、安全等多个领域发力，着力于推动全球治理的全面发展，保证全球治理的全面性和合理性。

（二）为国际政治文明进步带来机遇

1. 赋予国际关系和全球治理新的价值理念。世界形势是不停变化的，在新的国际形势和环境下必须采用新的国际关系和共同治理的理念来处理不同国家之间的关系。中国在充分研究了全球治理方案后结合自身的实际情况，坚持走和平发展共同进步的道路，坚持五项基本原则，推动世界进步和发展，这一基本思路和国际政治文明的新形势殊途同归。中国现有的国际关系和全球治理理念在原有理念的基础上加以升华，这对于国际政治文明的发展来说是一次新的机遇。

2. 充分结合国家实际情况制定符合全球趋势的治理体系，全球治理体系建立在国家治理体系的基础上。我国在实施治理的过程中充分结合我国的具体情况，制定对应的策略，让治理工作贴近我国国情。同时对于其他国家，中国的治理方针也能够起到很好的引导作用，探索本国历史和本国国情，合理制定治理策略让策略的实施能够符合本国的实际情况才是最优的治理体系。干涉他国治理的行为都是不可取的，和平共同发展，尊重各国主权实施本国的治理策略是中国奉行的准则，中华民族伟大复兴的路程并不会威胁到他国的安全和利益，中国的发展道路对于世界的发展具有积极的推动意义。

3. 强调周边区域国家合作的重要性，积极主动进行和平外交活动，推动邻国互助发展，推动区域经济进步。中国在发展经济的过程中提出了"一带一路"的倡议，这是合作共同的区域发展策略，它不仅仅提升了中国经济的发展，也带动了邻国经济的发展，让区域经济更加繁荣昌盛。因此，互联互通理论已经成为中国周边经济发展的重要理论，它也逐步被中国的众多邻国所接受。

4. 对于自己的承诺，中国必定遵守，坚持实施，这是中国发展过程中对世界各国的基本承诺。中国历来重视自己的信誉，这也是中华民族的伟大品质。在实施的过程中，中国也在让世界各国充分了解到中国所实施的策略，通过中国的实践和发展让世界去认同。中国在发展的过程中一直坚持互通互融、联合进步的方针推动世界发展。

（三）为各国共同发展提供新动力

1. 和平是未来发展的主旋律，通过不断努力引导各国向和平发展的道路前进是未来所必须完成的事业，这也关乎着每个国家的命运。通过不断引导转变当今世界发展格局，促进世界和平稳定向前发展是世界发展的新动力。中国一贯秉承尊重他国意愿，和平共处的原则稳步发展，在发展的过程中以对话为主，结伴共同发展。中国现有的发展方针充分考虑了国际形势以及本国的实际情况，对于推动全球治理和平化进程有着积极的意义。

2. 全球治理作为一个新的发展思路解决了很多国际所面临的经济、政治问题，同时它也需要大量的新理论作为发展基础。而中国在实施全球治理的过程中充分结合了本国情况以及国际形势总结出一套适应于中国的基础理论，世界各国在发展的过程中可以充分借鉴和参考这一理论。

在当今全球治理体系面临挑战和冲击，国家间零和博弈现象频出的情况下，中国适时地提出新的"全球治理观"。中国提出的"全球治理观"在拓展本国治理视野和增强本国治理能力的同时，也将中国的治理模式和治理思想推向了国际舞台，为当下的全球治理观注入了新的思想与理论活力，同时也提供了具有中国特色的全球治理方法，对运用全球治理理论解决国际社会问题有着重要的促进作用。

推动人类命运共同体理念下的全球治理能力构建，将会促进北极治理机制的完善，推动北极地区环境研究和保护活动的开展，规范北极相关研究国家的行为，更加重视北极生态环境的保护，同时也会吸引更多北极域外的国家和国际组织的关注与参与，发挥全球治理的能力，构建完善和有效的北极多方合作治理体系，关注当地原住民的生存环境和权益。

二、"人类命运共同体"理念

(一)"人类命运共同体"理念的提出可从历史传承与未来发展的角度、现实需求的角度来理解①

1. 历史传承与未来发展的角度

中国自古以来倡导天下大同,主张通过"王道"而非"霸道"的方式来实现国家间的和平相处和共同进步,这为"人类命运共同体"理念的提出提供了历史文化基础,同时古代丝绸之路的开辟,推动了沿海国家的海上经贸、人文的往来和交流,为当下"人类命运共同体"的构建提供了历史经验。中国在历史上就有天下为公的理念,儒学一直所提倡的家国天下思想也在促使中国积极追求国家间的和平发展、相互合作。文化上的包容性会使各国在背景不同的情况下仍然能够和谐相处。

面向未来,人类日益紧密的共同命运决定了"人类命运共同体"构建的必然,当今世界的发展不再是国家的孤立发展,相互之间联系日益紧密。人类的共同命运与"人类命运共同体"是相互依存的关系,人类的共同命运日益紧密是基于国际社会联系的不断加深,人类的发展越来越依赖于国际社会的整体发展,这就为"人类命运共同体"的构建提供了关系基础。此外,国家间的联系不再是简单地以"利益共同体"为目标,单单是经济上的联系已经不能够平衡国家间的实力,也不会给国际社会带来和平,推动"利益共同体"向"命运共同体"提升,构建国家间全方位的相互关系,减少国家间因经济利益摩擦带来的动荡,以维系经济全球化背景下的国际社会的稳定。

2. 现实需求的角度

"人类命运共同体"理念的提出,不仅能够服务于各个国家的发展诉求,同时也能够为解决国际社会发展问题提供具有中国特色的建设性方案。"人类命运共同体"的提出与"中国梦"是紧密相连的,是将"中国梦"

---

① 宋婧琳、张华波:《国外学者对"人类命运共同体"的研究综述》,《当代世界与社会主义》2017 年第 5 期。

与世界发展相连接的重要环节。"人类命运共同体"的连接作用有如下的观点①：

（1）保障中国国内稳定与发展说。"人类命运共同体"符合中国实际发展的需要，通过共同发展的模式让中国处于更加稳定的发展状态，拥有更加良好的国际经济政治环境。②

（2）应对美元体系冲击说。"人类命运共同体"可以有效地抵制美元体系冲击造成的影响，将人民币走向世界逐步转化为可能，通过欧洲市场来找寻突破点，让中国的国际贸易环境更加有利。③

（3）稳定东北亚局势说。东北亚地区仍然处于动荡时期，政治的不稳定性亟须"人类命运共同体"这一思想来稳定局势，同时它对于东北亚共同体的搭建有着积极的引导意义。④

（4）维护海上安全与权益说。中国海上丝绸之路是一条经济发展的繁荣之路，通过这一理论的实现使得中国与邻国的领海纷争得以缓和，让中国的丝绸之路更加稳定安全。同时可以有效针对频发的海盗事故，联合诸国共同维护中国的海上权益，推动海上贸易的发展和进步。

（二）"人类命运共同体"作为一个全新的发展理念，有着其独特的内涵

党的十九大提出了"建设持久和平、普遍安全、共同繁荣、开放包容、清洁美丽的世界"的核心思想，它对于"人类命运共同体"的构建有着以下的意义：

1. 政治内涵："人类命运共同体"的实施体现出各国共同平等的理念，

---

① 宋婧琳、张华波：《国外学者对"人类命运共同体"的研究综述》，《当代世界与社会主义》2017 年第 5 期。

② Christine R.Guluzian："Making Inroads：China's New Silk Road Initiative"，*Cato Journal*，Vol.37，No.1，2017，pp.135-147.

③ Zavyalova Natalya："BRICS Money Talks：Comparative Socio-cultural Communicative Taxonomy of the New Development Bank"，*Research in International Business and Finance*，Vol.39，Part A，2017，pp.248-266.

④ Nam-Kook Kim："Trust Building and Regional Identity in Northeast Asia"，in *IAI Working Paper*，Vol.17，No.10，2017，pp.1-18.

在国家主权不被侵犯的前提下各国都拥有自己的话语权，各国之间处于一个平等的地位，用平等的商议模式来解决各国之间的矛盾和纷争，让各国能够和平共处。

2. 安全内涵：战争对于人类的伤害是不可逆的，因此战争不能作为解决国际纷争的主要手段，各国在处理国际问题的过程中应当坚持和平原则，通过谈判的方式理性解决问题。同时各国应当联合起来针对国际恐怖势力进行共同打击，让国际恐怖主义没有生存空间，从而保证国际形势的稳定和安全。各国在以往的战争中都受到了极大的伤害，无论是国家经济还是民众的生命安全都成为战争的牺牲品，因此我们应当共同努力消灭战争，让和平成为发展的主题。同时我们应当相互尊重，确保各国主权的独立性和完整性，对于他国内政做到坚决不干涉、不参与，通过和平的方式推动国际安全的逐步实施。在处理国际安全事务上，各国应当拥有同等的对话权，让世界共同参与促进和平的全面普及。

3. 经济内涵：共同合作，共同发展，让贸易在各国之间自由流通，让全球经济更加具有活力，让各国互利共赢。发展与和平是一个共存的话题，在发展的过程中保证各国之间的和平，同时通过和平的方式保证发展的稳步进行。每个国家都是国际经济发展中必不可少的一分子，都应当积极参与到国际经济发展的过程中。只有互利互惠共同进步，才能保证国家经济的稳步提升，仅仅依靠自身的发展无法在经济领域取得一定的成果。中国在发展的过程中要做到全面进步，保证各个地域之间的经济同步提升，缩小不同区域之间的差距，在提升本国经济的同时为国际经济的进步添砖加瓦。

4. 文化内涵：不同国家和民族之间都具有自己独有的文化，这些文化是不可替代的，世界文化具有一定的多样性。针对这多样性的文化，各国应当学习如何去容纳和接受，不应该让不同国家之间的文化差异成为国家发展的障碍。文化的多样性是推动人类进步的源动力，通过不同文化之间的交融，相互学习，共同进步，让不同文化凝聚的智慧共同推动世界的发展，让世界的文化融合所有文化的优点，更加有利于人类的进步和发展。通过不同国家之间的文化交流，互相学习，互相进步，同时增进国与国之间的友谊，为人类的发展提供源动力。

5. 生态内涵：地球是唯一的，人类的活动已经严重破坏了地球本有的生态系统，人类的生存环境也越来越恶劣，因此生态文明的发展和进步和人类的生存息息相关。工业的进步是必然，但是不能用自然环境的破坏作为代价。人与自然之间不应该是你死我活，应该共同进步和谐发展。在人类发展的过程中应该坚持环境保护的基本原则，保护环境就是保护人类自己的生存空间，通过合理规划资源以及环境保护的推行保证人类经济发展和环境之间的共存，推动人类的可持续生态发展。

"人类命运共同体"在不同的层面上进行说明，指引人类的发展前行，它既是历史发展的必然同时也满足了时代进步的需求。它明确指引了人类发展前行的道路，让人类的未来更加美好。同时它将不同的国家尤其是发展中国家紧密地团结在一起，让各国之间和谐稳步发展，这对于中国乃至世界都是一次不可多得的机遇，它将影响世界发展的格局。

（三）"人类命运共同体"的时代意义

1. 彰显了中国的大国责任。作为世界不可缺少的一分子，中国以积极负责的态度为世界发展贡献自己宝贵的力量。在发展的过程中，中国充分考虑了世界其他各国的自身利益，在不损害他人利益的前提下做到共同发展，以和平的思想引领世界发展的潮流。和平是中国发展的主旋律，也是中国向世界展现的主题，通过和平发展推动了各国的共同进步，构建了一系列和谐稳定的共同体系，为世界经济发展提供了积极的动力。"一带一路"的提出是中国和平共同发展的一大举措，在其中中国投入了约 400 亿美元的资金。而为了推动亚洲经济发展所设立的亚洲基础设施投资银行中国也贡献出了自己的巨大力量。超过 300 亿美元的资金投入，用于亚洲各国互帮互助，共同发展。这一系列行动都是中国实施"人类命运共同体"的积极措施，它用实际行动来诠释了中国的大国责任。

2. 适应了新时代中国与世界关系的历史性变化。通过中国不断地努力和发展，在国际中中国具有越来越重要的地位，中国的发展与世界的发展已经密不可分，它们都是相互之间必不可少的一部分。中国经济在世界经济中占有越来越重要的地位，它每年对世界经济贸易的增长都是一个不可忽略的数字。世界的稳步发展可以有效地推动中国的不断进步，而中国的不断进步也将使得世界经济发展越来越迅速。改革开放以来，中国取得了傲人的成绩，这些成绩的背后都与世界的支持密不可分，中国的发展也带动了越来越多的国家经济的进步。中国和越来越多的国家进行了友好的贸易往来，通过这些贸易促进了国家的经济繁荣，为世界经济发展贡献了巨大的理论。因此，"人类命运共同体"是中国为世界发展所展现的中国思路，是中国通过自身实践所得到的宝贵经验。

3. 可以有效地推动全球治理的进程。现阶段，全球都面临着各个方面的问题，不仅仅是经济问题，还包括了环境、政治、社会等各种问题，这些问题是全球性的，不能仅仅依靠个人或者是企业，甚至是一个国家来解决。它需要全球人类的共同努力，各个国家齐心协力一起去面对，因此提出"人类命运共同体"的具体方案有助于解决全球性的问题。在"人类命运共同体"中，其关键的内容就是"五个坚持"，结合这"五个坚持"将人类命运紧紧连接，共同面对各种问题。这"五个坚持"分别是：坚持共建共享，通过共同建设和资源共享让世界人民共同拥有安全保障；坚持合作共赢，通过各国共同合作获得共同的利益，推动国家发展；坚持对话协商，用和平的方式去处理各国之间的问题；坚持绿色低碳，通过绿色生活的方式让低碳概念普及，让地球环境得到净化；坚持交流互鉴，通过各国之间的交流，共同进步，推动世界的发展。

4. 有利于推动世界共同进步。我国深入贯彻"人类命运共同体"的理念，将中国与其他国家紧密联系在一起，共同发展共同进步，在各国共同的努力下，推动世界经济的发展，推动世界和平的维护，推动全球生态的保护。我国一直坚持开放发展、互利共赢的策略，并且我国将持续坚持这一策略，同世界各国一起建设美丽地球村。我国的"一带一路"倡议推动了包括我国在内的 80 多个国家的经济发展，通过跨国的区域合作，带动各国的经济进步。同时亚投行的成立也极大地推动了成员国的经济发展，加快了成员国基础设施建设的速度。目前亚投行一共有 84 个成员，在 12 个国家进行投资贷款金额超过 42 亿美元。这是中国积极参与全球经济发展，为全球经济发展所作出的贡献，越来越多的国家正在享受到"人类命运共同体"建设所带来的红利。

5. 有利于推动世界和平发展。构建"人类命运共同体"是一个历史过程，不可能一蹴而就，也不可能一帆风顺，需要付出长期艰苦的努力。为了构建"人类命运共同体"，国际社会应该锲而不舍、驰而不息进行努力，不能因现实复杂而放弃梦想，也不能因理想遥远而放弃追求。"人类命运共同体"的构建将激励各国积极参与到世界和平发展的潮流中来，引导各国通过和平方式解决国家争端、寻求双赢或多赢的方案，化解国际社会已有的或潜在的危机，构建一个更加和平的国家环境。

总之，国家和，则世界安，国家斗，则世界乱。构建"人类命运共同体"理念是中国智慧的结晶，承载着中国对建设美好世界的崇高理想和不懈追求，也是全人类共同的目标，需要各个国家的支持和参与。

（四）"人类命运共同体"这一理念中包含相互依存的国际权力观、共同利益观和可持续发展观

1. 国际权力观

战争作为以往的常规手段被不同国家用于获取自身的利益，而战争也给人类带来了巨大的灾难。近几十年虽然战争仍有存在，但是和平发展已经成为主要潮流。由于经济全球化进程的不断进步，各国在获取经济利益的同时往往会与其他相关的国家存在一定的利益联系，因此单纯的战争手段已经不能用于解决问题，共同进步和发展才是最为有效的方式。此时，国际秩序成为维护各国利益的主要秩序，它以公平公正的方式来处理国与国之间的贸易、经济甚至是主权纷争。

人类社会的共同进步和发展已经被各国所接受，1997 年以及 2008 年经济危机发生后，各国共同采取措施防止了经济大萧条的再次发生，这让各国对于人类社会共同进步有了更深层次的认知。1997 年金融危机发生后，中国采取积极的手段帮助东盟国家渡过难关。2008 年，二十国集团的共同帮扶让金融危机最终消散，防止了更大的金融灾难的发生。如果没有这些共同

的帮扶秩序和手段，二三十年代的金融大萧条事件可能会再次发生，那将会给国际金融带来无法估量的灾难。

2. 共同利益观

"共同利益"的产生具有一定的历史渊源。在封建时代，国家利益等同于掌权者个人利益，而并非普通民众的利益。而进入工业时代后，为了获取有限的资源获得足够的利益，国与国之间的战争从未停止过。

而伴随着交通和网络的飞速发展，经济发展具有全球趋势，传统的国家利益已经不适应时代发展的需求。"地球村"的出现让各国之间利益链接在一起，不同国家相互联系形成了一个复杂的利益网络。当其中任何一个国家利益出现问题时，整个网络的利益都可能受到一定的影响，甚至会导致网络利益彻底断裂。例如某国面临大面积饥荒问题会使得大量的难民涌入邻国，而出于人道主义的考虑邻国接受与否都会受到一定程度的影响。同时在环境方面，气候的变化不仅仅具有地域性，一些全球性的灾难问题也让人们不得不积极应对。比如温度变化带来的冰川融化，而海平面的升高威胁到沿海各国的利益。而降雨失调使得世界许多国家都面临干旱或者洪涝灾害的问题，这对于国家经济的发展都是不利的。再比如新冠肺炎病毒的传播对世界经济和人民的生命安全都带来了极大的威胁，它已经成为世界各国所必须面对的敌人。这些问题都具有一定的全球性，所有国家必须共同努力来解决这些问题，发展必须共同进行，这也使得"共同利益"的产生成为必然。

经历了许多世界性的问题和困难后，人们充分了解到了共同利益的重要性。地球已经成为一个密不可分的整体，保护任何一个国家的利益就是保护地球利益，而保护地球利益也是保护自身利益。

我国从改革开放以后就不断提升自我，越来越重视国际发展相关的问题，将人类的共同利益作为利益的出发点，让中国在国际社会中具有越来越重要的地位。在十八大报告中，我党坚持中国和世界各国利益共存的理念，为国际事务的发展贡献自己全部的力量，紧密联系各国共同应对全球性问题。

3. 可持续发展观

工业革命的进步带来了人类技术的革新，人类对于资源的开发能力越来越强，同时越来越多的环境污染问题呈现出来，这些问题给人类带来了巨大的损失。1943 年美国洛杉矶光化烟雾事件、1952 年伦敦酸雾事件、20 世纪 50 年代日本水俣事件、1984 年印度博帕尔化学品泄漏事件等恶性环境污染事件，均造成大面积污染和大量民众伤病死亡。这些事故引起了人们的思考。

1972 年，"罗马俱乐部"在其年度报告中提出了对人口增长对环境和资源的破坏问题提出了预警，他们认为地球的承载是有限度的，如果人类无休止地开发和破坏，地球将最终处于灭亡的边缘。这个预警在国际社会中引起了较大的反响，受到了各国的关注。同年，"可持续发展"这一理念被提出，它被认为是解决人类和环境共存问题最为有效的手段。1983 年联合国成立了专门的环境保护组织来研究可持续发展的问题，该组织提出了可持续发展的重要性，让世界各国真正意识到可持续发展的积极意义。

1992 年，联合国在巴西里约热内卢召开"环境与发展大会"，通过了以可持续发展为核心的《里约环境与发展宣言》等文件，被称为《地球宪章》。2002 年，联合国又在南非召开"可持续发展问题世界首脑会议"，通过了《约翰内斯堡执行计划》。2012 年，各国首脑再次聚会里约热内卢，出席联合国可持续发展大会峰会，重申各国对可持续发展的承诺，探讨在此方面的成就与不足，发表了《我们憧憬的未来》成果文件。

可持续发展理念提出于斯德哥尔摩会议，在会议中我国也积极参与进去，共同商讨可持续发展所带来的良好转变。在后期的各种相关重要会议中，我国一直持续关注，积极参与到各国对可持续发展理念的商讨和推动，完善本国的可持续发展策略。我国在 1996 年将可持续发展作为我国经济发展的基础策略，在各个领域推动可持续发展的进行。2012 年温总理在可持续发展峰会上对我国可持续发展事业的成绩进行了总结，他首先强调了可持续发展的重要性，肯定了可持续发展的积极意义，同时他对我国实施可持续发展所带来的积极效果进行了总结。中国在实施可持续发展的十几年中，国家经济水平稳步提高，人民贫困数量大幅减少，人口贫困的比率极大降低。在实施可持续发展的过程中，我国减少了 15% 以上的污染物排放，降低了

20% 以上的能源消耗，为世界可持续发展事业贡献了积极的力量。同时中国在自身发展的同时，不忘带动世界其他贫穷国家的发展，我国先后免除了贫困国家超过 300 美元的债务，同时向这些国家提供了超过 1000 美元的低息甚至无息贷款。这一切的进步和发展都彰显了我国可持续发展的巨大成果，同时也表明了我国实施可持续发展策略的决心。

人类命运共同体的构建不是一蹴而就的，它需要世界各国共同努力，通过持续的推动来积极实现。在实现的过程中，它要求各国领导阶层能够充分认识到人类共同体的重要性，从长远的角度来推动国家发展，以预见性的目光推动这一体系的构建。经过各国持续不懈的努力，这一体系必将最终被实现。

三、"海洋命运共同体"理念

"人类命运共同体"在 2012 年 11 月中国共产党第十八次代表大会的报告中首次明确提出，并将其作为构建合作共赢的新型大国关系范畴来解读，2015 年习近平总书记在联合国大会上提出了"人类命运共同体"的总体布局，使得"人类命运共同体"的内涵不断深化。2019 年 4 月 23 日习近平主席在会见应邀出席中国人民解放军海军成立 70 周年多国海军活动的外国代表团团长时，首次明确提出了"构建海洋命运共同体"的理念，成为构建"人类命运共同体"的最新的和重要的一环。

(一)"海洋命运共同体"的概念

"海洋命运共同体"的理念是基于"人类命运共同体"的理念而提出的，"我们人类居住的这个蓝色星球，不是被海洋分割成了各个孤岛，而是被海洋连接成了命运共同体，各国人民安危与共。"[①] 这是习近平主席在讲话中的内容之一，这句话明确指明当今的海洋并不是阻碍各个国家和人民相互联结的天堑，反而成为使得相互之间联系更为紧密的纽带，海洋的存在将各

---

① 习近平：《在会见应邀出席中国人民解放军海军成立 70 周年多国海军活动的外方代表团团长上的讲话》，《人民日报》2019 年 4 月 23 日。

个大洲联系在一个共同体之中，海洋的变化会影响到各个大洲。习近平主席进一步指出："以海洋为载体和纽带的市场、技术、信息、文化等合作日益紧密，中国提出共建 21 世纪海上丝绸之路倡议，就是希望促进海上互联互通和各领域务实合作，推动蓝色经济发展，推动海洋文化交融，共同增进海洋福祉。中国军队愿同各国军队一道，为促进海洋发展繁荣作出积极贡献。"① 海洋对于人类社会生存和发展具有重要意义。海洋孕育了生命、连通了世界、促进了发展。当今世界正面临百年未有之大变局，全球海洋问题形势严峻，制约着人类社会和海洋的可持续发展。作为全球治理的重要领域，全球海洋治理问题，成为国际社会共同面临的重要课题。

　　"海洋命运共同体"的理念是源于"人类命运共同体"，但"海洋命运共同体"并非只是面向人类社会，"海洋命运共同体"理念一方面是"人类命运共同体"的一个新的发展和延伸，另一方面该理念也将关注的范围由人类社会本身拓展到了海洋中的所有生物。海洋不只是有人类的活动，更多的是海洋生物的活动，提出构建"海洋命运共同体"便是将关注点从人类自己拓展到了与人类生存发展息息相关的海洋生物群，这是"命运共同体"理念的新发展。就"海洋命运共同体"的主客体来讲，其主体为人类，这里的"人类"是指全人类，既包括今世的人类，也包括后世的人类，体现了海洋是公共产品及人类共同继承财产、遵循代际公平原则的本质性要求。而其行动的主体为国家、相关国际组织及其他非政府组织，其中国家是构建海洋命运共同体的主要及绝对的主体，起主导及核心的作用。在客体上，海洋命运共同体规范的是全球海洋这个整体，既包括人类开发、利用海洋空间和资源的一切活动，也包括对存在于海洋中的一切生物资源和非生物资源的保护，体现了有效合理使用海洋空间和资源的整体性要求，这是由海洋的本质属性（如关联性、流动性、承载力、净化性等）所决定的，以实现可持续利用和发展目标。

---

① 习近平：《在会见应邀出席中国人民解放军海军成立 70 周年多国海军活动的外方代表团团长上的讲话》，《人民日报》2019 年 4 月 23 日。

海洋是人类产生的发源地，是一切生物存在的基础，"海洋命运共同体"理念的提出，便是认识到了海洋在地球所有生物的生存发展中所起到的作用，认识到了海洋生态环境的状态将会影响未来人类社会乃至整个地球的命运。由于人类的活动，尤其是人类的经济开发活动和不考虑其他生物命运的海洋科学和技术已经极大地改变了地球、改变了海洋。地之星球已经进入人类世纪。除了人类以外的地球生命，尤其是海洋生物，其各自的存在和多样性正在遭到残酷的打击，海洋的"公域悲剧"或者全球海洋问题正在持续恶化①，"海洋命运共同体"理念的提出正是为了应对当前的海洋问题。

"海洋命运共同体"是推进"人类命运共同体"的重要一环，具有十分丰富的内涵，具体来说，有以下几点：

1. 意义非凡，影响巨大

"海洋命运共同体"的提出，其目标简单来说是构建一个和平安宁、生态文明的海洋环境。对于海洋整体来讲，"海洋命运共同体"强调海洋是生命摇篮，能连接世界，更能促进世界发展，强调能够推动建设相互尊重、交流沟通、和平安宁的和谐海洋，强调能够促进海上丝路的构建、发展海洋经济、增进人民福祉造福后代，强调人类要关爱海洋、关注海洋生态文明、保护海洋，有序开发海洋。为达到以上之目标，"海洋命运共同体"理念提出各国要走向海洋、胸怀世界，积极融入海洋的开发、建设和保护中；同时要积极发展蓝色经济，推动蓝色海洋实现海上"五通"（政策沟通、贸易畅通、设施联通、资金融通、民心相通）；最终构建一个安危与共、休戚与共的海洋命运共同体。

2. 同舟共济，齐力划桨

为构建"海洋命运共同体"，各国要同舟共济、齐力划桨，推动人类社会这艘大船行稳致远，携手开创人类更加美好的明天。尽管世界上的各个国家有着不同的环境、不同的认识，但是这并不会妨碍各国在构建"海洋命运

---

① 庞中英：《"海洋命运共同体"是中国"认识海洋"的又一里程碑》，《华夏时报》2019 年 4 月 29 日。

共同体"的过程中求同存异，达成共识。正如在"人类命运共同体"中所提到的，世界各国应该摒弃前嫌、和衷共济，积极参与到"海洋命运共同体"的构建中来，积极参与国际海洋生态环境的治理和保护，而不只是从海洋中开采资源。

3. 和平共处，合作共赢

"海洋命运共同体"具有连续性、国际性、实践性、前瞻性的特点。连续性是指该理念并不是一个阶段性的概念，它是随着海洋的开发利用而不断发展、完善的，是一个连续发展的理念；国际性是指该理念不仅仅局限于中国一个国家内，它是面向全球海洋的，是面向世界各国的理念，具有普遍性；实践性是指该理念不只是一个理念，它有具体的构建措施、有着明确的目标，所要解决的是现实中面临的问题；前瞻性是指该理念所面向的是未来的海洋开发利用过程、所要保护的是人类未来的生活环境，其采取的措施和制定的规划也是面向未来的。

4. 维护秩序，探索求索

"海洋命运共同体"的构建能够在一定程度上维护国际海洋的开发利用秩序，缓和海洋开发利用过程中产生的矛盾。同时通过该理念，可以推动中国走向世界，扩大中国在海洋开发利用与治理过程中的话语权，让世界认识中国，同时也可以加强国家间的政策沟通和海洋资源的共同开发，探索国家海洋开发利用的新秩序和新形势。构建"海洋命运共同体"可从东亚海洋的示范开始，构建"东亚海洋命运共同体"。东亚海域周围国家有着相似的发展历程，也存在着相互之间的领海争议，通过构建"东亚海洋命运共同体"探索"海洋命运共同体"构建的基本规律和方式，为构建"海洋命运共同体"提供经验借鉴。

"海洋命运共同体"作为构建"人类命运共同体"的一个重要方面，它的提出进一步完善了"人类命运共同体"的内容，丰富了"人类命运共同体"的内涵。"海洋命运共同体"的提出为国际社会治理海洋提供了新的思路和合作范式，将全球各海洋国家紧密联系在了一起，这将会进一步增强世界各国对于海洋治理的信心。"海洋命运共同体"理念的提出将会更好地推动"一带一路"的建设。促进"海上丝绸之路"的构建与完善，加强国家间的互联互通，同时也将更好地保障海上国际航运的安全与畅通，保障国际贸易往来。总而言之，"海洋命运共同体"的提出对于国际贸易往来、海洋航行安全、海洋生态治理等方面有着重要的促进作用。积极构建"海洋命运共同体"，推进海洋开发利用的合作共赢、共同发展，推动海洋开发利用实现利益共同体—责任共同体—命运共同体的转变。

"海洋命运共同体"发挥和承继了中国古已有之的"天人合一"思想，认识到海洋本身是一个事关人类命运的地球生命体系。这是中国认识海洋的又一个里程碑。丰富了海洋领域的国际规范和全球规范，有助于走向真正的海洋全球治理，有助于协调、协同与其他的海洋领域已有的各国分享的或者存有分歧的国际规范之间的关系。①

四、海洋空间规划

海洋空间规划是空间规划下的主要内容之一，是覆盖范围最广泛的空间规划。空间规划最早起源于欧洲，其基本内涵是关于国土资源的开发、利用、保护和整治的空间组织或安排。空间规划体系一般包括行政体系、运行体系和法律体系。其中，行政体系是空间规划的载体，运行体系是主体，法律体系是依据和保障。空间规划制定的主要目的是创造一个更加合理的国土空间利用和功能关系的空间组织，平衡保护环境和发展两个需求，以达成经济社会整体发展的总目标。正是基于空间规划体系的相关概念、目标和运行机制，面向海洋治理的海洋空间规划出现。海洋空间规划以生态系统为基础对人类海洋活动进行管理，是对人类利用海洋作出综合的、有远见的、统一的决策规划过程。海洋空间规划的基本概念可表述为：是对海域人类活动的时空分布进行分析和配置的公共过程，以实现一般要通过行政过程才能达到的生态、经济和社会目标；海洋空间规划是以生态系统为基础的规划，属于

---

① 庞中英：《"海洋命运共同体"是中国"认识海洋"的又一里程碑》，《华夏时报》2019年4月29日。

海域使用管理的组成部分。2004 年英国环境、食品和农村事务部提出"海洋空间规划是通过实施具有战略性和前瞻性的规划措施，管理和保护海洋环境，最终解决多重、复杂、潜在的用海冲突。"联合国教科文组织提出海洋空间规划是指"能够提高决策制定效率的基于生态系统的管理人类用海活动的方法。它是一种综合性、前瞻性、一致性的管理人类用海活动的决策。"海洋空间规划的目的是旨在更有效地组织海洋空间利用方式及各种方式之间的相互关系，平衡各种开发需求与海洋生态系统保护需求之间的关系，并以公开和有计划的方式来实现社会和经济目标。

　　海洋空间规划现已成为海洋管理的核心工具之一，在整个海洋管理过程中得到了广泛应用。世界海洋空间规划体系也不断完善和发展，从早期海洋公园规划和海洋生物区划到协调用海空间矛盾的海洋功能区划，从特殊小尺度海洋空间规划到全海洋空间规划，从海洋空间政策规划到海洋空间精细化管理规划，各类各级不同海洋空间规划构成国家海洋空间规划体系。海洋空间规划作为当下进行海洋治理的最佳方式，正如其目标一样，海洋空间规划不只是一个控制性的规划方案，更是为了满足未来发展的需要，空间关系本身也构成发展的内容，规划的目的是为了社会整体更好的发展。海洋空间规划的形成与发展促进了全球海洋的开发利用，特别是测量、遥感等海洋空间规划方法的运用，极大地提高了海洋空间规划区的准确度，同时也为海洋专属经济区等用途具有专一性的海洋区域的开发利用提供了技术的支撑。

　　海洋空间规划可以规划和管理的是某一海域的人类活动，而不是海洋生态系统或者是其组成部分，海洋空间规划其目标之一是对人类的开发用海活动加以管制，提高用海活动的兼容性，减少用海活动的冲突和人与自然之间的冲突，为海洋生态的可持续发展和开发利用提供条件。海洋空间规划具有生态性、综合性、地理性、适应性、战略性和预见性、参与性的特点。①生态性是指海洋空间规划的制定是以生态系统为基础，追求的是平衡生态、

① ［法］Ehler Charles 等：《海洋空间规划——循序渐进走向生态系统管理》，何广顺等译，海洋出版社 2010 年版，第 10 页。

经济和社会目标，最终实现生态平衡；综合性是指海洋空间规划的制定需要多部门、多行业、多层次的机构和人员的参与；地理性是指海洋空间规划的制定都是以一定范围的海洋区域为界限来实施，有着明确的地理位置；适应性是指海洋空间规划制定完成后并不是一成不变的，它是随着规划的实施情况来不断调整实施内容，以不断适应具体的海域环境；战略性和预见性是指海洋空间规划是面向未来制定，是针对未来海洋的开发利用与保护制定的政策，有着明确的实施步骤的目标；参与性是指海洋空间规划的制定实施过程中会吸纳各种利益相关者参与进来，共同为规划的出台建言献策。

对于海洋空间规划的编制实施，有如下几点内容：

1. 明确规划海域现状

海洋空间规划的实施首先要明确规划海域的具体情况，了解规划海域的使用现状以及生态环境信息。[①] 由于不同海域的气候、地理位置等因素使得不同海域有着不同的生态环境状况。详细了解和掌握海域的生态环境信息，是制定基于生态系统的海洋空间规划的基础，为此提出了海洋空间规划四项生态原则即维持或恢复：原生物种多样性、生境多样性和异质性、关键物种和连通性。[②] 同时通过构建地理信息系统工具，来实现对相关海域规划区域的界定以及生态环境的监控和平衡人类活动与海洋生态之间的关系。[③]

2. 明确海洋空间规划范围与时间

海洋空间规划的编制实施主要考虑的是行政区划边界和基于生态系统的边界。行政区划的边界在大多数情况下并非能够与基于生态系统的海洋规划边界相吻合，既有可能行政区划边界远大于海洋规划边界，也有可能是行政区划边界的范围只能包含海洋规划边界的部分区域，无论是哪种边界

---

① 许莉：《国外海洋空间规划编制技术方法对海洋功能区划的启示》，《海洋开发与管理》2015 第 9 期。

② Melissa M. Foley，Benjamin S. Halpern，et al："Guiding ecological principles for marine spatial planning"，*Marine Policy*，Vol 34，No.5，2010.

③ Vanessa S，Janette L，et al.："Rogers. Practical tools to support marine spatial planning：A review and some prototype tools"，*Marine Policy*，No.38，2013.

情况，都需要明确海洋空间规划的边界权属，以便进行海洋管理。① 一般来说，海洋空间规划的编制实施时间在 10—20 年，并通过法律法规的形式确定下来。

3. 明确相关利益相关者

海洋空间规划的编制实施并非是政府部门单方面的工作，单凭政府来推动海洋空间规划也是不现实和不科学的。在海洋空间规划的编制实施过程中，要尽可能地吸纳利益相关者参与到其中。利益相关者的参与程度直接决定了海洋空间规划的成功与否②，吸纳利益相关者参与到海洋空间规划的制定过程中能够获得支持并推动规划的顺利编制实施。在海洋空间规划过程中利益相关者主要通过一对一的开会以及互动协商的方式参与其中③，在两种方式中，一对一的开会可以更好地了解利益相关者的利益诉求，从而在规划编制中最大限度地满足利益相关者的诉求，一对一的开会同时也会耗费大量的时间和精力，拖慢海洋空间规划的制定编制进度；互动协商可以较快地收集利益相关者的相关诉求，便于海洋空间规划的及时编制实施，同时互动协商的方式无法详细地收集到各利益相关者的具体利益诉求，导致对利益相关者利益诉求上一定程度的忽视。无论是采取哪种方式吸纳利益相关者的参与，都需要尽可能地平衡利益诉求与利益相关者参与之间的平衡。④

（一）通过制定海洋空间规划，可以获得如下的海洋效益⑤

1. 能够有效改善政策制定的速度、质量、问责体系以及透明度，进而更好地进行管理。将一切海洋管理的工作置于空间规划中，按照规划所规定

---

① 许莉：《国外海洋空间规划编制技术方法对海洋功能区划的启示》，《海洋开发与管理》2015 第 9 期。

② 刘曙光、纪盛：《海洋空间规划及其利益相关者问题国际研究进展》，《国外社会科学》2015 年第 3 期。

③ Pomeroy R，Douvere F.："The Engagement of Stakeholders in the Marine Spatial Planning Process"，*Marine Policy*，No.32，2008.

④ 刘曙光、纪盛：《海洋空间规划及其利益相关者问题国际研究进展》，《国外社会科学》2015 年第 3 期。

⑤ 刘曙光、纪盛：《海洋空间规划及其利益相关者问题国际研究进展》，《国外社会科学》2015 年第 3 期。

的内容进行海洋的管理，能够很快理顺海洋管理的流程，细化海洋管理的责任，明确管理职责，更好地开展海洋的生态治理和保护。

2. 减少了信息搜集、检索、储存的成本。将海洋区域内的所有信息集中到一个规划方案中，提高了信息的集中程度，细化了信息的分类，可以减少对相关海域海洋信息的检索时间，降低了信息管理难度，提高了信息的利用效率。

3. 可以针对多个目标进行评估，平衡各国海域中管理措施的收益与成本。将一片海域纳入同一个海洋空间规划中，可以实现对相关海域海洋资源的统一、集中管理，同时也可以对海域内所有资源、生态环境同时进行评估，既可以节省时间、提高效率，还可获得更为准确和详细的评估数据。

4. 实现海域管理办法从管理控制到规划调控的转变。海洋空间规划的实施，将会推动海洋由单一的管理向事前预防—事中管理—事后治理的整体性措施转变，多途径、多举措参与到海洋生态环境治理保护和海洋资源的开发利用中，借助空间规划实现海洋利用的科学化、规范化。

5. 能够有效地界定利益相关者，将利益相关者纳入到管理体系中来。海洋空间规划的制定实施单单依靠政府一方无法取得很好的效果，通过吸纳个人、社会公益组织等利益相关者参与到规划的制定实施过程中，可以综合考量各方利益诉求，制定出更加符合社会需求的海洋空间规划。

6. 能改善区域信息和环境评估的质量和可用性。海洋空间规划的实施，能够集中相关海域的所有可收集信息进行综合分析利用，收集到的综合信息其质量和可信度远高于单方面的信息，再将综合信息应用于海洋生态环境评估过程中，会提高生态环境评估结果的可信度和可用性。

（二）海洋空间规划区内的海洋管理措施①

1. 投入措施：明确海洋规划区内人类活动投入量的措施

（1）对捕捞活动和能力的限制，明确允许从事捕捞作业的渔船数量、捕捞的时间段，防止大量船只长时间过度捕捞，保障鱼群的生存环境。

---

① ［法］Ehler Charles 等：《海洋空间规划——循序渐进走向生态系统管理》，何广顺等译，海洋出版社 2010 年版，第 15 页。

（2）对船舶吨位和船舶马力的限制。大型船只的进入不仅会导致鱼群被大量捕捞，同时船舶的噪音和油气污染会破坏鱼群生存环境。

（3）对农田施用化肥和农药数量的限制，尤其是沿海农田。化肥和农药流入海洋，会造成海水的富营养化，破坏海洋生态系统的平衡，同时也会导致鱼群等生物的大量死亡。

2. 过程措施：确定人类活动生产过程性质的措施

（1）关于渔具类型和网目大小的规定，保障海域内鱼类资源的可持续捕捞。

（2）关于最佳可行技术和最佳环境实践的规定。明确规划区内人类开发利用活动的技术手段和开发利用类型，保障规划区的生态平衡。

（3）关于废物处理技术水平的规定。明确规划区内的废弃物处理标准和程序，将人为活动对海洋的破坏降到最低。

3. 产出措施：确定海洋管理区中人类活动输出量的措施

（1）限制向海域排放的污染物数量，建立污染物排放许可制度。制定向海洋排污的标准和污染物排放的标准，加强对污染物排放的监管和检查，通过向排污企业颁发许可证来限制排污量。

（2）限制最大渔获量和兼捕量，保障海域内鱼类种类的数量。规定捕捞船只的最大捕鱼数量，同时为保障规划区内鱼群种类的多样性，对捕捞过程中捕获的其他种类鱼量同样作出捕捞数量的规定。

（3）限制采砂船的吨位，禁止大型采砂船进入规划区内，以不破坏规划区海域环境为前提开展采砂活动。海砂的开采势必会破坏海洋的生态平衡，通过限制采砂船吨位，可在一定程度上降低海砂开采对海洋环境的破坏。

4. 时空措施：确定可以在何时何地开展人类活动的措施

（1）详细说明对捕捞或其他人类活动封闭的区域。海洋空间规划要明确海洋的禁止活动区，作为完全封闭的区域，禁止任何人类活动的进入。

（2）设置警戒区或安全区。

（3）设置海洋保护区。

（4）针对特殊用途的区划，如风力发电厂、军事活动区、倾废区等。

对于人类活动较为频繁或者人类活动影响较大的区域，要明确标识出来，在区域内可以进行相关规定的活动。

（5）针对目标的区划，如开发区、保护区、多用途区等。根据目标用途不同，划定相关海区，以实现对海洋的综合利用和生态保护。

海洋空间规划的实施可以为海洋生态治理提供前提条件和技术支撑，通过空间规划可以对具体区域的海洋生态环境进行治理和保护，同时海洋空间规划可以整合该区域内的所有资源、条件，对海洋的开发治理和保护实施监控和支持。在北极地区进行空间规划，可以从很大程度上缓解北极地区海洋开发、保护较为松散的现状，各国家以规划区为界限进行北极区域的生态治理和保护，会极大提高北极地区海洋生态治理的效率，促进北极海洋资源合理、和平的开发利用。

第二节 "人类命运共同体"理念与
北极海洋生态安全治理

"人类命运共同体"理念是中国共产党对马克思主义和中国外交理念的重大理论创新。面对北极海洋生态安全和资源合理分配的新需求，地缘政治理论、全球治理理论等现有理念指导下的北极海洋生态安全治理已经不能相适应，"命运共同体"理念则能够更好地指导北极海洋生态安全治理机制的运行。"命运共同体"理念在治理主体、目标、手段等方面对北极海洋生态安全治理机制进行了补充和创新，强调各治理主体间的统筹协调，非政府组织、民间团体、科研机构等治理主体均可以参与到北极海洋生态安全治理进程中。在治理手段上，强调以和平方式逐步指导建立北极海洋生态安全治理机制，以寻求实现北极海洋生态问题的综合安全、共同安全、合作安全。①

---

① 杨松霖：《中美北极科技合作：重要意义与推进理路——基于"人类命运共同体"理念的分析》，《大连海事大学学报》（社会科学版）2018 年第 5 期。

人类命运共同体意识并非一成不变的静态思想，而是通过相互依存、紧密联系的各构成层次间的动态平衡形成的意识体系，主要表现为人本意识、合作意识和共进意识。①"命运共同体"把人类整体的生存与发展视为一个不可分割的整体思想，为北极海洋生态安全治理机制的构建提供价值基础，优化北极海洋生态安全治理，促使北极海洋生态安全的治理向公平性、科学性、共享性、有效性方向发展。

一、北极事务的"命运共同体"特征

（一）北极环境具有"命运共同体"特征

全球气温上升是北极冰川融化最为直接的原因，这也导致了航道开通将提前出现。而北极区域的国家在资源和领土争夺的问题上愈演愈烈，北极区域已经成为世界目光的焦点所在。

首先是北极冰盖加速融化。北极地区指北极圈以北地区，总面积达2100万平方公里。近20年来，每年冬天时北极冰盖缩小约1500平方公里。有的科学家经过研究得出结论认为，全球变暖在北极的进展速度之快相当于地球其他任何地区的一倍。

随着冰块的消失，将阳光反射到太空的巨大镜面也随之消失。失去覆盖的深海吸收太阳的热力变暖，这会促使与之相邻的冰块融化，形成变暖恶性循环的另一个"正反馈圈"——冰块吸收的热量增多，而这进一步使冰块减小。

其他因素如北极风也在加快北极冰的融化。在北极冰融化最快的年份，北极风将大量的冰块吹向了南方，通过格陵兰岛和斯瓦尔巴群岛之间的弗拉姆海峡，融化在北大西洋温暖的海水中。日本海洋研究开发机构和美国华盛顿大学的科学家认为，近30年来至少1/3北极冰的消融可以用风的变化来解释。从2000年开始，格陵兰岛的冰减少了1.5万亿吨，有科学家担心它

---

① 黄德明、卢卫彬：《国际法语境下的"人类命运共同体意识"》，《中共浙江省委党校学报》2015年第4期。

会在两三个世纪内崩塌。2009 年 9 月发布的《海冰展望》认为，当年 9 月泛北极地区的海冰面积为 420 万—500 万平方千米，这个数值几乎是历史最低值。许多科学家认为，北冰洋第一个无冰的夏季将会在 5—50 年内出现，这已经是一个何时发生的问题，而不是一个是否会发生的问题。

在夏季，北冰洋地区的冰川面积消融速度逐步加快，这使得周边环境也发生了巨大的变化。从 1970 年到现在的 50 年间，北极的气温上升了 1.5℃，这个变化比全球温度变化加快了 2 倍。而北极冰川的面积也在逐步消融，在 1979—2006 年中，它的消融速度是 9.1%/（10a），而 2007 年至今消融速度更快。北极由于特殊的地理环境，它的生态系统相对脆弱，而这一系列变化将对北极地区造成重大的影响。北极环境的变化将引发一系列的全球环境变化，这些变化包括海平面高度、碳汇格局，甚至会影响到整个海洋生态系统的变化。相对于全球生态系统，北极对于环境变化更加敏感，它的"放大效应"更加明显。① 同时北极对全球气温有着一定的调节作用，北极气温的上升会导致全球气温的上升，这也将导致大量物种生存环境发生变化，引起物种灭绝。物种灭绝导致的资源匮乏会使得部分国家陷入困境，不得不向其他地区迁移。因此对于人类来说，北极环境是"命运共同体"中十分重要的一环，我们必须充分意识到保护北极环境的重要性。

（二）北极资源具有"命运共同体"特征

北极的资源主要是指能源资源。能源是工业发展的"血液"，能源危机严重危及经济发展和人类的正常生活。中东和北非是世界原油储藏和石油输出的主要地区。但由于历史、文化、种族以及现实政治经济的矛盾交织，这些地区成为世界主要的动荡区域。这些地区的动荡局势往往会造成世界性的能源危机，引发世界金融市场的震荡。为了确保世界经济的安全，就必须拓宽石油和天然气的进口来源，而资源丰富的北极正好是一个不错的选择。因而，从有利于人类经济稳定发展的层面说，北极的能源资源具有人类"命运共同体"的特征。

---

① 陈建芳、金海燕等：《北极快速变化的生态环境响应》，《海洋学报》2018 年第 10 期。

北极油气资源十分丰富但分布极不均衡，主要分布在少数地区的含油气沉积盆地。总体而言，北极油气资源矿藏可分为 11 个区块。即：西巴伦支海油气区、东巴伦支海油气区、蒂曼—伯朝拉油气区、南喀拉海远景油气区、北喀拉海远景油气区、拉普捷夫油气区、西西伯利亚—楚科奇油气区、东西伯利亚油气远景区、阿拉斯加北坡油气区、加拿大斯沃德鲁普盆地油气区、东格陵兰断陷盆地油气区。这 11 个油气区块中，俄罗斯境内有 7 个，美国 1 个，加拿大 1 个，挪威 1 个，丹麦 1 个。因此，俄罗斯是北极油气资源最为丰富的国家。

然而，各个油气区的勘探程度及油气储量存在极大差异。根据最新的权威统计数据，北极地区已探明原油储量为 1600 亿桶，其中俄罗斯为 850 亿桶，占比 53.16%，美国 660 亿桶，占比 41.47%，加拿大 58.17 亿桶，占比 3.64%，挪威 27.75 亿桶，占比 1.74%。其中，美国阿拉斯加北坡油气区原油储量最多，为 600 亿桶，其次为俄罗斯西西伯利亚—楚科奇油气区和蒂曼—伯朝拉油气区，石油储量分别为 450 亿桶和 390 亿桶。

北极地区已探明天然气储量为 16.5×10^6 立方英尺，其中，俄罗斯为 15.7×10^6 立方英尺，占比 94.76%；加拿大为 0.37×10^6 立方英尺，占比 2.25%；美国为 0.29×10^6 立方英尺，占比 1.73%；挪威为 0.21×10^6 立方英尺，占比 1.26%。其中，俄罗斯西西伯利亚—楚科奇油气区的天然气储量最多，为 14×10^6 立方英尺；其次为俄罗斯东巴伦支海油气区，为 1.5×10^6 立方英尺。美国阿拉斯加北坡的天然气是石油勘探的副产品，并没有管道向北美市场运输，而只用于当地居民消费和提高石油采收率。

北极冰川的消融让油气资源的开发成为可能，大量的能源公司对此都予以了足够的重视。但是想要在保护北极环境的同时做好能源开发工作并不是一件简单的事情，它需要大量精密装备来支撑，同时在技术层面上它也有着严格的要求，只有两者共同把控才能保证资源开发的环保性。而在实际开发的过程中，很多国家都不具备这样的开发能力。目前能够对北极资源进行开发的国家包括挪威、俄罗斯、美国等一些发达国家，其他国家尚未进行资源开发或者处于开发的起步阶段。

　　北极地区已知的可开发资源主要是天然气，而主要的开采国家是美国、俄罗斯、挪威，它们拥有成熟的开采技术和手段。其中俄罗斯在开采规模上最大，开采程度也最深，它目前每年的开采量超过了美国和挪威。而美国在三个国家中开采量占据第二，但是在石油储备的探索中，美国所掌握的石油储备量最多。而挪威开发相对美国和俄罗斯要晚一些，起步于 1970 年以后，目前主要开采资源为天然气。

　　世界能源出口的主要国家集中在西非、中东和俄罗斯，主要的能源都来自这三个地区，而北美、欧洲和亚太地区是最为主要的能源消耗地区。消耗和开采区域的不均衡分布也导致了能源运输具有一定的困难性，这样直接导致了全球范围内的能源匮乏。而由于输入距离较远，同时运输过程中存在太多的不可控因素，因此国际能源的供给处于不稳定的状态，能源的价格波动也较大，这对于国际能源贸易的稳定发展是极大的制约。而北极地区能源储藏丰富，同时具有开通便利航道的可能性，距离能源主要消耗国家较近。因此北极地区的能源开发对于国际能源市场的改善有着积极的意义，它有利于国际能源市场的稳定性，摆脱能源的地域制约。北极能源输出将成为国际能源输出一条新的途径，它将改变传统的能源输出格局，让美国和加拿大在能源输出中占据主导地位。在北极能源开发的问题上，美国自身能源较为丰富，可以满足本国需求，同时美国拥有全球独家的页岩气开发技术，因此对于北极能源开发响应并不积极。而加拿大自身地大物博资源丰富，对于北极能源开发的意愿也不强烈。俄罗斯在北极区域拥有的能源范围最为广阔，能源储备量最为丰富，同时占据了较为有利的地理位置，因此北极能源开发对于俄罗斯来说具有积极的战略意义。

　　因此，加快北极能源开发的速度，打通北极航道，让北极成为具有战略意义的能源产地对于俄罗斯、挪威等国有着积极的意义。通过北极能源的开发可以利用地理优势大范围出口能源，同时也能够吸引外资带动本国经济的提升，这对于国家的发展具有积极的意义。现有的北极航道已经在逐步运行，俄罗斯、挪威等国通过航道的运力源源不断地运输大量资源到需求国家，让世界能源格局呈双向发展的趋势，避免了过去的中东地区单一能源的依赖性，提升了国际能源资源的稳定性。同时能源贸易的展开也让大量的财富流入俄罗斯，提升了俄罗斯的国家实力，也积极推动了俄罗斯扩展北极军备的速度，在提升自身实力的同时加强了对北极地区的治理工作，在全球能源贸易中占据了举足轻重的地位。

（三）北极航道具有"命运共同体"特征

北极航道跨越了北冰洋将太平洋和大西洋直线连接起来，极大缩短了两地之间的距离。但是航道运行要根据天气的情况来决定，而且航道的范围也受到天气情况的影响。现有的北极航道一般处于加拿大和西伯利亚地区，它们是传统意义上的航道，而随着气温上升，北极冰川发生了巨大的变化，新的北极航道将被开通。而不管是传统意义上的航道还是新的航道，它们都没有明确的起止。

北极航道开通需要具备一定的气候环境条件，它需要北冰洋洋面上没有大范围的冰川。现有的航道主要包括了两条：第一条是西北航道；第二条是东北航道。其中西北航道从巴芬湾和戴维斯海峡出发，经过加拿大、美国等国家最终到达太平洋。西北航道实际上是由多条海峡连接而成，包括由兰开斯特海峡、巴罗海峡、梅尔维尔子爵海峡和麦克卢尔海峡组成的帕里海峡。西北航道有七条潜在可行的航线。由于一年中这些航线绝大部分时间都要受到冰况的影响，因此每条航线都有或多或少的风险。同时，船只航海路线的选择还将取决于船只的吨位、破冰的能力和水文测量的数据等因素。北极委员会 2009 年发布的报告关注了其中的五条航线。实际上，连接大西洋和太平洋的西北航道由于冰层融化在 2007 年夏季已经开始通航。

东北航道西起冰岛，经巴伦支海，沿欧亚大陆北方海域，向东穿过白令海峡，连接东北亚，长约 2900 海里。北方海航道（North Sea Route）是东北航道的一部分，它西起新地岛海峡的西部入口，东到白令海峡，长约 2551 海里。北方海航道穿过北冰洋的五个边缘海，经过十条海峡，沿线有四个重要港口，从巴伦支海到白令海峡之间有四条不同的航线。1991 年，俄罗斯政府颁布实施《北方海航道海路航行规章》，其中规定，北方海航道是"位于苏联内海、领海（领水）或毗连苏联北方沿海的专属经济区内的基本海运线"。这条航道从 1932 年起处于苏联控制之下。由于气候变化，北冰洋大面积的冰川融化，新的航道运行成为可能，这将带来巨大的经济价值，同时也具有重要的战略意义。而为了牢牢把控北方海航道，俄罗斯政府制定了严格的法律来对航道的运行进行管控，保证俄罗斯政府的航道主权，同时从中获取巨大的利益，这也导致了许多国家对俄罗斯政府提出了抗议。

在传统能源产区日渐枯竭、油价居高不下的今天，北极地区的油气争夺战必将升温。开采技术的进步和运输条件的提升，为北极地区的油气开发提供了便利条件。所以有些专家认为，争夺北极的斗争近期内就会导致严重的国际性后果，以北极为对象的地缘政治斗争在今后几年里很可能成为国际关系的一部分。"新的油气地缘版图"和中亚地缘战略竞赛，仿照麦金德的大陆心脏地带学说，给出了"石油心脏地带""内需求月形地带"和"外需求地带"的说法。① 一场愈演愈烈的北极能源争夺战正在上演，面对北极这样一个"聚宝盆"，以美国和俄罗斯为首，外加同处北极圈的加拿大、丹麦和挪威等国，无不跃跃欲试，想继续宣称对邻近的北极地区拥有主权，全球能源紧张让不少资源丰富的地区成了各方角力的舞台，而俄罗斯、加拿大和美国则是这场能源博弈的主角。路透社指出将北极争端、南海争端、日俄岛屿争端并列为世界主要海洋争端。参与北极能源争端的主角包括俄罗斯、美国、加拿大、挪威和丹麦等五个国家。② 在北极特殊地缘政治基础上，同时受到冷战结束后国际政治民主化的影响，参与北极事务尤其是能源事务方面的国际政治行为主体日益增多，致使北极地缘政治局势日趋复杂。目前，多种国际政治行为主体正在围绕北极地区能源、航道以及海域主权等问题上演着一场愈演愈烈的政治竞争，使得北极地区地缘政治呈现出全球化的趋势。对于北极事务的处理上，由于北美、俄罗斯等国受到地域的影响，它们都属于核心国家；同时东亚国家由于受到北极环境的影响较多，很多相关北极的

① 徐小杰：《新世纪的油气地缘政治——中国面临的机遇和挑战》，《世界经济》1999 年第 2 期。
② 张吉平、潘月明等：《北极能源之争难有句号——北极领土之争背后的能源暗战》，《新远见》2010 年第 8 期。

事务都积极主动地参与，在这些国家中，中国和韩国最先申请了北极理事会观察员，而日本紧随其后。[①] 针对北极相关问题，各国都投入了极大的关注，纷纷制定相关的政策，主动拉近和北极区域国家之间的关系，为本国在北极地区的利益积极争取。而相关北极的各国政府和非政府组织也积极参与北极的各项管理和建设的事务中去，它们都是北极地缘政治中的积极因素。而北极区域的国家也在关心本国的权益和利益问题，针对可能侵害到本国权益的行为制定相关的法律法规来约束他国，同时也积极向联合国组织进行报备，保证本国行为的合法性，让本国的北极地域主权被国际社会承认。而在国与国的竞争中，国家综合实力是决定一个国家胜负的主要判断标准。军事手段只有在冲突无法进行协调时才会使用。因此在实际竞争的过程中，各国都在做多方面的准备，和平争取的同时也在积极积蓄本国的军事力量，为北极地区的话语权提供军事保障。

北极航道相对于现有的航道来说更加具有实用性和经济性，它极大地缩短了太平洋和大西洋之间的距离，它是已知的最短航道，在节约大量航行时间的同时也大大降低航行的运输成本。为了积极推进中国在北极地域的话语权和合法权益，习近平总书记在 2013 年提出了"一带一路"倡议，通过这一倡议极大地推动了中国和部分北极地域国家的共同合作，推动了各国之间经济的共同繁荣。在"一带一路"中形成了三条贯穿全球的交通网络，它们具有重要的经济价值和战略意义，对于促进不同地域之间的共同繁荣也有着积极意义。因此，在世界经济共同发展的层面上，北极航道资源亦具有"命运共同体"的特征。

二、"人类命运共同体"理念对北极海洋生态安全治理的指导

随着全球化的推进，北极海洋生态安全治理已成为全球治理中的重要组成部分，北极地区自然资源的开发利用需同北极海洋生态安全的保护相适应，秉承在开发中保护的可持续发展原则，现行的北极海洋生态安全治理理

---

① 陆俊元：《北极地缘政治竞争的新特点》，《现代国际关系》2010 年第 2 期。

念已不能完全适应新形势下的北极海洋生态安全治理。为了对北极海洋生态安全进行有效治理，需用一种更加符合北极海洋生态治理现实需求的、更加科学的理念来指导其治理机制的构建。围绕着北极海洋生态安全治理这个目标，系统内各构成要素（行为体）之间围绕该目标而进行的相互作用关系及其功能称之为北极海洋生态安全治理机制。目前北极海洋生态安全的治理主要依据联合国、国际海事组织、北极理事会、北极国家、近北极国家等主体间制定的相关法律、法规、协议、合作战略来推动。北极海洋生态安全治理机制并不限于北极环境保护，同时包含治理主体间的协调机制、合作交流机制、信息沟通机制、应急管理机制、危机管理机制等在内的综合治理体系，是一个完善法律、健全管理的治理模式和实现路径的动态相互关联的网络。

"命运共同体"是近年来中国政府根据世界各国相互联系、相互依存的程度空前加深的基础上提出的，是蕴含了中国政府"全球观"的人类社会新理念。"构建人类命运共同体"是为解决当今世界各种难题、消弭全球各种乱象的"中国方案"，是应对全球问题的一种价值观和共生观。2017 年 2 月，"命运共同体"理念被写入联合国决议，这标志着"命运共同体"理念已成为全球公认的一种互相尊重、平等相待，合作共赢、共同发展的利益观。与地缘政治理念不同，地缘政治是一种现实主义权力观，而"命运共同体"是合作共赢的利益观。

（一）"命运共同体"理念对北极环境保护的指导

当今世界，全球化和气候变化这两大变化趋势使北极海洋生态安全治理对公共产品的需求增加。在气候环境未发生变化前，北极海洋生态环境是大自然给予人类的一个"公共产品"，人类无须再投入劳动就可持续使用该"公共产品"。在气候环境发生变化后，随着全球化的发展，生产方式和生活方式的改变使得人类在北极海洋上的活动频繁，北极海洋生态安全遭受到严重威胁，此时，人类需投入劳动、资金、技术去维护北极海洋生态安全，防止生态恶化进而影响人类的生产生活。一种有效的治理方式需有足够的政治能力和资源整合能力，协调并动员所有利益相关者，使其具有共同的价值并甘愿付出资源提供公共产品。① 例如海洋保护区的建立。海洋保护区是保护、养护并恢复生物多样性、栖息地和生态过程的连贯的生态网络，根据《保护东北大西洋海洋环境公约》缔约方达成的决议，缔约方不仅能够在其国家管辖范围内建立海洋保护区，还能够向委员会建议在其国家管辖范围外的海域建立保护区。截止到 2016 年 10 月 1 日，缔约方共建立了 448 个海洋保护区，占该公约海域面积的 5.9%，但是在北极海域所建立的保护区仅占该公约海域面积的 1.9%，在海洋保护区的建立方面还应当继续努力。②

在全球化背景下，世界各国相互依赖，国际要素互动频繁，北极海洋生态安全治理机制作为一个区域性的公共产品，没有一个强制性的"税收制度"来要求利益相关者提供必要的支出，也没有一个权力强大且责任明晰的"区域政府"来制造和提供公共产品，这就形成了区域性公共产品供给不足。北极海洋生态安全治理不同于一个国家内部的生态安全治理，其治理的权力、义务、利益间协调分配的难度较大，且治理任务的复杂性，行为体的多元性，治理技术上的困难性，都影响着北极海洋生态安全这个公共产品的供给。③ 近年来，北极国家和非北极国家之间进行了诸多学术交流，从中可以发现，没有任何一个实体能够单独实现北极海洋生态安全的有效治理，所有利益攸关方的参与都是在为各自谋利益。因此，摒弃阴谋论，相互尊重和理解才是维护北极海洋生态安全的基础。

北极作为一个公共的地域，它不是只属于某个国家的，它是全球各国共同拥有的。而在获取北极资源时，北极环境应当得到相应的维护，只有这样才能保证北极资源的可持续开发和利用。而某些国家在获取北极资源利益的同时，并不想为保护北极环境贡献自己的力量，这对于参与北极环境保护

---

①　Stokke O S. "Examining the Consequences of Arctic Institutions", *Brookings Institutio*，2007，pp.17-25.

②　张超：《北冰洋矿产资源开发中生态环境保护法律制度的完善》，博士学位论文，山东大学，2018 年，第 102 页。

③　杨剑、郑英琴：《"人类命运共同体"思想与新疆域的国际治理》，《国际问题研究》2017 年第 4 期。

的其他国家来说是极为不公平的。由于北极环境的共有性，它无法阻止某个国家不去享有北极资源和环境所带来的便利，同时它也无法强制要求某个国家来承担环境消耗所产生的成本和费用，因此这样导致了许多国家在环境保护问题上的不自觉行为。这种行为损害的不仅仅是某个国家的利益，它同时也损害其他享有北极环境便利的其他国家的利益。在现有的国际形势下，可以通过国际机构推动不同国家之间的共同合作，积极促进各国共同保护北极环境。

现有的治理机制具有一定的局限性，它无法推动北极环境保护的全面合作。而针对这个问题，北极"命运共同体"可以提供有效的解决思路，让各国之间的合作更加密切。这种机制应用在北极环境保护中有着积极的意义，它可以有效地推动各国之间的共同联动，积极促进各国共同保护和治理北极环境，让所有的既得利益国家都主动参与进北极环境维护的工作中。相比于传统机制，新机制首先提高受益国的共识，同时采取强制的手段要求受益国共同治理北极环境，最后再通过宣传教育动员各国主动参与进环境治理中来。在具体实施的过程中，首先，该机制深入宣传北极环境治理的积极意义，同时强调治理各国的重要性，让各国主动参与到治理活动中。其次，由既得利益的国家组成一个强力的组织通过法律和政策来进行强制约束，保证治理的坚定执行，让各国在享受北极环境所带来的便利的同时主动去承担环境维护的成本，保证在北极环境治理实施中各国积极主动参与。

（二）"命运共同体"理念对北极资源分配的优化

北极地区被称为"地球最后的宝库"，蕴藏着巨大的石油、天然气资源，围绕北极资源的争端时常出现。据美国地质调查局 2008 年发表的报告称，在全世界尚未发现的矿藏量中，20% 的石油和 30% 的天然气埋藏在北极圈。另据俄罗斯自然资源和生态部估计，仅俄主张的北极地区就蕴藏着 5800 多亿桶石油，相当于沙特石油储量的 2 倍。俄罗斯《独立报》认为，按照俄罗斯目前的能源消耗量，俄北极大陆架蕴含的油气资源足够其消耗 1000 年，足够全世界消耗 25 年。另外，北极地区还蕴藏着巨大的煤炭资源，据世界能源组织估计，储量高达 1 万亿吨，约占全球煤炭储量 1/4，而且北极的煤炭具有低硫等特性，是世界上少有的高品质煤炭。除化石燃料外，北极地区还有富饶的渔业和森林资源以及镍、铅、锌、铜、钴、金、银、金刚石、石棉和稀有素等矿产资源。此外，北极地区厚厚的冰层还冻结着世界上大量宝贵的淡水资源，在淡水资源日益匮乏的今天，北极的淡水资源无疑也蕴含着巨大的价值。近年来，随着北极冰层融化的加快，具有丰富自然资源、潜在地缘战略地位以及巨大经济和科研价值的北极地区，正逐步成为新的国际热点地区，并引发相关各国新一轮的争夺。有些西方媒体甚至预言，未来国际社会对北极的争夺，很可能将像当年欧洲殖民者争夺非洲那样激烈。由于地理位置和历史原因，目前对北极的争夺主要在加拿大、美国、丹麦、挪威和俄罗斯等"北冰洋五国"之间展开，争夺的焦点主要围绕海上边界和沿岸大陆架的划分以及北极航道控制权展开。此外，积极介入北极事务的还有英国、德国、日本等域外国家，它们通过探险和科学考察等方式表达对北极问题的关注。①

　　资源的形成需要长期的积累，这是几百万年甚至上亿年的过程，因此北极的资源一旦被开发就会逐渐减少，越来越多的国家参与到北极有限的资源开发中来，这也会导致北极资源供不应求，甚至会导致不同国家之间的纷争。北极区域的国家都在积极行动，从领土权益和资源权益上升为本国争利，防止其他国家侵害到本国的利益，各国之间对于资源的竞争越来越激烈，同时它们又在共同防范非北极国家参与到资源竞争中。而应对这一僵局最好的破解办法就是实现北极"命运共同体"理念，推动北极的共同治理和发展。在资源分配问题上，北极"命运共同体"遵循联合发展，共同推动人类进步的共生机制，保证利益各国不被侵犯的同时有效地解决了各国之间的矛盾。同时该理念认为，国家发展的高度具有木桶效应，本国发展和他国的发展息息相关，只有保证各国共同发展和提高才能保证本国得到真正的发展，因此在实现本国利益的同时必须兼顾他国利益，只有这样才能推动世界经济的共同发展。对于北极来说，资源的开发与人类发展息息相关，只有在

---

① 孙英、凌胜银：《北极：资源争夺与军事角逐的新战场》，《红旗文稿》2012 年第 16 期。

资源开发的过程中兼顾共同利益，推动各国共同进步才能够得到真正的发展。而在认知方面，由于"命运共同体机制"是现有的最为合理的治理机制，它被北极利益既得各国所共同认可，因此它具较强的约束能力。在对北极进行管理的过程中，采取新的治理机制既保证北极国家自身的资源所有权以及某些利益，又保障了其他参与国的权益，让北极治理各国共同发展。而"命运共同体"的认知度较高，它被各国普遍接受，在普遍的认知下它会促使一些组织和机构的诞生，同时制定相关的法律通过强有力的约束保障北极治理的稳步进行。

（三）"命运共同体"理念对北极海洋生态安全治理体系的指导

北极海洋生态安全治理方面的规章包括一系列公约在内的国际法律制度提供了处理北极问题的基本法律框架，但并未形成统一的国际法体系。关于北极管理的现有法律无法做到有机的统一，不同的国家以及不同的组织都有属于自己的法律法规，同时它们在制定这些法律法规的过程中只考虑自身利益，并没有从共同利益的角度出发。而不同组织和国家之间的法律条款还存在一定的重叠和矛盾，这对于北极地区事务的法律化管理是极为不利的，极大地阻碍了北极地区事务的多国共同治理进程。保护北极海洋生态安全的一般性法律措施主要规定于 1982 年《联合国海洋法公约》的第十二部分、1992 年《生物多样性公约》和国际海事组织的规定中，包括防止国家管辖范围内的海底活动破坏海洋环境、保护海洋生物多样性、船舶防污底系统造成的污染以及船舶压舱水带来的外来生物入侵等问题。但是，这些法律制度也存在一些问题。

首先，1972 年的《伦敦公约》及其 1996 年的《议定书》并不适用于大陆架矿产资源开发过程中的倾倒，大陆架海洋矿产资源开发过程中的倾倒问题目前只能依赖 1982 年《联合国海洋法公约》进行规制。1973 年《国际防止船舶造成污染公约》及其 1978 年《议定书》也无法规制直接来自于勘探、开发、离岸加工海床矿产资源所释放的有害物质，该公约附件六对于直接来自于海底矿产资源的勘探、开发和相关离岸加工的废气排放也不适用。尽管 1982 年《联合国海洋法公约》规定沿海国应当采取法律或其他措施防止、减少、控制其管辖下的海底活动对海洋环境造成污染，但是该条规定非常简单，没有特别指出沿海国应该制定相关法律以规制直接与矿产资源开发活动相关的排放。其次，这些法律、法规具有普适性，大部分并没有针对北极地区的特殊生态条件作出特别的规定，在北极地区需要更为严格的法律机制以应对资源开发可能带来的问题。再次，并不是所有的北极国家都批准了这些全球性公约，一些国家，尤其是美国，并没有批准1982年《联合国海洋法公约》、1992年《生物多样性公约》等重要的海洋生态安全保护公约。最后，全球性法律机制缺少对适应性管理制度、经济激励制度以及机构保障制度和直接责任制度的规定，在后续国际法的发展中应当加强对这些制度的构建和规定。①

通过以上问题我们得出：北极现有的海洋生态管理法律不具有统一性和权威性，它们都是不同的国家和组织根据自身实际情况而制定的，不具有通用性和公平性。同时这些法律还具有片面性的特点，仅仅针对某一种或者某几种事务，无法对共同事务进行管理，法律中规定的相关问题都是独立的，无法有机结合起来。现有的体制处于混乱无序的状态，法律的制定具有随意性和不公平性，这种法律无法做到公平公正地处理北极事务。各国都遵循符合自己利益的法律来处理具体事务，甚至在处理某个事务的过程中，不同国家和组织针对相同的问题给出矛盾的解决方案，这对于北极共同治理是极为不利的。运用"人类命运共同体"理念中所体现出的整体性，调和这些彼此重叠冲突的北极地区的法律规范，例如构建灾害预警机制，评估各个国家管辖或控制下的北极计划活动，对北极生态环境进行识别和监测，优化北极海洋生态安全治理体系。

三、"命运共同体"理念是北极海洋生态安全治理的最终目标

目前北极海洋生态安全治理存在着治理主体间协调合作关系未形成，

_____

① 张超：《北冰洋矿产资源开发中生态环境保护法律制度的完善》，博士学位论文，山东大学，2018年，第96页。

北极国家地缘优势过渡，信息沟通平台未形成，"碎片化"信息现象严重等问题。北极海洋生态安全治理过程中，北极国家因其地缘优势掌握了绝大部分的话语权，主导着北极地区的治理事务，北极理事会是以北极国家为主导势力的区域层面的组织，主要反映了北极国家的意志，域外国家参与北极海洋生态安全治理也必须以北极理事会的工作程序为框架。① 北极国家在北极海洋生态安全治理机制中地缘优势过渡，限制了域外国家的活动，削弱了北极海洋生态安全治理的国际合作程度，不利于北极海洋生态安全治理机制的健康发展。以北极国家构成核心的北极理事会本身存在着诸多弊端，其在北极环境治理中，约束力不足，专业性也有欠缺，在北极治理中治理层次不高，在关于主权问题、资源问题、地区安全问题等高级政治领域涉足不多。② 北极国家在北极海洋生态安全治理中的制度设计方面占据绝对的主导地位，这种过度的地缘优势易造成域外国家的行为方式与其制定的制度相背离，最终造成的北极海洋生态安全问题，仍是全人类为其"买单"。北极生态安全问题不是北极国家的问题，其影响全球各区域，属于全球问题，在制定相关政策时需征求多边意见。③

在经济发展向全球扩展的过程中，独立的国家无法通过自身的努力来完成北极环境的良好治理，它们在治理的过程中会存在或多或少的问题。在这种情况下，通过不同国家的共同合作，统一治理成为解决问题的最为有效的方案。通过国家之间的相互监督，查漏补缺将北极环境的治理变得公正公平，而且能够从不同的角度全面考虑治理问题，保证治理的充分性。在这个前提下，各国围绕共同治理的问题构建一个公平公正的体系有助于推进北极环境治理的良性发展。在"命运共同体"理念下的北极海洋生态安全治理机制通过平等互利的协商对话，厘清各治理主体之间的权责关系，促进各治理

---

① 杨振姣、刘雪霞等：《我国增强在北极地区实质性存在的实现路径研究》，《太平洋学报》2015 年第 10 期。

② 孙天宇：《中国参与北极事务的实践探索及路径分析》，硕士学位论文，吉林大学，2017年，第 37 页。

③ Young O R.："Governing the Arctic Ocean"，*Marine Policy*，No.72，2016，pp.271-277.

主体间的互信合作，形成一个互相信赖的治理环境，各治理主体在此环境中共同开发利用北极资源，建立起平等、互商的北极治理伙伴关系。

"命运共同体"的提出不能仅仅停留在理论的层面，它应该在各国共同的努力下被付诸行动。北极地区的事务管理主要依托于北极地域相关国家，其余国家想要单独介入基本无法实现。在现有的北极地域管理体系中，北极地区国家仍然处于主导地位，而其余国家加入时间较晚，同时在地域上也不处于优势，因此只能通过与地域国家共同发展的方式才能够有效地参与到北极活动中去。俄罗斯于 2007 年通过在北极海底插旗的方式来宣示自己的主权，自此以后关于北极地域的相关问题都会触及北极地域相关国家的神经。在这个背景下，只有通过科研探索和共同开发的方式才能够参与到北极地域国家的相关活动中来。美国政府率先采用科研合作的方式和北极地区相关国家展开了密切的合作，而加拿大政府也在 2014 年开展了相关的合作活动，并给予了丰厚的报酬。北极地区以外的国家应该积极推广这种方式，主动参与到北极开发和保护的活动中去。在参与的过程中，参与者应当投入充分的人力物力进行基础设施的建设以及相关科研活动的展开，保证资源开发的合理性和可持续性。通过科研活动，获取共同利益，与北极国家构成"北极命运共同体"，让北极成为世界的北极。"命运共同体"在平等、尊重、互利、互助的原则上，建立起和平发展的政治经济关系，保证北极开发的环保性和可持续性。

通过共同开发活动，各国在北极拥有各个方面的共同利益。而北极相关的能源以及货运航道都属于共同利益的一部分，同时关系到人类的可持续发展相关利益国家应当共同参与合理分配；在环境治理问题上也应该共同合作，保证北极环境的健康发展。"命运共同体"的推广有助于加快北极共同治理的脚步，提升各国的参与度，让各国对北极利益和北极治理工作予以足够的重视。通过积极推动这一理念，让其成为北极治理过程中的基础理念，保证各国的北极开发和治理工作稳步前行。

第三章　北极海洋生态安全治理现状

海洋生态安全是指海洋生态系统所处的一种健康、良好状态。[①] 全球变暖，北极海冰融化，可供人类开发利用的区域增大，越来越多的国家参与到北极的生产开发活动中去，人类的进入与污染的加剧对北极原生生态系统造成影响，北极海洋生态安全形势不容乐观。本章以北极海洋生态安全自然状态分析为基础，以北极海洋生态安全治理主体、体制机制等方面为主分析了北极海洋生态安全治理现状，并结合国内外关于北极海洋生态安全治理的具体实践，提出当前北极海洋生态安全治理存在的问题与挑战。

第一节　北极海洋生态安全治理现状

近年来，随着北极地区气候迅速变暖，近 40 年尤为明显，北极地区的气温升温几乎是全球平均速度的两倍，在这种整体性升温的趋势下，北冰洋海冰正在加速融化，北极航道有望开通，北极生态环境正在酝酿重大变化。

---

① 杨振姣、孙雪敏：《中国海洋生态安全治理现代化的必要性和可行性研究》，《中国海洋大学学报》（社会科学版）2016 年第 4 期。

一、北极海洋生态安全的自然状况

北极位于地球最北端，因常年光照不足，气候极其寒冷，北冰洋大部分为冰雪所覆盖，生态系统极为脆弱，在北极地区开展人类活动需要先进的技术和仪器设备作为支撑。近年来，全球气候变暖，北冰洋冰雪消融速度加快，人类进入北极开发，北极丰富资源的机会增加。然而，当前的气候变暖程度还不足以改变北极"寒极"的性质，北冰洋依然常年被冰雪覆盖，在北冰洋开展包括海洋空间规划在内的人类活动难度很大。同时，由于人类在北极的活动多为资源开发活动，对原本就比较脆弱的生态环境造成难以恢复的危害。

（一）北极气候环境现状

由于对资源的需求和航运便利性的需要，北极在世界范围内具有越来越重要的地位，它已经成为世界各国的战略目标，北极的各种变化对于世界各国也有着深远的影响。在气候方面，北极冰川的大面积融化是全球气候变暖的必然趋势，同时北极的寒流又在世界范围内对气候起到了调节的作用，尤其对于北半球调节效果最为明显。21 世纪以来，北极变暖的趋势是全球平均水平的 2 倍，被称为"北极放大"现象，这不仅对北极的气候条件发生重大变化，而且对全球气候也会产生显著影响，导致乙烯类极端气候的发生。在全球变暖的影响下，北极气候环境也在发生着潜移默化的改变，北极气温状态尤其是夏季近几年呈现明显升高态势，从而导致北半球地区的冬季降温和积雪增加的现象。据相关资料显示，在北极 7 月、8 月、9 月平均表面温度具有明显的变暖趋势，约每 10 年增加 0.44 摄氏度，与此同时海冰覆盖面积逐年降低。海冰覆盖面降低增加了北极地区开放水域面积，从而增加了对流层的水分，进一步导致北方地区冬季降雪增加。北极通常受低气压系统支配，在北极地区气压形势差别的变化即北极涛动（AO）的影响下，将北极地区温度与气压的综合性变化扩大到亚欧大陆以及更广泛的区域。当 AO 处于正位相时，这些系统的气压差较正常强，限制了极区冷空气向南扩展；当 AO 处于负位相时，这些系统的气压差较正常弱，冷空气较易向南侵袭，会加剧美国东部和欧亚大陆北部异常寒冷的气温增加，增加了中纬度地区的暴风雨。[①]

目前来说北极气候仍然非常寒冷，特别是在冬季，这些额外降水很可能会增加降雪。但在全球变暖的趋势下，当北极温度达到一定界限之后，预计未来北极地区降水形式可能将以降雨为主，这是北极未来气候变化的一大特征，将以多种方式影响北极地区。首先，北极和亚北极大陆地区以及北冰洋的水文主要取决于降水是以固体还是液体形式存在。降雨会导致更多（广泛）的永久冻土融化，这很可能导致陆地甲烷（强大的温室气体）的排放增加，径流量增大（更小的季节性延迟）；降雨也会减少积雪范围，并大大降低季节性降雪，此外，冰盖和海冰的表面反照率的变化将会继续加强地表变暖效应、放大冰雪消融事实。事实上，北极降雨而不是降雪的降水形式，会强烈影响北极生态系统，更频繁地引发相对温和的天气，最终影响动物食物供应（特别是在冬季），尤其是依靠浮冰进行食物捕捞的北极熊。[②] 由此可见，全球变暖给北极气候环境带来了极大的影响。

（二）北极海冰变化及其影响

2008 年 9 月，世界卫生组织、欧洲环境机构和欧洲委员会在公布的一份报告中说，现在北极冰川的总量仅仅是 20 世纪 50 年代北极冰川总量的一半。也就是说，在过去的 50 年间，北极冰川已经融化了一半。据研究表明，在过去的 30 年里，北极地区表面年平均气温增加了 2—3℃，这可能会导致北极海冰融化的速度比现在的气候变化更快，常年海冰减少 20%，由于海冰的减少和融池的增多，会显著降低区域平均反照率，从而进一步促进海冰融化，北冰洋变得更加脆弱，可能会由于气候变化更快速地导致季节性无冰

---

① Judah L Cohen，Jason C Furtado，Mathew A Barlow，Vladimir A Alexeev and Jessica E Cherry. "Arctic warming, increasing snow coverand widespread boreal winter cooling"，*Environmental Research Letters*，Vol.7，2012，p.8.

② R. Bintanja，O. Andry. "Towards a rain-dominated Arctic"，*Nature Climate Change*，Vol. 7，2017，pp.263-267.

北极的出现。①

海冰厚度的减小，多年冰的消融，季节性融冰增多等一系列因素，使得东北航道的适航期越来越长，北极航道有望在未来实现全线开通。北极地区夏季航行最早可能在 2030—2040 年就可以实现，那么，北极运输系统和海运业必须在短时间内发展以适应变化，减轻潜在后果。冬季季节性海冰将比现在更加零碎，其他的平均厚度会在 21 世纪中期减少到 1 米左右，在 21 世纪下半叶减少到约 0.5 米，冬季的航行仍需要破冰船的支持。北极航线的开通会直接减少燃料的使用，降低二氧化碳的排放量，但是北极航道开通之后，增多的船只会直接增加非北极地区的二氧化碳气溶胶颗粒等含量，从而产生更加复杂的变温效果。②

气候变化导致近年来北极海冰迅速退缩，并可能在未来几十年内呈持续态势。目前，北极海冰撤退开放了西北航道（NWP）和东北航道（NSR），这两条路线对全球贸易都有潜在的重大影响。例如，NSR 与北欧和东亚（UCAM）之间的贸易相比，比苏伊士运河航线（SSR）的距离少40%。随着北极航运的增长，北极区域有由于船舶运输而产生的硫酸盐气溶胶以及黑炭等污染物不断增多，不仅会对北极地区脆弱的生态系统造成严重影响，这些污染在全球地理再分配的影响下会进一步蔓延到更宽的范围中。虽然全球范围内而言，北极航运的总排放量可能相对较小，但这些排放对象北极这样的气候敏感区域（如对流层不活跃，污染气体不易消散）的影响可能是深远的。

（三）北极海洋生物现状

北极地区因其独特的地理位置和气候条件，形成了特有的北极海洋生

---

① 国家海洋局极地专项办公室编：《北极地区环境与资源潜力综合评估》，海洋出版社 2018年版。

② Yevgeny Aksenov，EkaterinaE.Popova，AndrewYool，A.J.GeorgeNurser，TimothyD. Williams，LaurentBertino，JonBergh. " On the future navigability of Arctic sea routes：High-resolution projections of the Arctic Ocean and sea ice"，*Marine Policy*，Vol.75，2017，pp.300-317.

物群落。受全球变暖效应的影响，北极海冰融化速度不断加快，尤其是夏季海冰覆盖面积的急剧下降、淡水输入增加等北极环境的变化，会直接影响到北极海洋生物的空间分布、栖息环境等，甚至威胁到北极海洋生物的多样性与稳定性。

　　气候变暖是影响北极生态系统的主要源头，全球变暖引起的气候、水文地理和生态系统的变化在北极海域的表现越来越明显。因此，北极在一定程度上可以作为全球气候变化的指示器，而北极海洋生物就是北极乃至全球气候变化的直接受众与体现者。目前，全球变暖、海冰快速融化、海水酸化以及人类活动干预与影响正在改变着北极海洋生态环境，环境变化又直接导致北极海洋生物的生存与发展。[1] 例如，随着全球变暖，新奥尔松地区苔藓类植物的盖度增加了 6.3%，同时地衣的覆盖度减少了 3.5%，而王湾北极鳕正逐步被毛鳞鱼和其他北方鱼类代替。[2] 北极海冰消融影响最大的是依赖于冰上觅食的北极生物，如北极熊。北极熊虽擅长游泳，但通常是依赖于冰盖边缘处利用浮冰捕食，对海冰的依赖性很大。浮冰的减少迫使越来越多的北极熊开始长途觅食，导致近几年北极熊溺水而亡事件层出不穷，对于北极熊的生存带来了极其不利的影响，为实现对北极熊的保护，现已被列入《濒危物种法》。而气候的变化对于某些动物却有着负面的影响，从温度到湿度上，环境的变化导致这些动物的生活习惯和迁移习惯也随之发生变化。同时气候对于动物的生殖繁衍也有着一定的调节作用，变化多端的气候可能不利于物种的存续，还会产生一些其他的负面影响，比如传染病暴发危机海洋生物的健康甚至是生存。[3] 气候变化对特定区域内生物适宜性要求极高，并可通过系统内部不同种群的竞争力改变系统内生物群落的种类和数量。在北极温度不断升高、海冰融化的状态下，北极生物很有可能会因为适应不了全球变暖

---

① 余兴光：《变化、影响和响应：北极生态环境观测与研究》，海洋出版社 2017 年版，第133 页。

② 余兴光：《变化、影响和响应：北极生态环境观测与研究》，海洋出版社 2017 年版，第133 页。

③ 林芯羽：《全球变暖对北极生物多样性的影响研究》，《低碳世界》2018 年第 12 期。

的速度而惨遭厄运，最终打破整个北极生态的平衡性与稳定性。

（四）北极污染现状

近年来北极气候变暖，为人类进入北极提供了前所未有的机遇，越来越多的国家都成功进入北极。然而，人类进入北极必然会造成环境污染，主要的污染有油船漏油污染、废弃物排放污染、二氧化碳排放污染等，北极海域的这些污染治理相对于其他海域更为困难。大量船只频繁通过北极航道会让北极航道原本的平静被打破，这些因素对于航道的生态平衡来说都是极为不利的。而且频繁的货运行为让生物生存的环境遭受严重的破坏，对生物的习性造成一些不利的影响导致物种生态平衡被打破。同时在运输的过程中可能会发生一些货运事故，比如原油泄漏，这对于航道上的生态破坏是致命性的，会导致大量的生物生病甚至死亡，对环境的破坏也是长期性的。而这些污染物的处理以及环境的恢复都将耗费大量的人力物力，清理所产生的巨大的成本问题也不容忽视。①

另一方面，全球变暖加速了域外污染向北极地区的扩散速度。在全球气流循环系统的作用下将大量域外污染物带入北极，并储存在冰上。随着时间的推移，北极的冰层中储存着大量环境毒素。气候变化和冰的消融使它们变得自由，并在北极河流造成污染，而这种污染导致北极河流中鱼类体内沉积了大量有害物质。此外，随着北极海冰的融化，北极原始水域正在变成一个漂浮的垃圾场，全球性塑料污染问题逐渐成为北极海洋生态安全的又一威胁。

（五）北极能源问题现状

北极在环境和地域上都具有自己的独特性，而由于温室效应导致冰川融化让北极资源暴露出来，大量可开采的资源以及独特的航运条件让北极地区成为世界关注的热点。而由于资源的可开采性增强，北极各国对于资源的争抢已经进入白热化阶段，一些非北极地域的国家也在逐步参与进来，这一

---

① 杨振姣、郑泽飞：《命运共同体背景下北极海洋生态安全治理存在的问题及对策研究》，《中国海洋大学学报》（社会科学版）2018 年第 5 期。

系列变故让北极地域面临严峻的政治以及环境风险，同时北极地区的可持续发展也遭受到严重破坏。新的地理数据表明，北极冰雪下埋藏着大约占世界五分之一的未经勘探的可开发天然气和石油储量。随着全球气候的变暖和高新技术的应用，北极无疑成为最受世界关注和渴望开发的处女地。"北极主权"概念成为一个复杂的问题，并可能引发新的全球冲突。正如一位评论员所指出的那样："总的来说，对北极这个地球上最后一块大面积无管辖权的土地上最新出现的利益，在冷战结束后重又回到人们的视线中。现在一场大的博弈正在上演。"评论员的说法无疑是在表明北极地区能源资源的主权问题存在争议，伴随主权问题同时出现的就是北极能源安全问题。

1. 北极能源安全问题的动因

（1）北极主权存在争端，能源归属不清晰

相关北极国家正形成排外的"既得利益集团"，企图垄断北极事务，试图对中国实行"只许州官放火，不许百姓点灯"的双重标准。俄罗斯利用近水楼台之便，拉拢美国等外资强手合伙主导北极能源开发，在北极圈能源争夺中抢占先机，有意提高行业标准，提高他国进入北极能源开始市场的门槛。美国和俄罗斯主导北极开发的企图也让欧盟等利益攸关国坐卧难安，所以北极事务亟须"包容性"。第 85 届世界银行和国际货币基金组织（IMF）发展委员会会议呼吁各国共同努力，实现包容性增长。北极地区拥有丰富的能源储藏，而冰川的融化让能源开发变得更加简单，同时国际社会对于能源的需求却在不断增加，这一系列因素都促使北极地域乃至世界各国针对北极资源展开了国际竞争。一些环北极国家针对北极资源争夺问题出台了相关的法律和政策，并且向联合国进行了相关的申请，确保其主权得到国际社会的认可。而一些非北极地域国家通过各种方式和手段积极推动和环北极国家之间的合作，力图在北极资源开发的过程中获得一定的利益。而在北极地域由于主权的纷争问题，导致了很多地域的资源开发处于停滞阶段，这极大地影响了北极资源开发的效率。在联合国相关的法规中，北极地域国家在其领海200 里内具有自己独有的主权。但是针对这个条款，很多国家之间仍然存在一定的争端，这些争端都是北极资源开发中的不稳定因素，比如美国与俄罗斯、美国与加拿大、加拿大与挪威之间的纷争。对于这种纷争必须采用积极的手段进行解决，如果拖延未决会导致国与国之间更加深化的矛盾，影响争议地域的开发勘探活动。对于这些争议，谈判是最为主要的解决手段，通过实施"非零和博弈"的措施有效地推动了各国之间的矛盾解决，加快了争议地区资源开发的进度。由于国际能源紧缺，各国对能源的需求量越来越大，大量的资金和科技被应用于北极地区的资源开发，因此未来15年北极地区资源开发将获得突破性的进展。关于北极主权争端的起因大致有三种说法：油气起因说，战略考量说，黄金水道说。持有资源起因观点的人认为北冰洋海底蕴藏的巨大储量的石油和天然气是北极主权争端起因的主因，北极地区丰富的资源是北极主权争议的真正原因之一。由于世界石油价格的波动，北极航道的开发可能性提高，环北极大国正在上演着一场激烈的地缘政治博弈，纷纷制定政策法令，维护本国在北极地区的利益。综上分析，可以看出由于北极主权不清晰，北极及近北极各国为维护本国在北极能源以及其他方面的利益，纷纷制定不同决策以维护自己的合法化。

（2）非传统安全视角下的北极能源安全与生态压力

随着全球变暖，大量的冰盖消融，北极地区所蕴含的丰富资源成为各国竞相争夺的目标，在争夺的过程中北极进入了"被安全化"的过程中。欧盟主要成员都是沿海国家，由于这些国家地势较低，容易受海平面上升的影响，欧洲地区受影响最为严重。这一现实威胁让欧盟官员不得不予以足够的重视，让它们意识到北极是海洋乃至地球生态系统的一部分，北极环境的变化会导致整个海洋生态系统的变化。这种安全威胁属于非传统的安全威胁，威胁来源于自然灾害，与国家纷争和经济危机没有丝毫联系。这种安全威胁严重影响到本国安全，制约本国的经济发展和科技进步，它使人们不得不重视安全威胁。与传统威胁不同的是，它主要的诱发原因并非来源于政治问题以及军事摩擦，它的来源可能多种多样，包括经济问题、环境问题等一些相关问题。虽然它和战争无关，但是这一类型的威胁在某种程度上有诱发战争的可能性，甚至导致国家陷入危机中。在威胁产生的具体原因中，经济问题是最为主要的原因，而其中能源安全是尤为重要的一点，它对经济安全有着直接的影响,同时对世界范围内的一系列国际交流活动都有着不同程度的影响。在能源有限的时代,世界各国对于能源的需求量却越来越大,能源安全问题也成为世界各国关注的重点,能源的有限性制约了许多国家的发展,因此如何解决能源问题是很多国家关注的重点,能源安全问题也被世界各国提上了议程。欧盟的北极政策目标大致可以归纳为三个方面:北极环境及生态环境、北极资源的绿色开发与提升北极多边治理。在北极环境保护上欧盟强调将尽最大努力防止和减轻气候变化的负面影响,保护北极的自然生态和社会生态。在北极资源的绿色开发方面,欧盟认为北极航运、自然资源及其他企业行为必须采取负责任、可持续和审慎的方式进行。夏立平等同时认为,北极地区有着丰富的油气、煤炭资源和富饶的渔业、森林资源以及镍、铁、锌、铜、金银、金刚石、石棉和稀有金属等矿产资源。随着北极冰盖融化,相关国家和一些企业正在加快勘探和开发这些资源,过度开发带来的生态环境的破坏是可想而知的。加之当前环北极国家正在加强在北极的军事存在,进行各种军事演习和训练。随着北极冰盖融化,北极地区不仅将适应更多先进武器和进行更多种类的军事活动,而且将成为全球新的关键战略竞技场之一。这种军事存在对北极生态乃至全球环境的破坏将是永久性的,美国着手开发北极有可能进一步导致气候环境恶化。尽管美国曾多次提到"负责任地开发和管理北极",并提出"保护北极独特多变的环境是美国政策的一个中心目标,美国应采取措施使北极保持健康、可持续、有弹性的生态系统",但具体措施却语焉不详。相反,美国为满足自身能源需求正着手放宽对北极开发的限制。英国《自然杂志》称,人类在北极地区的活动增加,将进一步加速北极冰雪融化,而北极地区永久冻土冰雪融化所释放的温室气体甲烷,可能将造成超过60万亿美元的经济损失。综上所述,不难看出,随着生态环境的日益恶化,北极能源安全问题已不止停留在能源安全的层面,由此引发的非传统安全问题也不容忽视。

2.北极能源安全面临的形势

(1)北极能源安全问题的自然态势

北极地区的自然资源极为丰富,包括不可再生的矿产资源,可再生的生物资源以及如风力水力等恒定资源。如果按照广义的资源来定义，则还应该算上军事资源、科学资源、人文资源和旅游资源等，其中最重要和最直接的就是能源中的石油和天然气资源。据保守估计，该地区可开采的石油储量有 1000—2000 亿桶，天然气在 50—80 亿立方米之间，当世界上其他地区的油气资源趋于枯竭的时候，北极将成为人类最后的一个能源基地。北极的煤炭资源经过了一亿年古老的地质形成过程，是一种高挥发烟煤，差不多是全世界最洁净的煤，具有极高的蒸汽和炼焦质量，最宜用做能源工业原料。但是北极地区生态系统极其脆弱，因为北极地区动植物种类极少，无法形成相互依存的良好又结实的食物链，且整体的生存能力相当脆弱。北极地区能源资源储量惊人，经过为期四年的调查，美国国家地质勘探局（USGS）2008 年 7 月 23 日发布报告称，北极圈以北地区可开采的石油储量为 900 亿桶、天然气储量为 1669 亿立方英尺、液化天然气为 400 亿立方英尺，分别占世界剩余天然气总含量的 30% 和世界未开发石油总量的 13%，且其中 84% 位于近海，多数在几个北极国家海岸线附近约 500 米深处。如果油价以 100 美元 / 桶、天然气以 8 美元 / 立方英尺、液化天然气以 4 美元 / 加仑计，北极地区油气资源的总价值为 30 万亿美元，超过了 2010 年全球前四大经济体美国、中国、德国和日本的 GDP 总和。但是北极地区气候条件比较恶劣，生态环境比较脆弱，经济发展形态相对比较单一，而且要充分考虑北极地区的环境承载能力及其对全球气候、环境的影响。对于北极地区的发展条件（气候、环境、生态等）、发展水平（经济、社会、文化等）与发展潜力（人口结构、移民状况、科技研发等）要进行长期的跟踪监测，总结其特殊性并提出符合当地实际、切实可行的发展建议。张晟南提出，作为世界上四个石油资源最丰富的地区之一，北极完全具备成为第二个"中东"的潜力。从 1960 年末起，先后在阿拉斯加北坡普鲁度湾、巴伦支海、挪威海和喀拉海大陆架、加拿大北极群岛波弗特海、拉普帕夫海等地都发现了丰富的油气资源，据保守统计，北极地区潜在的可采石油储量有 1000 亿—2000 亿桶，天然气在 50 万亿—80 万亿立方米之间。而且北极储藏的煤炭资源，估计占世界煤炭资源总储量的 9%，世界上仍有 25% 的石油和天然气未被开发，它们就在北冰洋。以上数据反映出北极地区能源资源极其丰富，在我们为此感到庆幸的时候，同时也在为由此引发的北极地区政治动荡、斗争不断感到无奈。

（2）北极能源安全问题面临的政治形势

国际资源的需求量越来越大，这样导致了原油价格飙升，而现有的原油产量不能满足国际需求，这一切都使得北极资源显得越加宝贵，各国关于北极资源展开的竞争必将越加激烈。而由于不断进步的技术，开采北极资源门槛越来越低，而便捷的交通可以使得资源得到快速运输，因此对于北极资源的激烈竞争已经成为必然。而在争斗的过程中，北极各国必将面临严峻的政治环境危机，甚至可能导致严重的后果，因此对于北极关系的研究将成为未来国际关系研究的重点。徐小杰在《新世纪的油气地缘政治——中国面临的机遇和挑战》一书中提出"新的油气地缘版图"和中亚地缘战略竞赛，仿照麦金德的大陆心脏地带学说，给出了"石油心脏地带""内需求月形地带"和"外需求地带"的说法。张吉平认为对于北极资源的争夺越来越剧烈，北极丰厚的资源储备让世界各国展开了剧烈的竞争，其中美俄对抗为主，一些北极地域国家包括加拿大、挪威等为辅进行的北极能源争夺斗争将成为未来国际竞争的焦点。而在这些斗争中，美俄以及加拿大是主要的争夺国家，它们将在争夺战中发挥巨大的作用。而北极争端将成为未来世界主要争端的焦点所在。参与北极能源争端的主角包括俄罗斯、美国、加拿大、挪威和丹麦等五个国家。在北极特殊地缘政治基础上，同时受到冷战结束后国际政治民主化的影响，参与北极事务尤其是能源事务方面的国际政治行为主体日益增多，致使北极地缘政治局势日趋复杂。目前，多种国际政治行为主体正在围绕北极地区能源、航道以及海域主权等问题上演着一场愈演愈烈的政治竞争，使得北极地区地缘政治呈现出全球化的趋势。现阶段，俄罗斯、北美和欧洲国家是北极事务的核心国家；东亚国家因为深受北极地区自然环境变化的直接影响，关注和参与北极事务的力度比较大，其中，中国和韩国较早地向北极理事会申请观察员身份，日本在其后也提出了同样申请。国家集团和各类国际组织等国际政治行为体正在纷纷制定、更新相关北极战略政策，拉近与北极的地缘政治关系以维护各自在北极的利益。北极理事会、北极科学委员会等多个政府间组织和国际非政府组织也更加活跃，成为构建北极地缘政治的新生力量。同时，各种北极政治行为主体也在进行法律准备，不断向联合国提交各种主权要求，以使得各自在北极的政治行为合法化并得到国际社会的认可。另外，决定国家竞争胜负的根本因素还是国家的综合实力，其中军事实力仍然是国家综合力量的决定因素。当国际竞争不断升级并最终走向冲突时，军事手段还是解决冲突的最后手段。因此，北极纷争中的有关国家在使用多种手段竞争的同时，都在进行军事准备，以增强其军事后盾，从而为北极地缘政治竞争服务。

二、北极海洋生态安全治理主体概述

北极海洋生态安全治理具有多边、多层次特征，除北极八国行为体外，围绕着北极海洋生态安全治理这个目标，全球层面、区域和次区域层面、次政府和非政府层面的行为体也是北极海洋生态安全治理网络中的重要组成部分，是北极海洋生态安全治理重要的利益相关方。（见表3–1）

表 3–1　北极海洋生态安全治理行为主体

层面分类	代表性机制行为体
全球层面	联合国环境规划署、国际海事组织、教科文组织
区域和次区域层面	北极理事会、北极五国协商机制、巴伦支欧洲—北极地区合作机制
国家层面	北极国家、域外国家
次政府和非政府层面	北极地区地方政府，非政府组织、企业、科研机构

（一）全球层面

在全球层面，北极海洋生态安全治理的代表性行为主体为联合国，主要机构为环境规划署、国际海事组织、教科文组织。联合国环境规划署（中文简称为"环境署"），环境署致力于推动全球环境的可持续发展，提倡和促进资源的合理利用，在联合国中处理环境事务的权威机构。国际海事组织也是联合国的一个机构，主要职责是预防海上交通运输造成的海上污染，保障海上交通安全。教科文组织在尊重不同文明、文化和民族之间共同价值观的前提下，组织开展不同文明、文化和民族之间的对话，解决全球问题，实现全球可持续发展。北极事务没有统一适用的单一国际条约，在此层面上北极海洋生态安全治理由《联合国宪章》《联合国海洋法公约》等国际条约和一般国际法予以规范。《联合国海洋法公约》是建立世界海洋法律秩序的重要国际法律框架，其涉及的范围十分广泛，包括授予沿海国家海洋管辖权，保证国际交流，以及维护海洋生态安全。除此之外，《联合国气候变化框架公约》《关于持久性有机污染物的斯德哥尔摩公约》《联合国生物多样性公约》等条约也与北极海洋生态安全治理密切相关。

（二）区域和次区域层面

在区域和次区域层面，北极海洋生态安全治理的代表性行为主体有北极理事会、北极五国治理模式、巴伦支欧洲—北极地区合作机制等。区域和次区域层面的合作机制对保护北极生态安全、推动北极地区社会发展、保证北极地区的可持续发展有重要作用。为应对海上运输和资源开发的过程中出现的交通事故和海洋污染的问题，北极理事会在2011年颁发了《北极海空搜救合作协定》，在2013年制定了《北极海上油污预防和反应协定》，这两份具有法律约束力的文件规范了北极地区海上搜救和海洋污染处理等行为。北极五国协商机制形成于2008年，由北冰洋沿岸国家丹麦、挪威、俄罗斯、加拿大和美国构成，该协商机制除解决领海争端、大陆架划分及海洋划界管理外，在保障北极海洋生态安全方面也起着重要作用，在其第二次北冰洋部长会议中承诺在发展过程中遵循北极理事会关于北极离岸油气开采指导纲领，保障北极海洋环境。最早提出巴伦支欧洲—北极地区合作倡议的是时任挪威外交大臣提出的，发表了《巴伦支欧洲—北极地区合作宣言》，该宣言旨在通过地区紧密合作加强环境保护，促进北极地区资源的可持续利用。[1]

---

[1] 杨剑：《北极治理新论》，时事出版社2014年版，第160页。

（三）国家层面

在国家层面上治理主体分为北极国家和域外国家。一般来说，北极国家是指美国、加拿大、俄罗斯、丹麦、挪威、冰岛、瑞典、芬兰这八个在北极圈内拥有领土或领海的国家，即通常所称的"北极八国"。为通过国际合作来保护北极环境，在芬兰政府的提议下，1989年9月，北极国家召开了第一届"北极环境保护协商会议"。随后，1991年6月，北极八国在芬兰罗瓦涅米签署了《北极环境保护宣言》。该宣言指出任何国家或组织都不能独立地解决北极的生态问题，各成员国在保护北极生态环境方面，应定期召开会议，在处理北极生态污染的技术、数据等方面实现共享，通过合作共同采取措施控制污染物的扩散，评价计划制度，消除北极生态环境污染的负外部性。北极环境保护战略提出，北极地区的生态安全问题需要进行广泛的合作，现在北极地区的生态安全早已不局限于各国的行政边界内。①

在气候变化和经济全球化的影响下，越来越多的域外国家关注北极海洋生态安全问题，积极地加入与北极治理相关的国际机构，北极事务越来越具有全球维度。域外国家积极加入北极理事会，通过申请成为理事会观察国，表达出强烈的参与北极海洋生态安全治理的意愿与展示出其所具备的能力，开始实质性地参与北极海洋生态安全治理中。例如，2013年5月，中国、韩国、日本、意大利、新加坡、印度等国成为北极理事会观察员，在2015年4月的北极理事会部长级会议上，又有其他国家申请加入北极理事会。②

（四）次政府和非政府层面

次政府和非政府层面的治理行为主体在北极海洋生态安全治理过程中也扮演着重要角色，例如北极原住民组织、国际北极科学委员会、国际海洋考察委员会等。北极区域的原住民特指西方移民到来之前，就在北极地区生

---

① 陈玉刚、陶平国、秦倩：《北极理事会与北极国际合作研究》，《国际观察》2011年第4期。
② 孙凯：《机制变迁、多层治理与北极治理的未来》，《外交评论》（《外交学院学报》）2017年第3期。

活和繁衍的民族。[①] 通过世世代代的北极原住民对北极生态环境的研究与探索，北极原住民对北极海洋生态安全治理形成了一整套以经验积累为主的知识体系，对包括人类在内的北极生物体与北极环境之间的生存关系有一定的研究，这套知识体系成为北极海洋生态安全治理机制的重要组成部分。目前，由北极原住民组成的非政府组织数量还在增加，使北极原住民在北极海洋生态安全治理中的影响力越来越大，涉及北极事务的重大会议中，都会看到北极原住民组织的身影，有 6 个北极原住民非政府组织是北极理事会的永久参与方。国际北极科学委员会成立于 1990 年，是由环北极国家成立的，以制定北极科学考察研究、环境保护的规划和计划，协调、组织和促进北极地区国家间的科学研究、环境保护及学术交流与合作为宗旨的非政府北极科学研究组织。[②] 目前，国际北极科学委员会已经拥有包括环北极国家在内的 17 个成员国，中国于 1996 年加入国际北极科学委员会，并积极对北极进行一系列的科考活动。迄今为止，中国已经对北极进行了 9 次科学考察，探究北极环境的变化规律，积极参与北极海洋生态安全治理。中国第一艘自主建造的极地科学考察破冰船"雪龙 2 号"于 2018 年 9 月在上海下水，标志着中国极地考察现场保障和支撑能力取得新的突破。[③]

三、北极海洋生态安全治理体制概述

在北极公共区域有相关的国际法律来进行管理，但是北极各国并没有统一的法律法规来约束，各国都遵循自己本国的法律，因此国与国之间存在着很大的争议。在现有的治理中，并没有统一的国际性法律来进行规范，但是已经存在的一些相关国际公约及制度为现阶段北极治理提供了理论依据。

---

① 叶江：《试论北极区域原住民非政府组织在北极治理中的作用与影响》，《西南民族大学学报》（人文社会科学版）2013 年第 7 期。

② 国家海洋局极地考察办公室：《中国的北极考察》，2018 年 12 月 1 日，见 http：//chinare. mnr.gov.cn/caa/gb_article.php？modid=04003。

③ 中国海洋发展研究中心：《我国第一艘自主建造的极地科学考察破冰船在上海下水》，2018 年 9 月 11 号，见 http：//aoc.ouc.edu.cn/35/54/c13996a210260/page.htm。

（一）北极海洋生态安全治理的基本法律框架

1.区域性国际法文件和区域合作制度。如北冰洋五国缔结的《保护北极熊协定》、北极环境部长会议通过的不具有法律约束力的《北极环境保护战略》，以及以北极理事会为代表的区域可持续发展机制等。

2.适用于北极地区的国际环境公约。北极地区受气候变化、臭氧层减少、持久性有机污染物等全球环境问题影响最大，北极地区国家在大多数国际环境公约的制定中发挥了重要作用。

3.《联合国海洋法公约》以及国际海事组织制定的国际法律文件，包括其针对北极的特别航行条件制定的"极地冰封水域船只航行指南"。《公约》涉及海域划界、海洋环境保护、航行、海洋科研等各方面，对沿海国以及其他国家的权利义务作出了基本规定。2008年，环北冰洋五国外长发表《伊鲁里萨特宣言》，明确了海洋法在北极的基础法律地位。

4.《斯匹茨卑尔根群岛条约》。条约在将群岛主权赋予挪威的同时，确定了缔约国国民平等待遇原则以及和平利用群岛原则，成为一项独特的北极法律制度。

上述《联合国海洋法公约》和《斯匹茨卑尔根群岛条约》也是非北极地区国家参加北极活动的重要法律依据。

（二）北极海洋生态安全治理组织机制

1.北极理事会

（1）北极理事会的成立

20世纪80年代东西方关系的缓和为北极国际合作的发展创造了新的机遇，这期间国际社会普遍认为1987年10月苏联总统戈尔巴乔夫在摩尔曼斯克发表的讲话具有里程碑意义，这开启了北极国际合作的新时代。戈尔巴乔夫在讲话中宣称北极地区应当变成一个和平的区域，并呼吁东西方为此开展多边或双边合作，把北极变成和平之极。

作为对摩尔曼斯克讲话的回应，北极地区政府间合作的动议开始出现，主要成果就是《北极环境保护战略》（AEPS）。1989年9月20日，根据芬兰政府的提议，北极八国召开了第一届"北极环境保护协商会议"，共同探讨通过国际合作来保护北极环境。1991 年 6 月 14 日，八国在芬兰罗瓦涅米签署了《北极环境保护宣言》。宣言促成了保护北极环境的系列行动，即北极环境保护战略。该战略提出，今天环境污染已不再局限于政治边界内，任何国家都无法独自应对北极地区的环境威胁，北极地区环境问题的解决需要广泛的合作。宣言建议成员国在北极各种污染数据方面实现共享，共同采取进一步措施控制污染物的流动，减少北极环境污染的消极作用。宣言提出将定期召开会议，评价计划进度，相互交流信息。

AEPS 的工作计划通过其四个工作组实施，分别是北极监测与评估（AMAP）、北极海洋环境保护（PAME）、北极动植物保护（CAFF）和突发事件预防反应（EPPR），每个工作组又执行一些具体项目。在 AEPS 实施过程中，国际合作关注的重点从环境保护开始并逐渐扩展至其他相关领域，尤其重视可持续发展，并最终推动了北极地区政府间组织的形成。

北极理事会（The Arctic Council）成立于 1996 年，是八个环北极国家间主要的关于北极事务的政府间论坛。1996 年 9 月 16 日北极八国在加拿大渥太华举行会议，宣布成立北极理事会。北极理事会的关注范围比北极环境保护战略更为广泛，在促进北极国家间（其中包括原住民和其他居民）合作、协调以及相互支持等方面，尤其是在可持续发展和环境保护方面，提供了更为广泛的空间。部长级会议是理事会决策机构，每两年召开一次。高官会是理事会执行机构，每年召开两次会议。理事会八个成员国轮流担任主席国，任期两年。北极理事会成立后，原先《北极环境保护战略》（AEPS）的工作小组被继承接收，在成立当年又新设可持续发展（SDWG）工作组，宣布其宗旨是在更广泛意义上应对所有一般的北极事务。2006 年北极理事会又赋予了前面就已经在执行的消除北极污染行动计划以工作小组的地位（ACAP），从而形成了当前六个工作小组的工作机制。

北极理事会秘书处的工作由轮值主席国负责，不过自 2006 年斯堪的那维亚三国首次轮流担任主席国以来，秘书处的设置已有变化。三国决定在 2013 年前共用一个秘书处，秘书处的地点设在挪威特罗姆瑟，同时将部长级会议的举行时间由秋季改为春季。在 2011 年 5 月 12 日的第七届部长级会议上，北极八国肯定了斯堪的那维亚三国的模式，决定在 2013 年前设立一个常设秘书处，地点不变。秘书处成员将不超过 10 人，经费预算由八个成员国共同平摊，每个成员国分摊的费用不超过 100 万美元。北极理事会由论坛向组织的转变迈出了实质性的一步。

北极理事会的形成是北极地区国际合作发展的成果。早在 20 世纪初国际社会就已在一些北极地区的具体问题上缔结了零星的合作条约，如 1911 年英国（代表加拿大）、日本、俄罗斯、美国四方签订了《北太平洋海狗公约》。冷战爆发破坏了国际合作的大氛围，不过还是可以见到一些具体的合作成果，如 1973 年签订的《北极熊保护协定》。总体上看，历史上北极的国际合作是零散的，涉及对象有限，参与主体分散，而且主要都是关于北极科学与环境方面的合作协议。

（2）北极理事会的特点

北极理事会的成立是为了应对日益复杂的北极政治环境和治理问题，从一份单纯的战略报告到一个完整的管理机构，这是北极治理工作的一次质的飞跃。在《北极环境保护战略》存在的过程中，响应的管理组织已经存在，只是它们并没有统一的称谓，也没有共同的管理机构。而北极理事会的出现让这些组织有了共同的管理者，它们形成了一个统一的管理机构，同时在北极管理的工作中，这些组织也有了共同的宗旨，更加有利于相关的管理工作开展。理事会成立以后，针对北极区域的八个国家进行了详细划分，对不同国家所拥有的权利和资源进行了分配。不同于以往，北极理事会对所有成员进行了详细的区分。其中北极区域的八个国家由于其特殊地理位置的原因属于永久成员，这也断绝了其他国家成为正式成员的可能性。北极理事会的重大决策必须经由八个正式成员共同决策后方可实施。对于一些当地居民所成立的组织将其划分为永久参与方，对这一划分也作出了详细的规定：首先该组织的主要成员必须是当地的原住民；其次，该组织必须包含一个北极国家的原住民或者是包含两个及以上团体。他们仅仅有参与权，但是对于决策的制定没有投票权利。最后一种是观察员，观察员的范围较为广泛，相对进入难度也较低，它是各国参与北极事务最为有效的途径。观察员和参与者一样仅仅拥有参与的权利，但是没有作出决策的权利，同时北极事务也无须咨询他们的意见。

现有的观察员组织有 11 个，它们来自不同的机构，有关于生态保护的机构，有关于科学研究的机构，它们的共同目的都是保护北极环境的同时做到资源的可持续开发和利用。

综上所述，北极理事会具有以下特点：它是为了应对日益严峻的北极问题所产生的，相比于以往的组织和机构它更加具有凝聚力，同时它可以代表绝大多数人和国家的利益。北极理事会在促进北极和平开发，保护北极环境，保证北极资源可持续开发的过程中起到了积极的作用。①

（3）北极理事会的影响力

北极理事会具有积极的国际影响力，它为推动北极地区的环保发展起到了积极的作用。北极理事会将北极作为一个共同的整体来对待，它不属于某个人或者某个国家，它属于所有的国家。北极一直被认为是一个整体区域，它以北极为中心，以环北极国家为不同的组成因子，共同构建出一个完整的北极区域。而后，北极意识被人们逐渐所认可，1991 年北极八国签署了《北极环境保护战略》明确了北极区域这一概念；1996 年"北极理事会"的成立让北极意识作为一个统一的机构呈现在人们的面前，也让北极八国的身份得到了国际社会的认可和确定。

虽然北极地域和北极八国都被明确下来，但是由于北极资源和主权问题所产生的纷争从未停止过。2007 年俄罗斯北极海底的插旗行为触及了北极各国敏感的神经，各国对于主权问题更加重视，主权归属所产生的矛盾基本都未得到妥善处理。其中俄罗斯与挪威在巴伦支海边界问题上通过协商达成了共识，其余各国存在的主权领土纷争依然悬而未决，由于利益的驱使这些国家分成了两个不同的阵营。针对这一普遍现象，美、俄、加、挪威、丹麦五国于 2008 年 5 月进行了磋商和会谈，会议的地点位于格陵兰岛，五国根据现有的情况进行磋商，明确了各国的主权和领土范围，针对领土争端问

---

① 陈玉刚、陶平国、秦倩：《北极理事会与北极国际合作研究》，《国际观察》2011 年第 4 期。

题进行了协调，同时针对可能发生的环境问题和生态破坏问题，五国应该共同努力去进行维护。这次会谈中，五国颁布了《伊鲁利萨特宣言》，这一宣言针对北极区域的多方面问题进行妥善处置，包括了环境、领土、科研、开发等领域，这是五国高层的首次部长级会议。但是五国的这次行为受到了北极理事会其他成员的强烈反对，它们认为五国绕开其他国家单独进行主权的处置是极为不妥的，其余三国和原住民组织也属于北极的一部分，北极是一个完整的整体，它不能仅仅因为五国的决策而被处置。因纽特人针对北极主权问题进行相关的声明，在声明中他们强调自己应当与其他北极国家地位同等，同时也应该拥有进行事务决策的权利。而在 2010 年 3 月，加方又单独和美、俄、挪、丹四国进行单独会议，对北极相关的问题进行处置，这次会议受到了北极其余各国和组织的强烈抵制。

　　北极理事会在成立初期就明确声明不会对北极区域的主权以及安全问题进行干预，而这一规定也被明确提出过，尤其对于军事相关问题不应当进行处置。但是在北极开发的过程中，主权问题是一个不可回避的问题，主权问题的争端涉及具体能源利益的获取。随着温度升高，大量冰川融化让北极资源开发获得了极大的便利性，此时对于北极主权的关注度也越来越高，如何对于尚未确定主权的领土进行划分也受到更多的关注。人们目前的关注重点已经不是北极环保相关的问题，而是如何获得更多的未确权的领土。

　　在目前的形势下，北极区域相关的组织呈现出独特的状态，五国形成的联盟通过频繁的会晤意图获得理事会的主导权利，同时增进自己的国际影响力。借助北极理事会的便利，北极区域的国家让北极意识逐步形象化，它们让人们认识到北极是一个统一的整体，它们之间有共同的利益。但是在具体实施的过程中，它们并没有详细的实施计划，这主要是因为北极各国的主权范围不能进行准确划分，同时北极理事会在对事务进行处理的过程中不能处理关于国家安全以及主权的问题。而针对非北极国家，理事会采取了不完全开发的策略，在限定条件下对非北极国家进行开放，其主要原因是：北极各国无法做到完全独立处理北极的各项事务，同时通过允许非北极国家加入获得一定的利益来换取自己的国际认可。北极地区的政治势力已经形成了三个不同的层次，最内部的层次是北极五国；第二个层次是北极理事会；第三个层次是除此之外的国家和组织，通过这三种政治层次北极的治理工作得以健康有序地进行，在获得国际认可和技术、资金支持的同时也保证了北极地区的独立性。

2. 巴伦支欧洲—北极地区合作机制

巴伦支欧洲—北极地区合作（Barents EURO-Arctic Region，BEAR）机制创建于 1993 年，是由北欧五国（挪威、丹麦、瑞典、芬兰和冰岛）同俄罗斯和欧盟共同建立的北极次区域治理机制。它包括一体的两个层面的合作机制：一个是国家层面的巴伦支欧洲 Barents EURO-Arctic Council，BEAC）；另一个是建立在地区层面的巴伦支地区理事会（Barents Regionz l Council，BRC）。这是北极地区目前最活跃、最成功的一个合作机制，也是北欧国家同俄罗斯在北极合作的典范。

（1）巴伦支—北极地区

巴伦支地区（Barents Region）由两部分组成，一部分是巴伦支海（Barents Sea），另一部分则是巴伦支海南部沿岸地区及其延伸即巴伦支欧洲—北极地区。巴伦支地区不仅是一个地理概念，而且还具有政治意味，表现为苏联解体前后一些政治家努力在这一地区实现广泛国际合作的一系列政治倡议和行动。巴伦支海是北冰洋的一个边缘海，位于欧洲西北岸和新地岛、瓦伊加奇岛、法兰士约瑟夫群岛、斯瓦尔巴群岛、熊岛之间，面积1405 万平方公里。海域南部大陆一侧为大陆架，面积达 127 万平方公里。巴伦支是一个非常独特的海洋生态系统，虽地处北冰洋，出于暖流流入，巴伦支海水温适宜，营养盐类丰富，形成了巴伦支极为丰富的海洋资源，以渔业资源和油气资源最为突出。巴伦支海南北两侧的大陆架极为宽阔，埋着大量石油和天然气资源，且便于勘测和开发，是俄罗斯及挪威两国重要的油气远景开发区。巴伦支海南部海域终年不结冰，全年均可通航，形成了许多优良的不冻港。巴伦支欧洲—北极地区是指巴伦支海南部沿岸地区及其延伸，它包括挪威、瑞典、芬兰的北部和俄罗斯的西北地区，面积约为 175 平方公里，人口约 530 万，其中 75% 的领土和居民处在俄罗斯境内。区内还散居有一些原住民，包括萨米人、涅涅茨人和维普斯人。①

巴伦支地区优越的地理位置和丰富的资源贮备，引起了各方的关注和争夺。历史上，这里曾战争不断，领土几经易手，边界不断被重新划分。两次世界大战期间，这里也是重要战场之一。冷战时期，这里更是成为西方与苏联严重对峙的前沿地区。苏联在科拉半岛驻守重兵，与西方在巴伦支地区展开了空中、地面和水下的激烈较量，特别是在空中，双方侦察与反侦察、拦截与反拦截事件频频发生，甚至还曾出现过直接的空中冲突，如 1987 年 9 月巴伦支海上空的"空中手术刀"事件。此外，苏联还在这一地区集中了大量的核武器，将新地岛作为苏联重要的核试验场，并向巴伦支海和喀拉海倾倒核废料，造成严重的核污染隐患。② 与此同时，由于海域界限不清，挪威与苏联海洋资源争夺也不断加剧，几乎每年两国都有渔民因跨界捕鱼而发生纠纷。而对渔业资源的过度捕捞，也对巴伦支海洋资源和生态环境造成严重破坏。巴伦支地区安全形势和生态环境的日益恶化，对这一地区的所有国家都构成了严重威胁。③

（2）巴伦支欧洲—北极地区合作机制的建立

巴伦支欧洲—北极地区合作机制是一个两位一体的合作机制，由两个密切联系但又平行的机制组成：一个是建立在政府间合作层面的"巴伦支欧洲—北极理事会"；另一个是建立在地区层面的"巴伦支地区理事会"。

巴伦支地区理事会成立于 1993 年 1 月，是挪威、瑞典、芬兰和俄罗斯北部地区地方代表和原住民代表根据共同签署的《巴伦支区地区理事会法定会议协定》（*Protocol Agreement from the Statutor Meeting of the Regional Council of the Barents Region*）建立起来的地方政府论坛，宗旨是在巴伦支地区扩展地区合作，具体目标是要确保地区和平和稳定发展，巩固和发展地区人民之间的文化联系，建立新的或扩充已有的双边或多边关系，在积极和

---

① 陈玉刚、陶平国、秦倩：《北极理事会与北极国际合作研究》，《国际观察》2011 年第 4 期。

② 胡舜媛：《苏联向海洋倾倒核废物》，《国外核新闻》1991 年第 12 期。

③ 极地与海洋门户：《巴伦支海欧洲——北极理事会会议》，2017 年 3 月 6 日，详见：http：//www.polaroceanportal.com/article/1419。

可持续管理资源基础上强化地区经济和社会发展，关注原住民利益并鼓励原住民积极参与。理事会下设地区委员会作为其工作机构，由地方政府公务员和原住民代表组成，其职责是为理事会召开做准备工作，贯彻理事会的决议。理事会还设有三个主要工作组，即环境工作组、运输与物流工作组、投资和经济合作工作组。①

　　巴伦支欧洲—北极理事会是根据《基尔克内斯宣言》建立的政府间合作论坛，其主要目标是要促进地区的可持续发展，为此，理事会将在经济、贸易、科学和技术、旅游、环境、基础设施、教育和文化以及改善北部原住民生活状况等领域，开展双边和多边巴伦支欧洲—北极理事会成员由参加基尔克内斯会议的北欧五国和俄罗斯以及欧盟共同组成，此外还有观察员国，最初有 7 个，分别是美国、加拿大、法国、英国、德国、波兰、日本，后又增加理事会工作机制由轮值主席国、部长会议、高官会议、工作组、秘书处共同组成。轮值主席国由芬兰、挪威、俄罗斯和瑞典四国轮流，每一届主席由主席国外交部长担任，任期两年。理事会通常每年召开一次外交部长或相关部长层面的部长会议，自 2001 年后改为每两年召开一次。会议议程由主席国在咨询其他成员的基础上决定，会议决策采用成员国一致原则。除成员国和观察员外，会议还可邀请包括地区、次地区和国际组织的代表参与。高官会议由成员国和欧盟官员代表组成，主要职责是协助理事会工作，向理事会提交报告并接受理事会的指导，同时指导工作组开展工作。高官会议通常由理事会主席国召集，每年召开 4—5 次会议。理事会还建立了一系列工作组和专项小组开展各领域的专项研究工作，成员由国家或地区的官员组成，其领域涉及经济、海关、环境、交通、救援等领域。此外，理事会还同北极地区理事会共同建立了一些工作组，包括健康与社会、教育和研究、能源、文化、旅游、青年等工作组。② 理事会还专门建立了一个原住民工作组（The

---

① Protocol Agreement frome the Statutory Meeting ef he Regional Council of the Barents Region（The Eruo-areticegion），Kirkenes，11january，1993，http：//www.beac.st/in-English/Barents-Euro-Arctic-Council/Barents-Regional-council/Barents-Regional-Council-documents.

② Barents Working Groups and Activities，http：//www.beac.st/in-English/Barents-Euro-Arctic-Council/Working-Groups.

Working Group of Indigenous Peoples，WGIP），由萨米人、涅涅茨人和维普斯人三个原住民代表组成。这一工作组是一个永久性工作组，除了具有其他工作组一般性质外，对两个理事会还起到顾问作用，工作组主席代表原住民参加理事会部长会议，在地区理事会和地区委员会中也有其代表参与。[①]

四、当前北极生态安全治理理念

在国际法中，北极地区目前没有统一的条约用以北极地区的管理。现有的北极治理机制分为两个阵营：第一种北极利益的直接获得者，包括了理事会八国；另外一个是想要参与进北极事务的非北极国家，它们极力主张北极全球化，认为北极资源是大家共有的资源，应该所有的国家都积极参与进来，通过共同的统一的方式进行管理。[②] 前者认为北极治理应充分尊重环北极国际的北极地位，形成以环北极国家为主的北极治理模式；而后者更加强调北极的全球属性，倡导国际社会忽略"边界"概念，实现国际社会的多元共治。在相互依赖不断深化和拓宽的全球化时代，北极治理呈现出由国家主义向全球主义转变的发展趋势。

（一）国家主义理念

北极区域国家负责北极日常事务的管理以及维护工作，相关政策的制定和实施需要通过它们来完成，因此北极理事会依然是占据主导地位的北极管理机构，这种权利是以安全领土区域来进行划分的，北极国家拥有北极部分的领土，因此它们拥有决策权。北极地域国家坚持国家地域主权是管理北极的最好管理方式，其中五国的意愿最为强烈，它们把国家主权当成北极事务参与的唯一权利和标准。在北极地域国家的领导阶层看来，对于北极治理不仅仅包括对于北极日常事务的管理和日常权利的维护，同时也包括了北极

---

① Gragson，and Ted. "From Principles to Practice：Indigenous Peoples and Biodiversity Conservation in Latin America\r. International Working Group for Indigenous Affairs （IWGIA）"，*Journal of Anthropological Research*，Vol.55，No.2，1999，pp.317-318.

② 张胜军、郑晓雯：《从国家主义到全球主义：北极治理的理论焦点与实践路径探析》，《国际论坛》2019 年第 4 期。

国家维护自己的领土主权。通过这种方式北极区域国家可以保证自己独享北极的领地和资源，同时加重北极国家在北极事务治理中的核心主导地位。①在这种言论的引导下，国家主权是参与北极事务的唯一方式，那些不在北极区域的国家不拥有北极事务的话语权和决策权，这也是北极国家想要达到的目的。②

北极地域以外的国家想要参与到北极事务的处理中必须通过北极理事会来实现，但是北极理事会在八国的引导下意图逐步控制北极的所有事务，确保自身利益的最优化，防止非北极国家进入。这种现象主要表现在以下两方面：首先，北极地域各国制定了相关的文件和条约，强调北极地域各国对于北极的重要性，同时体现出北极各国在北极事务中的积极作用以及主导地位。从双边层面看，北极各国积极地就领土、领海、专属经济区以及外大陆架权利现存的争端进行磋商、谈判和示威③，而围绕北极归属问题的争论甚至已经从科考和法理手段逐渐过渡为战略和军事手段④，例如加拿大和丹麦就汉斯岛的归属问题僵持不下。此外，北极海域某些地区的地位长期以来之所以存在争议，原因在于北冰洋沿岸五国都将北极海域视为领海或内水，例如加美在波弗特海以及美俄在白令海的划界问题都一直悬而未决。除此之外，截至目前，北极地区还有至少三块存在争议的大陆架——挪威、冰岛和

---

① Cecile Pelaudeix，"What is 'Arctic Governance'? A Critical Assessment of the Diverse Meanings of 'Arctic Governance'"，The Yearbook of Polar Law VI，Leiden：Koninklijke Bri-Euro-Arctic-Council/Working-Groups. Gragson，and Ted. "From Principles to Practice：Indigenous Peoples and Bioll NV"，2015，pp.410-411.

② L. Heininen，"State of the Arctic Strategies and Policies-A Summary"，in L. Heininen，H. Exner-Pirot，and J. Plouffe，ed.，Arctic Yearbook 2012，Akureyri，Iceland：Northern Research Forum，2012，pp.2-47；Sebastian Knecht and Kathrin Keil，"Arctic Geopolitics Revisited：Spatialising Governance in the Circumpolar North"，The Polar Journal，Vol.3，No.1，2013，pp.178-203.

③ 肖洋：《北极理事会"域内自理化"与中国参与北极事务路径探析》，《现代国际关系》2014年第1期。

④ 郭培清、孙凯：《北极理事会的"努克标准"和中国的北极参与之路》，《世界经济与政治》2013年第12期。

丹麦三国所涉"香蕉洞"地区，丹麦法罗群岛与冰岛之间的海域以及丹麦法罗群岛与挪威之间的海域。①

（二）全球主义理念

经济全球化已经成为一种必然的发展趋势，而人类共存地球村也成为一种常识，在全球升温的大背景下，北极环境也会发生越来越大的变化，这个变化也将使得北极的地域划分变得更加不清晰。在这一系列变故下，依靠北极区域国家治理北极问题已经不符合未来发展的需求，未来的北极是全球共有的北极，这个共有包括了经济、政治、环境等各个方面的问题，它需要各国共同参与，通过共同治理的方式让北极成为人类发展的基石。②

首先，北极环境的变化受全球气候的影响，全球环境发生的一系列变化会导致北极的环境随之发生变化，而北极环境发生的变化对全球环境的变化也有着重大的影响。而环境污染问题也是一个人类所必须共同面对的问题，环境污染具有扩散性，人类必须共同面对环境污染对生态破坏造成的影响。同时在处理北极相关问题上，仅仅依靠北极区域的国家是无法单独完成的，它需要不同国家共同努力来实现。首先，全球变暖的趋势仅仅依靠几个国家是无法抑制的，它需要世界各国共同努力，通过各种有效的环保手段减速二氧化碳排放，降低温室效应，只有世界各国共同努力，这个变化过程才能够被逐步抑制。其次在获得北极资源的过程中，任何一个国家不可能独立完成整个过程，在这个过程中需要其他的国家参与和协调共同完成才能保证资源开发的合理性和可持续性。③ 仅仅依靠单独几个国家对北极进行治理和开发是远远不够的，在资源开发和治理的过程中北极所面临的各种挑战需要全球统一起来合力共同管理，这对于北极地区的可持续发展和人类的进步尤为重要。

其次，从政治环境和地理位置来看，北极处于一种半封闭状态，它本

---

① 孙凯：《参与实践、话语互动与身份承认》，《世界经济与政治》2014年第7期。

② 王传兴：《北极治理：主体、机制和领域》，《同济大学学报》（社会科学版）2014年第2期。

③ Sebastian Knecht，"Arctic Regionalism in Theory and Practice：From Cooperation to Integration"，Arctic Yearbook 2013，2013，pp.2-7.

身所具有的特性使得北极具有全球共有的特征，它的资源和财富应当属于世界各国人民，因此在治理的过程中需要联合世界各国共同治理。同时在法律层面上，和其他全球共属资源一样北极也应该属于全世界共同所有的财产，在北极开发的问题上应该效仿月球开发和海底资源开发，由全人类对北极资源进行共同开发。[①] 在北极事务处理的过程中，一些非国家组织表现出了积极的作用，它们对于北极的治理功不可没，因此应当充分认同它们在北极理事会中的作用，弱化北极地域国家的绝对主导地位。[②] 在北极治理的具体问题处理上，应当遵循治理全球化和治理多元化的理念。

全球气温的上升，让大量的冰盖消融，这让北极资源开发的门槛变得更低，各国对于北极资源的争夺和确权越来越激烈，北极地域的政治动荡不安。同时北极地域各国也在积极积蓄军事力量，将军事力量作为解决问题的最后手段，这有悖于和平发展的理念。北极治理模式问题受到了越来越多国家的关注，现有的治理模式复杂且不统一，各国都遵循本国的治理策略，力图保障自身的利益，各国之间矛盾凸显，各种政治经济争端越演越烈，北极问题已经聚集了全世界的目光，因此处理好北极治理的问题对于维护北极乃至全球的稳定和平有着积极的意义。现有的治理方式以及不能满足北极治理的需求，单一的国家治理模式也不适应北极发展的需要。[③] 北极在全球具有越来越重要的经济和战略地位，因此如何突破北极治理现状找寻一条合理的可持续发展道路是处理北极问题的关键所在。

---

① 柳思思：《"近北极机制"的提出与中国参与北极》，《社会科学》2012 年第 10 期。

② Cecile Pelaudeix，"What is 'Arctic Governance'？ A Critical Assessment of the Diverse Meanings of 'Arctic Governance'"，The Yearbook of Polar Law VI，Leiden：Koninklijke Brill NV，2015，p.407.

③ 张胜军：《从国家主义到全球主义：北极治理的理论焦点与实践路径探析》，《国际论坛》2019 年第 4 期。

第二节　北极海洋生态安全治理的挑战

北极治理工作经过几十年的完善和发展已经趋于成熟，但是关于北极治理问题的国际策略和法律法规仍然存在很大的缺陷，还需要经过各国共同努力去不断完善，从而促使合理的法规和条款诞生。我国在北极治理的过程中一直积极参与，涉及环保、科研、资源开发等各领域，但是我国在北极理事会中仅仅拥有观察员的身份，这对于我国积极参与北极各项事务是一个极大的障碍，这也使得中国很难提供足够的帮助应用于北极事务处理中。

一、治理模式的碎片化

经过北极理事会多年的努力，北极开发和保护工作已经从无序混乱的初始状态慢慢向成熟转变，它为改善北极环境提高原住民生活水平贡献了积极的力量，但是在治理的过程中理事会内部的一些内部问题也凸显出来为北极治理工作带来了一定的困扰。首先是国际性的法规和制度不完善，现有的法律和制度一般是隶属于各国自身，都是从本国利益出发所设立的，具有一定的片面性；其次是现有的治理机制存在着一定的缺陷，无法做到妥善处理北极各国资源、领土争端问题，致使北极区域的政治经济局势仍然存在一定的风险。

"软法"是指一些关于北极问题治理的制度政策，它们本身不具有法律效力，但是在某种情况下可以充当法律使用。"软法"的范围较广，包括一些决议、宣言甚至是政策建议等。在法律法规实施的过程中，"软法"的实施具有一定的片面性和不完整性，同时不具有说服力，它只能在某种特定的情况下充当法律条款来进行问题的处理，并不能彻底替代具有约束力的国际法律。现有的北极治理工作需要一些具有国际权威的法律条款来进行约束和借鉴，这些法律条款被称之为"硬法"，这些法律条款不仅仅能够充分考虑北极各国的实际情况，同时具有一定的强制性容易被北极各国所接纳。

北极理事会在 1997 年和 2002 年分别出版的《北极环境检测和评估》的规制性文件，也因其在评估标准同联合国的有关规定并不一致，而失去了普遍的适用性。从 1991 年至今的北极治理历程中，北极理事会也仅有两个具有正式法律约束力的条约，分别是 2011 年的《北极海空搜救合作协定》和 2013 年的《北极海上油污预防和反应协定》。建立在"软法"性基础的北极治理机制，是当前北极治理进展缓慢的重要因素。

人类在北极的活动越来越频繁，人类之间的军事活动、科研活动、开采活动以及一些人类的日常生活起居，这些活动会导致北极地区的环境受到极大的破坏。而北极地区的生态环境相比于其他环境更加脆弱，它更加容易被破坏，而且这种破坏具有较强的不可逆性。同时频发的原油泄漏和污染事故也是北极生态破坏的一大根源，这些污染的治理效果较差，而且需要投入大量的人力物力。因此，想要做好北极环境的保护和治理工作，做到资源长期有效的可持续利益就必须出台和制定一些具有国际强制力的法律法规来约束人们在北极的行为。通过这些"硬法"来对人类现有的活动和开采行为进行管理，减少人类活动对北极所造成的破坏，完善现有的管理制度，让北极治理具有一定的约束性。在北极治理的过程中，"软法""硬法"都起到了不可忽略的作用，它们相互弥补保证了北极治理工作的稳步进行。

在进行北极治理的过程中，理事国意图垄断北极治理的各项事务，在北极治理的过程中占据绝对的主导地位。由于北极八国具有地理位置上的优势，它们充分利用这一优势在北极理事会中占据主要地位，但是在它们治理的过程中，八国意图通过会谈和合作的方式将其他域外国家排除在外，保证自己北极治理的绝对话语权。而域外一些国家为了获得部分北极资源开发的利益和少量的话语权和北极八国达成共识，承认其国际地位和治理北极的绝对权威，只有通过这种方式才能参与到北极的治理中来。但是在治理北极过程中，北极理事会也暴露了许多弊端。首先，北极理事会仅仅是一个论坛组织，没有足够的强制约束力来管理北极治理事务。其次，北极理事会在治理的过程中所采用的方式和手段存在一定的缺陷，治理模式存在一定的弊端。最后，北极理事会在治理问题的过程中，存在一定的片面性，所解决的问题不能从根本上解决北极的各种矛盾和争端。

北极理事会在治理机制上存在着严重的缺陷，这一缺陷也让北极理事会的治理行动受到了极大的制约，弱化了北极理事会的作用。北极理事会在治理过程中缺乏被监管的力度，它们的行为具有一定的自私性，它们仅仅是在使用一些强硬的手段来获取自身的利益，并没有真正从人类发展的角度出发。

二、北极域内国家的排外性

在北极治理的过程中，北极理事会起到了最为重要的作用，而在北极理事会中北极区域各国占据了主导地位，它们在北极拥有属于自己的领土权，它们对于域外国家参与北极事务持不赞同的态度。但是经济全球化的发展趋势以及北极在全球中所拥有的重要价值和意义都使得各国积极参与北极事务变得越来越必要，因此域外国家的参与已经成为北极治理的必然发展趋势。现有的观察员制度是域外参与北极治理的唯一途径，但是北极理事会在针对观察员的态度上处于一种矛盾的状态。这种矛盾在于：对于以观察员身份参与到北极治理的各个国家积极鼓励的同时又担心观察国的过度参与会影响到北极国家的主权和利益。这种矛盾心态在某种程度上制约了观察国积极参与到北极事务中的各种活动，同时也降低了观察国参与北极事务的积极性，这对于北极未来的治理和发展是极为不利的。

北极理事会在对观察国成员进行考察时有着明确的规定条款，通过这些条款可以成为正式的观察国，从而参与到北极治理的各项事务中去。北极理事会对于观察员制度明面上是鼓励和欢迎的，但是在实际操作的过程中，北极区域各国针对观察员设立了种种障碍，意图增加成为观察国的难度，从而减少观察员的数量，而在鼓励方面北极区域各国并没有明确的作为。而想要成为观察员的国家首先必须提出申请，其次要遵循以下七点：

1. 申请者必须接受和支持北极理事会在《渥太华宣言》中提出的宗旨；

2. 承认北极国家在北极地区的主权、主权权利和管辖权；

3. 承认包括《国际海洋法公约》及其框架下的海洋管理机构适用于北

冰洋；

4.尊重北极地区的原住民及其居民的价值观、利益、文化和传统；

5.申请者应具有明确的政治意愿和经济能力去帮助理事会永久参与方及北极原住民；

6.申请者应具备显著的北极利益及与北极理事会相关的专长；

7.申请者应阐明具体的利益及其能够支持北极理事会各项工作的能力，包括通过成员国和永久参与方合作将北极议题提交至世界性的机构进行讨论。

而对这些条款的遵循就必须保证北极国家在北极地区拥有自主的权利，其他国家无法干涉其权利。在具体的规定里，相关内容含糊不清，对于已有的争议地区的权益，规定也要求观察国成员必须去维护，这明显不符合实际情况。同时对于观察国的资格，北极理事会也有着严格的要求，它们要求成员的国际影响力足够大，这种歧视行为将一些较小的国家剔除在外，对于各国共同治理北极的实现是极为不利的，而且这种歧视行为和国际法的基本准则是相违背的。同时对于符合条件的申请者想要成为观察国就必须要求八个地域国家同时承认，只有这样才可能成为正式的观察成员。这种苛刻的条件是极不公平的，北极理事国通过这些条件对观察者的进入进行阻碍，同时观察者的相关权利也无法在理事会里实现，观察者参与北极治理的行为也无法具体落实。通过一系列的制约，北极地域国家已经逐步垄断了北极地区的话语权，干扰了北极理事会的正常运行。而我国虽然是观察员国，但是在具体的实施过程中也不得不面对承认争议地区主权，违背国家法的两难境地，这对于我国在北极地区治理和保护行为的实施是极为不利的。

就算成为观察员，在北极理事会中其权利也无法得到保障，同时成员之间的不对等严重影响了北极理事会的公平和公正。在观察员手册中有着这样的要求，观察员具有一定的发言权，可以提出自己的建议和见解，但是对于具体的决策观察员没有任何权利，具体的表决权掌握在北极区域国家手中，观察员仅仅是一种摆设。同时观察员在提出建议的过程中也有着严格的要求，在普通会议的过程中观察员提出意见之前必须先征得同意，之后才能就自己的意见提出发言，而且这种发言内容仅仅用于参考，不参与任何表决活动。而在高层会议的过程中，观察员是不允许发言的，观察员意见的反馈必须通过书面的形式递交上去，同样这种书面递交的意见仅仅只被用来参考，不参与任何表决活动。而且观察员在权利匮乏的同时还必须承担一定的义务来帮助北极地区国家的建设和治理，这对于观察员是极为不利的。而由于观察员数量越来越多，北极八国对观察员提出了更严苛的要求防止观察员真正参与到北极事务中来，让观察国在北极治理上无法贡献自己的智慧。对于中日等国家来说，所谓的观察国身份仅仅是一种摆设。

三、国际性法律规范的不确定性

虽然通过《斯匹茨卑尔根群岛条约》以及《联合国海洋法公约》对北极地区国际性的法规进行了大致的约定，但是在实践中存在了太多的不确定性，这对于依法治理北极地域来说是极为不利的。

（一）海域归属争议

在北极地域海域划分问题上依然存在着太多的不确定性，许多国家的海洋划分仍然存在一定的争端。（1）俄罗斯与美国于 1990 年缔结关于白令海划界的《谢瓦尔德纳泽—贝克三角条约》，将白令海峡和白令海的近三分之二划归美国。但俄罗斯议会认为协定影响白令海资源分配，至今尚未批准该条约。（2）美国与加拿大波弗特海界限尚未划定，争议面积 2.1 万平方公里。（3）为扩大管辖海域，北冰洋沿岸国家大多采用直线基线法确定领海和专属经济区范围。美国、欧盟对俄罗斯、加拿大、丹麦等国直线基线的做法持有异议。①

挪威与俄罗斯就巴伦支海海域归属也长期存在分歧，争议海域达 17.5 万平方公里。双方的划界谈判断断续续进行了 40 年。2010 年，两国就巴伦支海划界问题达成协定，同意将争议地域分成大致相等的两部分，西侧归挪威，东侧属于俄罗斯。在此基础上，双方就相关水域渔业合作和跨界油气开

---

① 唐国强：《北极问题与中国的政策》，《国际问题研究》2013 年第 1 期。

发达成安排。这是一个积极的进展。

（二）北冰洋外大陆架争议

俄罗斯、加拿大、丹麦均主张北冰洋海底的罗蒙诺索夫海岭为其大陆延伸，并据此主张对北冰洋 200 海里外大陆架的主权权利。加拿大自 20 世纪 50 年代起即主张对北极的主权。俄罗斯于 2001 年向大陆架界限委员会提出大陆架划界申请，主张包括北极点在内的近一半北冰洋洋底为俄罗斯大陆架，面积为 412 万平方公里，占北冰洋 200 海里外区域的近二分之一。因证据不足，大陆架界限委员会退回俄罗斯的申请。① 俄计划继续提出申请。美国、加拿大在北冰洋进行了联合地理调查。美国表示其在北极的外大陆架向北延伸很远，至少是两个加利福尼亚的面积，可能与俄罗斯主张存在重叠。

2006 年，挪威向大陆架界限委员会提交挪威海、巴伦支海等海域的外大陆架划界案。2009 年 4 月，委员会就挪威外大陆架外部界限作出建议，挪威成为北极国家中第一个划定外大陆架的国家。

（三）关于北极航道管辖与通行权的争议

在国际法上，并没有明确规定北极航道主权归属的相关法律法规，因此在法律层面上北极航道缺乏明确的法律来进行规范。关于北极航道具体的法律定位，目前世界上有两种不同的观点：第一种观点认为北极航道在法律层面上属于国际社会所共有，这一观点主要被大部分非北极地域国家所认可；第二种观点认为北极航道的所有权应该属于沿海国家，这种观点主要被北极地域各国所认可。对于北极航道处理的问题上，一些国家已经宣示了主权开始了有偿使用航道，加拿大和俄罗斯都制定了对应的法律法规来规范进入航道的国际船只的行为，同时它们还收取一定的费用作为航道的通行费，宣示主权行为的同时获得了一定的经济利益。而对于北极航道其他国家也有各种各样的说法，但是这些说法都只是在其本国范围内使用，不被国际社会所认可。② 由于美国的沿海区域没有经过北极航道，因此它极力认同北极航

---

① 唐国强：《北极问题与中国的政策》，《国际问题研究》2013 年第 1 期。
② 李志文、高俊涛：《北极通航的航行法律问题探析》，《法学杂志》2010 年第 11 期。

道国际化的说法，它认为北极航道应该属于世界各国所共有，应该适用国际通行制度。同时日本、挪威、瑞典等国也极力支持北极航道国际化的说法，对于俄罗斯占有部分航道行为予以了谴责。而不同国家之所以有不同看法主要取决于国家自身利益，利益不同导致了不同的看法，因此对于北极航道要求的法律法规也各不相同。当北极航道适用于国际法律时，对于其他非沿岸国家都有着极大的利益；当其仅仅适用于沿岸国家法律时又侵害了非沿岸国家的利益。①

俄罗斯和加拿大两国在北极航道问题上都制定了适用于本国的法律和政策用于保证本国关于北极航道的权益。通过具体的法规和政策，宣布了北极航道所属领域的主权，对于通行的船只在征得本国同意的同时还必须缴纳一定的费用，在宣示主权的过程中也获得了一定的经济利益。而美国由于不属于北极航道沿岸国家，因此一直极力主张北极航道的法律国际化，同时在实际运行的过程中多次通行于加、俄所属区域，屡次引发争端。虽然经过多次谈判，但是美俄之间并没有形成一定的共识，而美加之间通过谈判确立了北极航道使用问题的相关细则，两国于1988年签署了《北极合作协定》，在协定中规定了美国使用加拿大所属航道时必须先征求加拿大的同意，同时对于航道的法律地位两国都保留了自己的解释权。而同时欧盟也极力反对加拿大对于北极航道宣示主权的行为。②

（四）关于《斯匹茨卑尔根群岛条约》的争议

1920年针对苏联和挪威等国之间的主权纷争问题，经过调解签署了《斯匹茨卑尔根群岛条约》，该条约明确了挪威的主权地位，与此同时不限制其余合约国家人民在群岛的生活生产权利。但是这是一份具有妥协性和争议性的条约，在履行的过程中一直存在着不小的摩擦，这些摩擦表现在以下几个方面：首先，对于国民自由进入从事生产活动，苏联和冰岛认为这些活动包括岛屿的所有主权区域以及任何正常的活动，而挪威认为活动的区域应当

① 李志文、高俊涛：《北极通航的航行法律问题探析》，《法学杂志》2010年第11期。
② 唐国强：《北极问题与中国的政策》，《国际问题研究》2013年第1期。

限制在陆地和领水范围内。而随着时间的推移，俄罗斯、冰岛两国的观点得到了应该和西班牙的支持，它们坚持认为自由活动包括一切岛屿所属区域。其次，其余缔约国国民从事活动之前仅仅需要报备即可，但是挪威于2002年单方面制定了相关的法律，增加了报备的许可条件和程序，而俄罗斯认为挪威的单方面行为损害了国民在岛屿范围内的经济生产活动。

对于北极区域国家的详细划分依然需要一定的时间，各国所独有的区域范围尤其是外大陆架范围还没有明确，同时北极区域与海洋相关的法律具有一定的可变性，这对于北极各国共同合作和进步是极为不利的。在具体争议解决的过程中，有一部分国家依据《联合国海洋法公约》等国际性的法律条款来对现有的争端进行科学计算，通过和平的方式来解决相关问题。因此在制定北极相关的权威性法律条款时不仅仅要考虑到已有的国际法，同时也要结合北极的实际情况，充分考虑各方面问题，保证北极的生态环境不被破坏。

在北极的治理过程中，北极地域的国家存在竞争与合作并存的关系，同时这些国家对于其余国家参与北极事务有一定的戒备心。对于北极的治理工作，北极区域各国投入了大量的人力物力，同时制定了适合本国利益的策略。同时在日常的运作过程中，各国之间注重协调合作，共同处理北极事务，从科研、环保、资源开发各方面共同发展。在2011年，八国制定了《北极海空搜救合作协定》用于北极海域的日常搜救活动，确保航运的安全，同时关于原油泄漏问题，各国也在积极努力制定相关的保护措施。各国在日常的事务处理中，展开了密切的合作，相互之间的交流越来越频繁。但是由于各国的实际情况不同，对于事务的具体处理方式也有所区别。

美国在2009年1月制定了关于北极航运问题处理的相关条款，在具体的条款中美国把自身的航运利益放在第一位，其中美国明确指出了北极航运中可能存在恐怖袭击等威胁本国安全的行为，为了应对这些行为美国意图在北极地区部署武器系统进行有效防御。同时美国坚持环保开发北极的策略，通过积极的科研活动参与到北极开发中。① 俄罗斯在2008年对北极治理问

---

① 白佳玉、李静：《美国北极政策研究》，《中国海洋大学学报》(社会科学版) 2009 年第 5 期。

题提出了相关的规划，两年后又制定了北极治理的相关战略，通过一系列的规划实施和策略的制定突出了北极重要的航运优势和核心的战略地位。针对北极主权维护的问题，俄罗斯积极组建军队，强化北极地区的军事力量，同时对航运以及能源主权进行宣示，借助军事和战略规划积极确立外大陆框架，为俄罗斯的北极治理和开发活动提供强有力的支撑。而加拿大在2010年北极策略中坚持采用不谈判的方式来维护本国的北极权益，同时花费大量的资金来确立自己的外大陆框架，采用强硬的手段宣示自己的主权。① 丹麦在2011年就针对北极的相关活动制定了一系列政策，通过对北极地区活动的展开确保自己北极区域的主权地位，同时和国际其他机构共同合作保证其主权被国际社会所认可。而芬兰和瑞典对于北极的开发和治理也出台了相应的政策，积极推动北极理事会的作用，同时与欧盟展开合作促进欧盟成为观察员，力图获取欧盟的国际支持。冰岛议会针对北极问题也予以了足够的重视，通过议会的决策，冰岛借助其沿岸国地位积极开展北极开发治理活动，确保在争议中获得国际社会的支持，并在争端解决的过程中积极推动《联合国海洋法公约》的实施。挪威于2006年开始对北极地区投入了极大的关注度，通过相关北极政策的制定开始了挪威的北极外交活动。而时隔三年之后，挪威又提出了7项优先政策，力图通过这些政策积极开展北极治理和开发的活动，同时确保挪威所属的北极航道能够稳定运行，同时挪威积极推进与俄罗斯以及北约的合作，力图获得两者的认可。②

由此我们可以得知，北极的资源开发门槛越来越低，各国都在积极维护自身的北极权益，力图保障本国在北极的利益。北极区域各国在展开合作与交流的同时，也积极加大了军事力量的投入，通过频繁的军事演习来确保自己的主权不被侵犯。

欧盟在2008年10月通过相关的会议制定了《北极条约》用于指导欧盟在北极相关工作的开展，同时为欧盟的北极外交提供宝贵的参考意见。11

① 田延华、郭培清：《加拿大北极战略》（下），《海洋世界》2010年第12期。

② 赵宁宁：《小国家大格局：挪威北极战略评析》，《世界经济与政治论坛》2017年第3期。

月欧盟又颁布了关于北极治理的相关文件《欧盟与北极地区》，通过文件欧盟提出了多国共同治理的方案来积极推动本国参与北极治理活动。2009年12月，欧盟通过会议针对北极开发问题作出一系列决定，提出开发北极资源和航道的必要性，同时欧盟指出在资源开发的过程中必须保证北极的生态环境不被破坏，保证北极开发的可持续性和环保性。2012年7月，欧盟再次出台与北极相关的文件，同时加大了在北极地区的人力物力投入，积极推动北极治理和资源开发。同时为了避免北极区域国家的仇视，欧盟放弃了多国共同治理北极的理念。①

　　针对北极问题，不仅仅是北极区域国家投入了极高的关注度，非北极区域国家也予以了足够的重视，这也引起北极区域国家的戒备，这些国家联合起来反复强调国际法的适用性，拒绝新的《北极条约》。在拒绝的同时，各国又提出可以就航运以及渔业问题与其他国家达成共识进行多边合作。由于各国之间关于北极问题的合作越来越成熟，北极理事会发挥了越来越重要的作用。

　　冷战后，人们把更多的目光投向北极，北极的各项开发和研究活动也在稳步进行。最初的北极活动仅限于科考和环境保护，通过不断的科研考察实现了北极能源开发的突破，同时能源可持续发展问题也被各国提上合作议程。而随着北极价值越来越高，更多关于航运、资源开发的问题被提出，越来越多的国家和组织参与到这些问题的研究和处理中。在这些组织中有许多组织发挥了巨大的作用，比如国际北极科学委员会、北冰洋科学委员会、北极理事会等。

　　在处理北极事务的过程中，对于以观察员身份参与到北极治理的各个国家积极鼓励的同时又担心观察国的过度参与会影响到北极国家的主权和利益。这种矛盾心态在某种程度上制约了观察国积极参与到北极事务中的各种活动，同时也降低了观察国参与北极事务的积极性，这对于北极未来的治理

---

① 郭培清、卢瑶：《北极治理模式的国际探讨及北极治理实践的新发展》，《国际观察》2015年第5期。

和发展是极为不利的。

2011 年 5 月，针对观察国成员敲定问题北极理事会提出想要成为观察员的国家首先必须提出申请，其次要遵循以下几点：接受并支持理事会的目标；承认北极国家的主权、主权权利和管辖权；承认海洋法在内的法律框架适用于北冰洋；尊重原住民的价值观、利益、文化和传统、显示有兴趣和能力支持理事会的工作等等。这些条款的制定说明了北极区域国家对观察国的参与有一定的戒备心理，通过种种严苛的规定来降低观察员国的数量。[①]2013 年 5 月，关于观察员问题的审核再次被提出，并进行了部长级的会议展开研讨。

第三节　我国维护北极海洋生态安全面临的障碍

与环北极国家相比，我国在维护北极海洋生态安全时，国际层面上，缺乏地缘上的立足点和权利上的支撑点；北极环境治理机制呈弱化趋势；国际合作面临极大障碍。国内层面上，科考研究不够深入；战略政策尚未形成。

一、不享有地缘优势，缺乏立足点

环北极国家的优先优势，对于资源开采、权益争夺、环境保护等方面具有天然的优势，即所谓的"近水楼台先得月"。北极地区的环境保护正在受到越来越严重的威胁，而这些威胁主要来自因利益争夺所带来的环境污染和生态破坏。也就是说，在北极国家看来，为可能发生的气候变化和生态恶化进行保护之前，重要的是有更具有经济利益的事情需要去做。

北极地区拥有丰富的自然资源，而北极航线也是世界上最重要的航线之一。随着全球变暖，海冰的融化，其重要性与日俱增；北极成为未来世界

---

① 唐国强：《北极问题与中国的政策》，《国际问题研究》2013 年第 1 期。

重要的能源供应基地和国际航道，这已经成为世界各国的共识。但就目前的情况来看，除了少部分资源和航道属国际管辖外，其他大部分资源为环北极国家所管辖。各北极国家都加大在北极的活动，目标却并非为了遏制北极环境进一步恶化，而是蓄势待发，准备瓜分即将出现的海洋中的主权。各国在北极地区的利益争夺过程中，势必造成环境污染和生态破坏，这给北极环境的保护造成严重威胁。然而，作为非北极国家中的一员，我国在北极资源开发与航道利用、北极环境和生态保护等方面，与那些占尽地缘优势的环北极国家相比，困难重重，不但要受到国际法的约束，而且还要遵守环北极国家的法律法规和政策，更有甚者还会受到环北极国家国内经济发展和投资环境变化的影响。

二、与北极国家权利不同等，缺乏支撑点

我国自古以来就无法享有同北极国家同等的权利，北极国家在北极地区的权利已经通过地理、历史和法律得到确认，即所谓的"不在其位，难谋其政"。但就法律层面来说，北极国家在北极的活动不但受到国际法的保护，同时各北极国家还建立国内法以保护北极环境，但实则为了加强和扩张其在北极地区的权益，防止非北极国家干涉北极事务。

北极事务十分复杂棘手，涉及岛礁归属、海洋划界等海洋权益争端问题。主要是俄、美及欧洲国家之间的利益争端，各国争论的焦点集中在外大陆架海域。但在现行的北极国家法律体系内不能得到有效的解决。我国虽然成为北极理事会正式观察员，但和北极国家相比，在北极地区我国没有领海和领土主张，我国在北极国际事务的处理、环境的保护和国家权益维护等方面处于相对不利的位置。

三、北极环境治理机制弱化

总体上讲，当前有关北极环境治理的法律框架体系是存在漏洞的。零碎、弱势、制度化差异是北极现行法律和管理制度的特点，而且一些制度化的安排存在冲突和交叉。表现在国际、国内、区域法律体系中则是权责交叉

重叠、职能分配不清。

从国际法角度来看，有关北极地区环境治理的法律分散于全球性公约中。现有的公约都是针对某一个方面来考虑北极环境问题，比如说《联合国海洋法公约》，它仅仅针对北极区域的海洋保护问题，同时它也适用于其他区域；再比如说《生物多样性公约》，它主要是针对生物多样性提出的，具有一定的片面性，这些公约都不能全面地反映北极生态环境保护中遇到的问题，因此北极的生态保护缺乏对应的法律来进行约束。虽然各国都有自己的法律法规来规定本国的环境保护和开发工作，但是这些法律法规仅仅适用于法律制定国，对于其他北极区域国家并不能通用。比如加拿大的《北极水域污染预防法案》是针对加拿大特定的环境在特定的时间内所制定的，它具有很大的局限性。北极区域国家所在意的主要问题是资源的开发，航道的主权，而为了保证资源开发的稳定性和航道运行中生态环境的稳定性，各国才制定相关的法律来进行规范。同时这些法律的片面性会导致北极区域的环境无法得到全面的保护，而脆弱的北极生态环境也极易遭到破坏。①

从区域层面上看，为保护北极地区环境，北极周边国家达成双边、多边国家公约，并设立国际机构以及召开国际会议，形成了一个多主体参与、多层次的北极环境治理机制。一是区域性条约和协议，如《保护毛皮海豹的条约》《保护太平洋北部和白令海峡的鱼类的协议》《北极熊保护协议》、保护北极候鸟及其生存环境的协议以及北极环境保护战略等。二是区域性组织，如国际北极科学委员会以及北极理事会等。然而在执行过程中，绝大多数北极合作机构的功能是有限的，秘书处没有执行权力。管理制度没有调整功能和作出决策的能力。区域层面的机制大都是采取没有约束力的"软法"形式，主要形式包括宣言、项目和计划等，而不是公法或者条约，其法律地位大打折扣。

从总体上看，北极环境治理机制呈现弱化趋势主要表现在 3 个方面。一

---

① 刘惠荣、陈奕彤、董跃：《北极环境治理的法律路径分析与展望》，《中国海洋大学学报》（社会科学版）2011 年第 2 期。

是国际法缺乏对北极环境保护的针对性；二是国内法呈现各自为政的局面；三是区域性条约缺乏约束性，区域性组织执行力不强。由此可以看出，北极各国国内法发展势头远远强于国际法，北极国家占据主导地位，而非北极国家则处于较为弱势的地位，前者在立法主动性、法律管辖范围以及法律时效性等方面均远胜于后者。这使得我国这样的非北极国家在环境治理与保护中缺乏实施的机制保障，很难应对北极地区日益紧迫的环境问题。

四、科考研究不够深入

我国极地科学考察经过近 30 年的努力，正在逐步迈入极地考察强国行列。考察规模日趋扩大，研究成果不断涌现，极地活动的支撑能力和水平不断提高，应急保障能力稳步提升。目前，我国在北极建立了黄河站，拥有"雪龙号"破冰考察船，并在国内建设有考察基地，这都为我国持续深化开展极地科学考察奠定了良好基础。但同美国、俄罗斯等北极考察强国相比，我国在北极的科考活动起步晚，并且在规模和程度上与这些国家差距很大。

我国在北极地区开展的科学考察活动，主要集中于自然科学研究领域，对全球变暖给北极地区带来的直接和间接影响及相关的对策研究，尤其是对我国的经济、能源、政治等国家安全方面的影响研究力度不够。我国的北极科考还缺乏完整的系统的科研成果。与北极国家相比，我国的北极科考队伍在专业化程度方面还比较低。北极科考活动还面临许多瓶颈问题，有待进一步提高。比如说，一些高科技设备运用，像极地卫星、智能机器人、核动力破冰船等。此外，随着非北极国家越来越多的北极科考需求，北极国家为了维护其自身的利益加大了对其大陆架和专属经济区的管理力度，设立了严格的许可制度。这些措施将对包括我国在内和其他非北极国家的北极科考行动自由带来严峻挑战。

五、国家战略和政策缺乏

我国在北极研究方面，与那些北极国家比如美、加、俄相比是有一定差距的，甚至日、韩在某些领域也是领先于我国的。而我国目前尚未形成成熟的北极政策，通常的研究情况表明，研究活动与战略决策之间是一种良性的互动关系。因此，不成熟的北极政策极大地制约了我国对北极的战略布局和充足的经费投入。

第一，我国对北极的研究既没有明确的国家目标，也没有长期的战略，而仅仅依靠定期组织的北极科考活动，这对北极环境研究是远远不够的。第二，我国的北极研究缺乏足够的经费、人员、物资等方面的支持，尽管我国对极地研究有相应的投入，但远不能满足极地研究的需要。第三，缺乏专业化的研究队伍。由于经费投入不足，科技人员仅靠极地的研究经费不能生存，没有专业化的研究队伍直接导致研究水平上不去。

我国在北极人文社会研究方面的滞后，与我国极地战略研究机制上存在的缺陷是分不开的，直接的后果就是无法为我国极地战略和政策的制定提供科学依据，极大地限制了我国在北极事务中的话语权，限制了我国应有的权益和国际地位，也造成了我国在极地舞台上的失语。

六、国际合作障碍

尽管国际社会以及北极国家为保护和改善北极环境进行了一系列的努力，各国都已认识到海洋生态安全对资源的可持续利用和社会可持续发展的重要意义。在开发北极的同时兼顾维护北极海洋生态的安全是各国的共识，而不仅仅是北极周边的国家要重视北极生态保护，国际社会也应通过完善或者创立新的国际法准则来维护全人类在北极共享的生态利益。但见到实效的北极合作仍差强人意，现有的北极环境合作呈现表面化，缺少深度合作。

（一）重利益轻环保

随着全球的持续变暖，北极环境也在快速地变化，经济和社会利益越来越受到人们的重视，环境保护被放在更次等的位置。而人们对资源的争夺以及由此引发的社会问题将会越来越突出。而其中最大的威胁还是来自于污染和环境的恶化。它会对北极脆弱的生态系统和北方人民传统的生活方式以及北极环境的治理和维护带来严峻的挑战。

纵观各国的北极政策，旨在发展和增强其在北极的存在和利益，而为了获得足够的利益，很多国家在制定北极开发策略时所考虑的第一因素是开发的战略意义以及它对本国安全所造成的影响，在对两者衡量后才会制定具体的开发政策。而在北极区域目前属于国际范围的仅仅是公海，其他地域属于北极八国各自的领土。而这些领土一般都在各国的极北地区，距离各国政治中心较远，各国无法投入足够的人力和物力进行北极的开发和治理工作。同时在北极治理的过程中，参与国的各项投入都是自愿行为，没有稳定的资金来源，这对于开发的范围和持续时间都有着严重的影响。随着北极环境的快速变化，对环境的关注迟早将被经济和社会利益争夺取代，环境将被推至次等位置，资源争夺以及因此产生的社会问题将愈益突出。

（二）重排外轻合作

为了维护既得利益和在北极治理过程中的主导权，北极国家之间逐渐达成共识，那就是采取"内部协商，外部排他"的战略来阻止非北极国家介入北极事务。虽然北极国家拥有极为有利的地缘优势，并且它们都在为大陆架归属自己进行证据采集工作。但是依据《联合国海洋法公约》，这些北极国家权利主张区域并没有得到国际认可，其他国家都有权依照公约行使自己相应的权利。而北极国家据北极为己有使冲突升级的做法，对那些行使自己权利的非北极国家来说是极为不利的。

此外，在北极国家之间也存在着不同程度的矛盾。对于那些缺乏与北极大国博弈的北欧国家来说，在非北极国家参与北极事务方面持乐观态度。例如：斯德哥尔摩国际和平研究所 2010 年 3 月 1 日发布题为《中国正为"无冰"的北极做准备》的报告中提到，北欧国家欢迎中国在北极的开发和利用过程中发挥更大作用，这将有助于加强北欧国家与中国之间的经济往来。[1]由此可以看出，环北极国家间在内部合作方面并非铁板一块，更透露出利益多元化条件下，各国之间不可调和的矛盾。利益方面矛盾的不可调和使得各国在环境保护方面也难以通力合作。

---

[1] 杨振姣、董海楠等：《北极海洋生态安全面临的挑战及应对》，《海洋信息》2014 年第 2 期。

七、科技水平的限制

北极和南极由于受极端寒冷的自然气候条件限制，人类开发和开采程度较低。人类活动受限于自然环境因素，到目前为止，虽然人类科技达到了一定的高度，能够克服一些自然环境难题，但总的来说人类活动还没突破自然环境因素的限制。在自然气候环境极其恶劣的北极地区，人类的力量还十分有限。首先，对于一些极端天气人类无法做到准确预测，而天气情况是航线是否安全的关键，如果没有准确的天气信息航行过程中具体的安全无法得到保障；其次，在处理突发灾难的过程中，人类所拥有的技术还不能做到完全面对，对于极端天气人类的抗衡力量有限，因此极端天气发生时人类无法进行航运活动；再次，遇到突发海洋事故时人类的救援能力有限，针对突发事故人类不能做到及时有效的处理，这会带来大量的人员和财产损失；第四，航道内危机四伏，一些暗藏在海下的礁石和冰山很难被人类探测出来，这些潜在的威胁都严重影响了运输的安全性；最后，人类的破冰技术相对较弱，无法制造大功率的货运破冰船，而在北极航道中运输货物必须面对随时被冰冻的风险，而只有通过先进的破冰技术才能从根本上解决这个问题，人类现有的技术还不够成熟。由于北极开发与生态保护技术层面的因素限制，削弱了北极事务的中国参与程度，以及北极海洋生态安全的治理能力。

第四章　北极海洋生态安全治理
困境的原因分析

北极海洋生态安全治理现已逐渐发展成为全球性议题，北极生态安全所引发的生态政治问题与全球利益分配等问题无不给北极海洋生态安全治理带来了严峻的挑战。因此，本章旨在通过分析北极生态安全治理现状的基础上，从北极海洋生态安全治理主体、治理机制、治理手段与全球公共产品供给等角度出发，深入剖析当前北极海洋生态安全治理困境的内在原因，以期为突破目前北极生态安全治理困境提供理论参考。

第一节　北极治理主体方面的原因分析

在北极资源的巨大诱惑下，利益争夺导致各国之间出现军事战略等国家行为，各主体间未达到协同合作，未能实现信息共享，现有的法律制度也未能使北极海洋生态安全治理得到强有力的约束，北极海洋生态安全治理主体间存在着地位不平等、信息"碎片化"以及协调合作等方面的治理困境。

一、北极治理参与主体的不平等性

北极治理主体包括全球性与区域性组织机构、国家与非国家行为主体等。全球性组织机构主要指联合国，通过《联合国海洋法公约》等提供全球范围内的框架性法律规范；区域性组织机构主要有北极理事会，是目前为止最核心的北极治理行为主体，此外还包括北冰洋科学委员会、泛太平洋北极工作组等科学研究机构；国家行为主体主要包括加拿大、丹麦、俄罗斯、美国、挪威、芬兰、瑞典、冰岛等北极八国、北极理事会成员国以及域外北极利益攸关国；次国家层次上的参与主体有土著居民组织，以及关注北极研究的科研团体等等。

联合国在北极治理中目前更多的是发挥一种框架性的约束与规范作用，并不具有处理具体北极事务的针对性，而且在北极航道、能源、生态保护等方面尚未出台相关性国际法律规范。在"北极条约"缺失的情况下，最有效的途径是在联合国的监督、协调下，对于各国临时性争端通过外交途径和平解决，或者在联合国框架下围绕《联合国海洋法公约》和《气候变化框架公约》等国际性公约进行博弈。长远来说，则需要国际社会通过联合国形成北极法律制度，以建立协调各国利益争端和保护环境长效机制。同时，与北极有关的国际组织、大陆架界限委员会、国际海事组织等机构也将发挥重要作用。① 未来北极治理的良性发展离不开联合国的多面努力，但就目前形势而言，北极治理中的联合国职能建设是空缺的，从而不能从宏观的角度出发，及时规避或缓解北极生态安全治理过程中各个事项之间以及行为主体之间的矛盾冲突。

北极理事会是由北极八国组成的一个政府间论坛，其宗旨是保护北极地区的环境，促进北极地区经济、社会和福利方面的持续发展，是北极地区最大的区域性组织，在北极事务的处理中处于核心地位。就客观层面而言，北极理事会在监测、评估北极地区的海洋环境、气候变化、促进原著居民参与地区可持续发展等方面作出了很大的贡献，但同时也存在着明显的先天缺陷，如没有法律约束层面上的各国之间的义务规定，核心成员国只局限于北极八国，具有明显的排外性以及缺乏机制性的资金来源等等。

---

① 韩逸畴：《论联合国与北极地区之国际法治理》，《中国海洋大学学报》（社会科学版）2011年第 2 期。

在北极理事会框架下，依据《渥太华宣言》的规定，北极地区的原著居民在北极理事会中被赋予了永久参与方的权利，永久参与方可以参与理事会的所有活动和讨论，理事会的任何决议应事先咨询其意见，而且关于土著居民在北极治理中的权利有望被进一步增强，这样的战略考虑在后面的发展中变得更明显。在 2011 年的第七届理事会宣言中，八国对观察员地位进一步明确采纳了高官报告提出的标准：（1）接受并支持《渥太华宣言》中指明的北极理事会宗旨；（2）承认北极国家在北极地区享有主权和管辖权；（3）承认包括《联合国海洋法公约》在内的广泛法律框架适用于北冰洋；（4）尊重北极地区原住民和其他当地居民的价值、利益、文化与传统；（5）证明有政治意愿和经济能力，能为永久参与方及其他北极原住民群体提供帮助；（6）证明有实际意愿和能力支持北极理事会的各项工作，包括通过与成员国和永久参与方的合作将北极问题提交全球决策机构。虽然这一变化使得原住民的利益诉求在理事会的决策中得到更为充分的考虑，但目前而言，永久参与方没有正式的投票权。

2013 年 5 月，北极理事会吸纳意大利、中国、印度、日本等国为正式观察员国，观察成员国享有参与权和发言权，但观察员无权参与北极理事会的任何决议，此项权利专属于成员国和永久参与方，也就是说，北极理事会中的核心权力仍然只集中在北极八国之间，并不对外开放，这也就暴露出北极理事会内在的制度的缺陷。观察员可经邀请列席理事会各项会议，其首要职责是观察理事会工作，通过参与理事会特别是工作组的项目并为其提供协助。观察员可通过任一成员国或永久参与方提出项目建议，经邀请参与理事会附属机构会议，如经主席许可，可继成员国与永久参与方后就会议议题发表口头或书面声明，提交相关文件及陈述意见。但在部长级会议上观察员只能提交书面声明。高官报告同时列明了审核观察员申请的程序标准，并宣布停止授予申请方临时观察员地位。这也就意味着，北极理事会的临时观察员自此将不复存在。至于现存的临时观察员中国、韩国、日本、欧盟和意大利，如欲继续参与北极理事会的工作，只有等两年后由下届部长级会议决定是否授予其正式观察员的地位。虽然受全球化发展趋势的推动，北极理事会开始逐渐接纳并吸收新的主体参与到北极治理中来，但观察成员国只有参与权并无表决权，也就是说只是在形式上实现了参与主体的多元化发展，就其实质而言，北极事务的决策权依旧被牢牢地把握在北极国家的手中。

就目前北极事务决策进程而言，参与北极治理的主体几乎仅限于北极理事会八国，而参与北冰洋治理的主体，甚至可以减少到北冰洋沿岸五国，而这些拥有绝对决策权的北极国家在北极治理中所坚持的是国家主义理念而非全球主义理念，国家主义理念首先维护的是国家利益。毋庸讳言，有些北极国家和北极国家内的组织正是秉持这样的理念来看待北极治理的参与主体问题。例如，由于担心自己的声音被淹没，享有北极理事会永久参与者地位的北极理事会土著居民组织，就对扩大北极理事会的范围持怀疑态度；加拿大和俄罗斯也有类似的怀疑。[①] 基于国家主义的治理理念就决定了其追求本国利益最大化的行为动机，导致北极国家内部以及北极国家与非北极国家间的利益冲突难以得到有效协调，这也就很好地解释了当前北极治理的排外性以及治理机制的碎片化问题。但随着北极生态环境的进一步变化和冷战后北极安全的"深化"和"拓宽"，使得以国家主义理念为核心的北极环境治理主张难以为继。随着北极问题的不断深化与发展，北极治理逐渐由区域话题发展为全球治理问题，没有哪个国家能单独应对北极生态环境问题，这也就决定了在北极治理问题上多元协同治理的必要性，但国家安全主义主导下的北极八国以及北极理事会将参与北极治理的决策权紧紧地控制在自己手中，并强烈抵触非北极国家的参与，与北极治理全球化的发展趋势背道而驰。有限的参与权对域外非北极国家的北极参与是主要障碍。"人类命运共同体"理念便是基于全球主义理念发展而来的新型全球治理理念，强调各利益相关体之间的协调合作，共同面对北极治理问题。多元主体间的协同治理将是实现未来北极治理良性发展的主要途径之一。

[①]　王传兴：《北极治理：主体、机制和领域》，《同济大学学报》（社会科学版）2014 年第 2 期。

二、治理主体间未形成协调合作关系，北极国家地缘优势过度

北极国家经常在北极理事会的组织内部进行合作，以预测、促进北极海洋生态安全的治理。目前，北极国家发起了新的合作倡议，以在北极海域加强船舶安全和环境保护，这与国际海事组织预防海上交通运输造成的海上污染，保障海上交通安全的工作任务存在一致性，国际海事组织对北极水域港口接收设施的做法表示支持，起到了合作的效果，相互推动了对方在北极航运治理方面的工作。① 但是这两个组织没有正式的合作关系，作为北极海洋生态安全治理主要的行为体，海事组织和北极理事会，两者之间没有任何的合作协议，北极理事会是根据 1996 年《渥太华宣言》设立并由该区域各国通过的一个由固定成员组成的政治论坛，国际海事组织没有观察员地位，也没有与北极理事会达成任何其他协定。② 此外，国际海事组织还与国际海底管理局、《保护东北大西洋海洋环境公约》委员会等确立了合作关系。但是，国际海事组织在与非政府组织开展合作时，要求这些组织必须具有"国际性"，因此区域性的非政府组织无法与国际海事组织进行合作，从这个层面上来看，协调合作关系未形成。③

北极海洋生态安全治理过程中，北极国家因其地缘优势掌握了绝大部分的话语权，主导着北极地区的治理事务，北极理事会是以北极国家为主导势力的区域层面的组织，主要反映了北极国家的意志，域外国家参与北极海洋生态安全治理也必须以北极理事会的工作程序为框架。④ 北极国家在北极

---

① Chircop，Aldo. "Regulatory Challenges for International Arctic Navigation and Shipping in an Evolving Governance Environment"，*Ocean Yearbook Online*，Vol. 28，No.1，2014，pp.269-290.

② A. Chircop，N. Letalik，T.L. McDorman，S. Rolston，*The Regulation of International Shipping：International and Comparative Perspectives*，Boston：Brill/Nijhoff，2012，p.83.

③ 张超：《北冰洋矿产资源开发中生态环境保护法律制度的完善》，山东大学国际法学专业，2018 年，第 96 页。

④ 杨振姣、刘雪霞等：《我国增强在北极地区实质性存在的实现路径研究》，《太平洋学报》2015 年第 10 期。

海洋生态安全治理机制中地缘优势过度，限制了域外国家的活动，将削弱北极海洋生态安全治理的国际合作程度，不利于北极海洋生态安全治理机制的健康发展。以北极国家构成核心的北极理事会本身存在着诸多弊端，其在北极环境治理中，约束力不足，专业性也有欠缺，在北极治理中治理层次不高，在关于主权问题、资源问题、地区安全问题等高级政治领域涉足不多。① 北极国家在北极海洋生态安全治理中的制度设计方面占据绝对的主导地位，这种过度的地缘优势易造成域外国家的行为方式与其制定的制度相背离，最终造成的北极海洋生态安全问题，仍是全人类为其"买单"。北极生态安全问题不是北极国家的问题，其影响全球各区域，属于全球问题，在制定相关政策时需征求多边意见。②

三、信息沟通平台未形成，信息"碎片化"现象严重

从目前北极海洋生态安全的既有机制来看，当前北极海洋生态安全治理机制在主体、层级方面呈现出多元化局面，北极海洋生态安全各治理主体为保护和稳定北极海洋生态安全采取了一系列的措施，制定了一系列约束性文件，构建了北极海洋生态安全治理机制，对北极海洋生态及自然资源的可持续发展作出了贡献，但是在现行的北极海洋生态安全治理机制中，仍存在各治理主体之间排外性较强，缺乏深层次的合作，信息不对称，呈现出"碎片化"特征等问题，目前的北极海洋生态安全治理的合作流于表面，缺乏深度合作，实际的合作仍差强人意。③

在全球化进程不断加快的过程中，单一个体没有足够的资源和能力可以独自实现"善治"，因此多元化的北极海洋生态安全治理主体需要在相互依赖的环境之中共享公权力，通过平等协商对话达成共识、权责分明、互信合作。在此基础上，围绕国际公共事务的合作治理更强调多元国际主体形成

---

① 孙天宇：《中国参与北极事务的实践探索及路径分析》，吉林大学国际政治专业，2017 年，第 37 页。

② Young O R. "Governing the Arctic Ocean", *Marine Policy*, Vol.72, 2016, pp.271-277.

③ 杨振姣、董海楠等：《北极海洋生态安全面临的挑战及应对》，《海洋信息》2014 年第 2 期。

互惠互利的命运共同体合作共识，进而构建起能够统筹规划且尽可能兼顾效率与公平的治理机制。

第二节　北极治理制度层面的困境探析

随着气候变化加剧和人类活动增多，北极海域的生态环境保护和人类利用活动之间矛盾逐渐显现，北极治理的全球效应不断放大，在此背景下科学考察、航道开发、能源开采、生态保护等北极活动对实现北极治理的可持续发展提出了迫切要求。从规范北极治理的制度层面来说，北极生态保护法律体系不健全，尚没有成熟的国际性法制或机制对北极开发的权益与责任作出明确的分配与权衡，且现行北极生态保护法律之间存在一定的冲突，致使北极生态安全治理活动的开展缺乏必要的法制依据。

一、现行北极生态保护法律间存在冲突

目前与北极相关的法律法规主要包括国际性法规条约、区域性多边或双边协议、国家立法以及非强制性约束的准则、决议等，可适用于北极海洋生态安全治理的相关规定大多依据国际性环境保护法规条约，但现行的与北极海洋生态安全治理有关的实体法与程序法之间的矛盾冲突，不断制约着北极治理问题。

（一）实体法之间的冲突

经济全球化已发展成为世界发展的主要潮流，而贸易自由化是实现经济全球化的核心驱动力，在实现两者的蓬勃发展的同时，生态保护问题不容忽视。自由贸易是推动国家经济发展的主要动力，而环境保护是国家存在与发展的基础。在推动贸易全球化的同时实现生态环境的同步保护是实现世界可持续发展的最理想状态，两者之间应该达到一种相互促进的良好状态。事实上，在推动贸易全球化的过程中生态环境问题并未得到有效改善，贸易保护规则不断发展的进程中，并未实现生态环境保护规则的全球化发展，环境

与贸易并未在实践中得到有效整合。环境主义者认为，自由贸易削弱了环境保护力度，失控的贸易会加剧环境破坏。而贸易主义者认为，自由贸易是推动经济增长的最有效方式，经济增长推动科技进步，自由贸易有望是推动并改善环境保护的唯一方式。①

同理，北极生态保护与全球自由贸易法律之间同样具有冲突性。要实现北极生态保护的目标，就必须设立全球贸易的环境标准，以此来控制或降低自由贸易与经济发展对生态保护所带来的消极影响。同样，要想实现全球贸易的自由化发展，就需要取消环境对贸易的限制。当贸易自由化与生态环境保护按照各自的规则运行时，而且由于两者之间缺乏关联与协调，矛盾就出现了。如《关贸总协定》（General Agreement on Tariffs and Trade，GATT）第11条和第20条规定，禁止对国际货物贸易设限，而有关大气的国际条约却明确规定不允许那些破坏臭氧层的货物进出口。② 再如GATT中关于相同产品间的非歧视义务原则的规定，即对于以不同加工或生产方法生产的产品，只要具有相同的最终用途和物理特性即可认为是相同产品，按照该规定，从北极进口的石油与从中东地区进口石油是相同产品，应被同等对待，但是该规定并没有考虑到同等数量的石油开采对不同地区之间生态环境所产生的不同影响，未将北极地区脆弱的生态环境及较低的修复能力考虑其中，国际市场对石油、天然气的需求量不断上涨的同时必会加剧北极能源的开采力度，但弱化了能源开采对北极生态乃至全球气候所带来的负面影响，在一定程度上加剧了一系列经济活动对北极生态环境的破坏程度。

（二）程序法之间的冲突

随着实体法的不断完善与发展，其适应主体与范围得以不断扩展和延伸，涉及的领域与主体也因此产生不同程度的交叉重叠，使得相关行为主体的某一单独行为可能同时适应不同法律实体框架下的规范与约束，也就意味

---

① 刘中民、唐斌：《国际环境法基本原则研究评析》，《中国海洋大学学报》（社会科学版）2007年第4期。
② 杨凡：《北极生态保护法律问题研究》，硕士学位论文，中国海洋大学资源与环境保护法学，2014年，第24页。

着对同一事件可以按照不同领域的实体法采取不同的处理结果。在选择依据哪项法理来进行相关判决处理时，在有效解决争端的前提下相关行为体会首先选择能够实现自身利益最大化的实体法，矛盾冲突的另一方也会出于自身利益的维护选择对其有利的一方。北极地区渔业资源丰富，在北极渔业资源捕捞引发的争端中，就会出现一方主张根据世界贸易组织倡导贸易自由的相关机制解决争端，另一方则要求利用提交国际海洋法庭，按照《联合国海洋法公约》中要求保护迁徙鱼类的相关规定以解决争端。[①] 显然，按照不同的法律程序对同一事件的处理结果也会大不相同。随着北极开发程度的不断扩展，北极能源开发、航道运营以及生态保护在空间与时间上的冲突日益尖锐化，但处理这些冲突是该选用哪些法律程序并没有明确的规定，因此国家行为体在处理这些冲突时选择依据哪项法律程序的原则是保证实现本国利益最大化，这一原则可以满足特定国家的北极利益诉求，但是在整个北极治理的框架体系中，北极事务的适用性法律程序之间的冲突性尤其是涵盖领域重叠部分的矛盾性是导致北极治理机制碎片化的主要原因之一，也在一定程度上加剧了北极国家之间以及北极国家与非北极国家间矛盾冲突的不可协调性，从而成为促进北极治理良性发展的掣肘。

二、北极海洋生态安全治理法规体系不健全

北极海洋生态安全治理方面的规章包括一系列《公约》在内的国际法律制度提供了处理北极问题的基本法律框架，但并未形成统一的国际法体系。法律法规过于分散且混乱，各条约、国际组织间的层次难以划清，没有形成统一体系，各国纷纷从自己的立场和利益出发，随意使用、解释甚至创制国际法规范。此外，国际条约、国际组织之间也常常发生重叠和冲突，严重削弱了适用于北极地区事务的国际法机制的权威，也加大了北极地区实现国际多边治理的难度。保护北极海洋生态安全的一般性法律措施主要有《国

[①] 杨凡：《北极生态保护法律问题研究》，硕士学位论文，中国海洋大学资源与环境保护法学，2014年，第26页。

际防止船舶造成污染公约》(1973)、《联合国海洋法公约》(1982)、《联合国生物多样性公约》(1992)、《联合国气候变化公约的京都议定书》(1997)和国际海事组织的规定中，包括防止国家管辖范围内的海底活动破坏海洋环境、保护海洋生物多样性、船舶防污底系统造成的污染以及船舶压舱水带来的外来生物入侵等问题。但是，这些法律制度也存在一些问题。

首先，北极治理法律体系中存在"硬法"的空缺。在涉及北极治理的四个既有区域性国际机制中，1920年签署的《斯瓦尔巴德条约》虽然具有"硬法"特性，但针对的只是斯匹次卑尔根群岛这一个案。与此相类似，1973年签署的《保护北极熊协定》也只是个案式地具有"硬法"特点的多边国际条约，其宗旨是拯救和保护北极熊的生存环境。① 1972年的《伦敦公约》及其1996年的《议定书》并不适用于大陆架矿产资源开发过程中的倾倒，大陆架海洋矿产资源开发过程中的倾倒问题目前只能依赖1982年《联合国海洋法公约》进行规制。1973年《国际防止船舶造成污染公约》及其1978年《议定书》也无法规制直接来自于勘探、开发、离岸加工海床矿产资源所释放的有害物质，该公约附件六对于直接来自于海底矿产资源的勘探、开发和相关离岸加工的废气排放也不适用。尽管1982年《联合国海洋法公约》规定沿海国应当采取法律或其他措施防止、减少、控制其管辖下的海底活动对海洋环境造成污染，但是该条规定非常简单，没有特别指出沿海国应该制定相关法律以规制直接与矿产资源开发活动相关的排放。其次，这些法律、法规具有普适性，大部分并没有针对北极地区的特殊生态条件作出特别的规定，因而无助于解决北极治理中的特定问题，如北极航道争议问题，在北极地区需要更为严格的法律机制以应对资源开发可能带来的问题。再次，并不是所有的北极国家都批准了这些全球性公约，一些国家，尤其是美国，并没有批准1982年《联合国海洋法公约》、1992年《生物多样性公约》等重要的海洋生态安全保护公约。最后，全球性法律机制缺少对适应性管理制度、经济激励制度以及机构保障制度和直接责任制度的规定，在后续国际

---

① 王传兴：《北极治理：主体、机制和领域》，《同济大学学报》（社会科学版）2014年第2期。

法的发展中应当加强对这些制度的构建和规定。①

第三节　北极治理机制方面的原因分析

北极区域因其独特的地理位置和气候条件，国际交流与合作相对于其他地区而言进展缓慢，北极海洋生态安全治理在北极治理机制方面的困境主要体现在现行北极治理机制在国际合作方面的低效力问题。北极地区现存有关国际合作的机制中，最具代表且影响较大的有作为政府间高级论坛的北极理事会和《联合国海洋法公约》，还包括与北极地区合作与治理机制相关的各种法律条例，这些法律条例大部分是区域机构内部通过的决议，即所谓的软性法律工具，前者属于国际法律文书的性质，而后者对于北极则是不具有约束性的条例。

一、北极理事会框架下的北极国际合作机制的缺陷探究

北极理事会作为目前处理北极事务的核心组织，维护北极国家的核心利益是其最大的驱动因素，排外的内在属性与北极问题全球化的外在趋势两相矛盾，因此，北极理事会必然不能发展成为一个国际性北极治理机构。因此，就北极治理而言区域性组织机构已然不能适应全球化浪潮，而且任何新兴的区域性组织都很难超越北极理事会而发挥更大的作用。成熟的国际性机制及配套法制的缺失，不利于北极治理由零散性向整体性，由区域性向全球性的转变，也因此加剧了北极海洋空间规划在权衡与分配不同主权国家之间的海域权益、协调海域活动等方面的难度。

（一）北极理事会的排外性对北极国际合作机制的有效构建造成阻碍

北极理事会由美国、加拿大、俄罗斯等北极八国组成，虽然于 2013 年

---

① 张超：《北冰洋矿产资源开发中生态环境保护法律制度的完善》，山东大学国际法学专业，2018 年，第 96 页。

正式吸收意大利、中国、日本、韩国等国成为理事会正式观察员国，但就其正式成员来说并不允许增加新的固定成员，这种排外的内部属性有悖于"有效包容"和全球导向的国际合作方针。在北极事务处理的过程中，理事会的主要成员一直倡导北极事务由北极国家来掌控，它们认为非北极国家不应该插手北极的事务处理，只能作为观察国成员存在，成为北极事务的旁观者。2012年北极理事会发布了一份《北极高官报告》，该报告对北极观察成员国提出了必须承认北极各国独自的主权和领土的要求，这一要求相对来说比较苛刻，同时对观察成员进行了约束，对于北极事务的处理它们没有任何决策权。[①] 北极理事会的一系列行为从根本上是为了在国际范围内确立其北极区域国家的重要地位，让它们的北极权益得到国际社会的认可，同时通过一系列苛刻的条件降低观察员国的存在感，削弱其处理北极事务的权力。即使通过了一系列苛刻的条件，成为观察成员国，仍然没有任何权力来进行北极事务的决策，在北极事务处理的过程中没有话语权。在对具体事务处理的过程中，观察员国仅仅只能在部长以下级别的会议中发言，在发言之前还必须提出申请得到允许后方可。在部长级以上会议中，它们没有发言的权利，只能提出自己的书面意见，这些意见不被采纳只是用于参考。北极八国通过一系列操作让北极理事会成为自己的一言之地，观察员国没有任何利益可言，同时还要承担一定的责任和义务。借助北极理事会，北极区域国家将自己在北极的权利进行合法化操作，力图获得国际社会的认可，同时限制其他国家参与北极事务，减少参与国的影响力，让北极成为它们的私家花园。而北极理事会在治理北极过程中关心北极气候的问题也是出于本国安全的需求，为了保障本国的国家安全，保证本国在北极资源获取的可持续性。但是北极问题和全球各国息息相关，日益复杂的北极问题仅仅依靠北极八国已经无法彻底解决，它需要其他国家积极参与进来。

---

① 肖洋：《北极理事会"域内自理化"与中国参与北极事务路径探析》，《现代国际关系》2014年第1期。

（二）北极理事会合作机制自身存在功能性缺陷

在处理北极事务的过程中北极理事会发挥了重要的作用，但是一些弊端也显现了出来：首先，它仅仅是一个论坛组织，用于处理北极的相关事务，它没有具体的执法权力和立法权力，在运行的过程中理事会依据的是部长宣言，这些宣言不具有任何法律效力，在处理具体事务的过程中也没有可以遵循的法律来约束，没有规范的条款来引导，因此对于重大问题的决策具有不确定性。针对各国在北极区域产生的争端问题，北极理事会并不能进行有效的调节，问题并没有得到根本解决。而在渔业安全问题方面，北极理事会一直避而不谈，这样说明它们对这些问题并没有解决的能力，同时各国之间与国际之间的合作进程也处于一种停滞的状态。其次，在北极理事会中，三种成员所具有的权利差异性极大，并没有遵循公平公正的原则，所有的事情都由八国来决策，其他组织和国家没有任何决策权，这是极不公平的，在处理域外事件的过程中也将其他相关国家排除在外，北极原住民的根本权益也无法得到保障。最后，北极理事会采用轮流主席制度，这种制度导致了理事会章程不断变化，各国都从自己的利益出发来制定对应的规则制度，这不利于理事会的长期发展。

（三）北极理事会内部各国矛盾逐渐增多不同利益诉求使得各自为政

在理事会内部，北极八国试图通过北极区域整体性的观念来将北极作为一个整体和其他域外国家进行划分，但是在处理北极内部事务的过程中却没有实现区域整体性的目标，尤其对于各国的争端解决并没有起到任何作用。2008年，丹麦联合美、俄、加、挪威形成了"北极五国"的小团体，团体召开了相关的会议并发表了属于五国的《伊卢利萨特宣言》，在宣言中提出五国所拥有的领土范围和主权内容，强调了北冰洋不是国际社会所共有的，这一举动说明了五国想要北极私有化的决心，遭到了世界各国的强烈反对。《伊卢利萨特宣言》的内容包括了很多方面的问题，其中最为重要的是主权问题，其次还有关于科学考察、资源开发、海洋捕捞、航道运输等方面的问题，在发表宣言的同时它们将其余三国排除在外。为了应对这一现象，冰岛在积极寻求其他国家的支持，2013年冰岛发起了"北极圈论坛"，这一论坛得到了五国之外的瑞典和芬兰的支持，同时也有一些域外国家积极发声表示支持，这使得冰岛的北极地位逐步提升，而瑞典和芬兰类似的举动也从未停止过，它们在主动寻求域外国家的合作。①

二、《联合国海洋法公约》框架下北极国际合作机制存在的不足

联合国作为当今国际社会最大的政府间组织，在处理国际问题上最具权威性。北极地区以北冰洋为主，北冰洋至今没有独立的国际法律制度，只有《联合国宪章》、1982 年《联合法海洋法公约》（以下简称《公约》）、《联合国气候变化框架公约》、国际海事组织有关的规则等在内的海洋法或规则适用于北极。其中《公约》是以"一项普遍协议的世界国际条约"重建大部分海洋法的史无前例的尝试，它作为海洋大法，有关领海、专属经济区和大陆架等制度适用于北冰洋。作为国际海洋领域最具有权威的国际法，《公约》在多个领域代表着国际社会在海洋问题规范的制度创新。2008 年，"北极五国"发表的《伊卢利萨特宣言》明确了《公约》在北极地区的法律地位。在联合国框架下的合作机制对北极国际合作有一定的指导意义，但是《公约》在日益丰富的北极议程上对北极国际合作亦表现出一定的不足。

（一）《公约》有关北极国际合作的条款缺失，不能为北极国际合作提供法律支持

作为国际通用的海洋法律，《公约》在制定过程中充分考虑到了国际政治环境和各国基本的政治情况，在制定的过程中，国际处于苏美冷战的阴影之下，此时的北极地区主要以北约和苏联的对峙为主，因此制定《公约》时考虑到了这一实际情况。为了促使《公约》的成果签署，在不影响美苏对峙格局的情况下，关于北极区域的相关内容较少，其中关于北极的内容主要设计技术层面和环境保护层面，不涉及主权等政治敏感层面问题，因此《公约》在北极地区也不具有代表性。同时《公约》的制定是建立在各国相互妥协的基础上的，因此对于国家利益安全方面的问题基本没有设计。因此想要

① 贾桂德、石午虹：《对新形势下中国参与北极事务的思考》，《国际展望》2014 年第 4 期。

完善北冰洋地区的管理条约就必须在《公约》所提供的基础上，结合北极的实际情况和国际的时事政治军事格局进行制定，保证新的条约具有一定的法律效力和时效性。新的条约在制定的过程中不仅仅要考虑到这些问题，还应该考虑如何让条约的执行具有一定的法律效力，现有的《公约》在北极问题的处理上并不具有相关的法律强制性。

（二）《公约》修改困难，难以应对北极地区最新出现的问题

首先，虽然《公约》在制定的过程中考虑到了后期的修改问题，提供了某种修正案机制，但是这些机制几乎不可能被实现，建立《公约》的国家没有足够的权限对《公约》进行修正。[①] 同时由于《公约》针对的对象包括全球各国，它的内容涉及世界各国的利益，因此在修正的过程中很难做到意见的统一，同时修正的过程中需要考虑的因素相当复杂，难以就某个问题达到多国的共识。同时《公约》的修改也是一个长期的过程，在短期内无法实现，而现有北极局势乃至国际形势瞬息万变，《公约》修改的速度不能与国际形势变化的速度相匹配，不具有时效性。同时《公约》在制定的过程中没有得到美国等一些国家的认可，因此在对北极问题进行修正的过程中必然会涉及这些国家的利益，与其国内法律所冲突。

（三）《公约》在涉及北极地区的部分条款表述中用语模糊，各国根据本国利益进行解读使《公约》在北极问题上的权威性和约束力大打折扣

《公约》作为一个全球海洋事务普遍适用的国际法，其对普遍适用性的要求使个别条文和措辞存在弹性和模糊性，在适用于北极地区的一些条款同样如此。北极部分国家对于北极一些地区的潜在利益的争夺使得北极争端愈演愈烈，因此对于《公约》的解读完全以自身利益为出发点。比如：在被称为"北极条款"的第 234 条中有关"冰封区域"的规定"沿海国有权制定和执行非歧视性的法律和规章，以防止、减少和控制船只在专属经济区范围内冰封区域对海洋的污染。"其中"冰封区域"的范围是仅仅包括专属经济区

---

① 谢晓光、程新波等：《"冰上丝绸之路"建设中北极国际合作机制的重塑》，《中国海洋大学学报》（社会科学版）2019 年第 2 期。

还是领海存在争议，有的国家认为不包括领海和内水，而另一种观点则是包括从专属经济区的外界限到沿岸国的海岸线。这种语言界定的模糊性使得有关北极航道的争端变得难以解决，一些国家可能会以此扩大权力范围。《公约》对大陆架的"自然组成部分"的定义含糊不清；缺乏界定大陆坡脚和加德纳线的程序性准则；测量水深和沉积物厚度方面的不确定性。对于北极地区的主权争端极其不利，也间接导致北极局势恶化。《公约》第 76 条规定了确定 200 海里以外大陆架外部界限的方法，需要确定海底至少一个和可能存在的三个特征：坡脚（最大海底坡度变化点）、准划定界限（定点上沉积岩厚度至少为从该点到坡脚距离的 1%），以及 2500 米等深线。① 为了执行第 76 条的规定，大多数受影响的沿海国家首先必须更详细地绘制其大陆边缘的水深和沉积物厚度图，这种技术在无冰水域尚在能力范围之内，但在北极地区进行大面积测绘工作以现有技术难以达成。

第四节　北极治理工具与治理技术困境

　　海洋空间规划作为一种综合性海域管理工具，在协调用海矛盾，保护海域生态安全，促进规划海域可持续发展等方面具有重要作用。鉴于海洋空间规划这种强大的海域管理效力，以海洋生态安全为基础，在北冰洋海域实施海洋空间规划能够合理规范各国的海洋资源开发利用活动，对实现北极资源的可持续发展具有重要意义。当前，北极海洋空间规划仍处于起步阶段，规划的制定和实施都还不成熟，且在北极进行海洋空间规划面临着多重困境。此外，由于北极特殊的战略地位，各国在争夺北极资源的过程中相对比较保守，为了防止本国先进的技术为外国所利用而损害本国在北极的利益，各国较少地进行技术交流与合作，这不利于整体北极海洋治理技术的提高，

---

① 谢晓光、程新波等：《"冰上丝绸之路"建设中北极国际合作机制的重塑》，《中国海洋大学学报》（社会科学版）2019 年第 2 期。

北极海洋生态安全治理受到极大限制。

一、北极海洋空间规划的发展困境

北极海洋空间规划尚未开展。北极海洋生态安全治理属于全球海洋治理的重要组成部分，但鉴于北极地区独特的气候条件与复杂的地缘政治局面加之自身生态系统的脆弱性，其治理进展较为缓慢，缺乏长期性的发展规划。海洋空间规划是一项综合性海洋管理工具，能够在时间与空间双重尺度上充分协调人类活动与海洋生态保护两者之间的关系，通过一定的规划手段与调控措施实现特定海域预期内的良性发展。[①] 虽然北极海域常年被冰雪覆盖，但仍具有海洋的一系列共性特征，海洋空间规划技术和方法及其实施效果仍适用于北极地区，北极空间规划实际上是一种海洋空间规划，作为实现海洋生态系统可持续管理的重要工具，海洋空间规划凭借其综合性和以海洋生态系统保护为基础的特征，对维护北极生态安全起着举足轻重的作用。虽然各沿海国家的海洋空间规划已比较成熟，但北极海域的海洋空间规划工作尤其是公海海域的海洋空间规划几乎尚未开展，这与北极海域所涉及的复杂的地缘政治因素干扰密不可分。

（一）缺乏必要的北极国际合作机制作为支撑

根据《联合国海洋法公约》（UNCLOS）规定，各国享有传统的公海自由，包括捕鱼、航行、飞越、铺设电缆和管道的自由，建造人工平台以及开展海洋科学研究的自由。但是，各国在享受自由的同时还没有充分履行《联合国海洋法公约》的相关保护义务，保护海洋环境、稀有和脆弱的生态系统、脆弱的物种、保护公海海洋资源、防止污染、控制其国民和国民的行为船舶。虽然《生物多样性公约》（CBD）中，各国致力于防止对国家管辖范围以外的环境和生物多样性造成损害，很少有国家制定评估程序或其他监督机制，以查明其管辖或控制下的潜在有害活动。虽然在《联合国海洋法公约》或《生物多样性公约》中没有与海洋空间规划（MSP）相关的明确规

---

① 狄乾斌、韩旭：《国土空间规划视角下海洋空间规划研究综述与展望》，《中国海洋大学学报》（社会科学版）2019 年第 5 期。

定，但海洋空间规划显然是一种切实可行的，有助于协助各州履行其义务的有效措施。虽然《联合国海洋法公约》为海洋治理提供了宝贵的框架，但在处理具体的公海规划问题方面并不全面。

《联合国海洋法公约》的前提是合作与义务，但并未建立起一个实质性的协调和讨论的机制来解决具体的实施问题。正如联合国秘书长 2006 年的报告所承认的那样，建立一套纵向整合的机制以协调不同级别间的政府职能和横向整合机制协调具有不同任务的机构，对于应用生态系统方法至关重要。[①] 虽然这一引用涉及国家管辖范围，但它同样适用于国家管辖范围以外的地区，但目前联合国框架下并未形成这种机制。北极治理中此类机制的缺失使得极具包容性和复杂性的北极海洋空间规划难以展开。

（二）不同国家间利益诉求难以达到契合

在规划的出发点上，各国也不尽相同。加拿大波弗特海沿岸经济条件较为落后，海洋开发利用活动较少，当地社区有发展海洋经济的强烈意愿，因而其规划旨在评估石油和天然气工业对区域的影响，以促进海域的可持续利用。挪威北极海域海洋环境质量良好，2006 年以前的开发利用活动主要为渔业、航运和油气开发，因而其规划主要关注来自海上石油污染的威胁，并将减少各行业冲突、促进各海洋产业协调发展作为主要原则。2006 年后，气候变化、海洋酸化的影响加剧，挪威在海洋空间规划的更新中主要以新的环境影响为出发点，同时考虑旅游业、海洋可再生能源开发、海洋生物勘探等新兴产业。当前各国在进行北极海洋空间规划时，都以维护本国利益为出发点，各国出发点各不相同，多以开发北极海洋的不同资源为动机，而出于维护北极海洋生态安全目的的空间规划较少。

（三）北冰洋海域划界争端频繁，海洋空间规划主体不明确

由于特殊的地理位置、气候条件和军事政治背景，北极地区存在着复杂的海域划界争端。到目前为止，北冰洋海区已完成大部分海洋划界，但整体而言还存在相当一部分未完成的海洋划界。涉及 200 海里外大陆架外部界

---

① 薛桂芳：《〈联合国海洋法公约〉体制下维护我国海洋权益的对策建议》，《中国海洋大学学报》（社会科学版）2005 年第 6 期。

限的确定问题，各国间的海洋划界形势更加复杂。[①]

1. 200 海里以内海域划界争端

随着全球气候不断变暖，北极资源的可开发利用程度不断提高，各国的海域划界争端越来越复杂和激烈。其中 200 海里以内专属经济区的划界争端主要涉及俄罗斯、美国和加拿大。沙俄与美国于 1867 年签订《阿拉斯加割让协定》，自此，阿拉斯加归属美国，然而当时并未在白令海和楚科奇海之间规定明确界限，导致后来美国和俄罗斯在该海域存在长期的争端。美国与加拿大在波弗特海也存在争端，两国关于海域分界线的走向一直没有达成一致意见，争端背后是两国都想获取更多的资源利益。[②]

2. 200 海里以外大陆架划界争端

200 海里以外大陆架划界争端涉及的国家更多，争端更为复杂和激烈。随着资源勘探技术的不断提高，北冰洋被勘测出具有丰富的油气资源储备，这使北冰洋沿岸国家纷纷争夺外大陆架主权权利，以更好地获取北冰洋所蕴藏的资源。2007 年，俄罗斯微型潜艇在北冰洋 4261 米深处插上国旗，意图证明北极附近富含石油的大陆架是俄领土的自然延伸。[③] 俄罗斯"插旗事件"激起了各国的危机感，美国、加拿大、挪威、丹麦纷纷采取行动保护各自的北极权益。丹麦以北极点所在的海底是格陵兰岛（丹麦）的自然延伸为由，宣称北极是丹麦的。历史上加拿大曾申请北极主权，协定若未来 100 年内没有国家提出北极主权申请，则北极属于加拿大。[④] 俄罗斯和丹麦对于北极主权的申请威胁到加拿大的利益。美国和挪威也纷纷进行军事活动、勘探活动参与北极争夺。由于争议各方的利益诉求、技术水平、社会经济状况不同，在进行海洋空间规划时也会有很大差异。不同的国家在同一片海域实施不同

---

① 白佳玉、隋佳欣：《论北冰洋海区海洋划界形势与进展》，《上海交通大学学报》（哲学社会科学版）2018 年第 6 期。

② 叶静：《加拿大北极争端的历史、现状与前景》，《武汉大学学报》（人文科学版）2013 年第 2 期。

③ 吴慧：《"北极争夺战"的国际法分析》，《国际关系学院学报》2007 年第 5 期。

④ 黄志雄：《北极问题的国际法分析和思考》，《国际论坛》2009 年第 6 期。

的海洋空间规划，导致规划重叠，难以实现有效的海洋管理。不同的主体同时对争端海域进行资源开发利用，造成过度开发，严重影响海域生态安全，加重了海洋空间规划的难度。

（四）规划理念与区域性为主的治理机制之间的矛盾

北极海洋空间规划是超越一国政府举措范畴的全球性公共产品供给问题，需要国家、区域更广泛的合作与管理，需要包括国际社会、各个国家等非政府组织的多层次主体的共同参与，以改善目前国际权力结构不对等的状态。因此，在北极推进海洋空间规划工作的要点之一就是要充分明确泛北极理念在指导未来北极工作中的重要性。然而，鉴于极地开发技术和自然环境的限制，北极在国家间的利益博弈中一直处于一种"冰冻"的状态，北极更多的是北极国家的北极，也由此形成了区域性为主的北极治理机制。然而，在经济全球化以及全球变暖趋势的推动下，北极逐渐进入"解冻"状态，其航道、能源、地缘战略价值逐步显现出来，北极逐渐成为世界的北极。新的国际形势下，泛北极尺度下多元化治理主体、协同化治理机制、综合化治理议题是推动实现北极治理可持续发展的主旨所在，但以北极理事会为主导的区域性北极治理机制显然不能满足这一新的治理需求，这种内在发展需求与外在治理机构之间的矛盾冲突，将会是北极海洋空间规划的一大阻力。

二、极地科技水平亟待提高

北极气候复杂多变，航行中不仅需要克服海冰、受洋流影响的流冰等因素的干扰，还需要随时面对恶劣的雨雪、风暴等天气变化。虽然北极气温升高使得北极航道的全线贯通成为可能，但目前国际社会关于航海数据资料的掌握十分有限。据北极理事会北极航运评估主席、阿拉斯加大学教授劳森·布里格汉介绍，北冰洋现在只有大约9%的范围根据国际标准绘制了航海地图。[1] 北极航行技术的不成熟与通航条件的恶劣使得北极相关航海数据资料缺失，给北极航道的通航带来巨大的安全隐患。

---

[1] 刘晔：《从北极航道到"冰上丝绸之路"》，《港工技术》2018 年第 1 期。

　　此外，极地考察基础设施和保障体系规模仍然偏小，缺少必需的应急救援能力；在两极海洋及科考站区开展大范围、长周期科学考察与研究的空间活动能力偏弱，缺乏统一部署和专业化的后勤支撑系统；作为科考站研究水平标志的实验室设备和仪器简陋，研究方向大而全，研究目标较为分散；目前科研活动较多受科学家能做什么驱动，较少与国家需求什么相关。① 此外，由于北极特殊的战略地位，各国在争夺北极资源的过程中相对比较保守，为了防止本国先进的技术为外国所利用而损害本国在北极的利益，各国较少地进行技术交流与合作。以北极海洋空间规划为例，编制海洋空间规划需要大量采集海域的水文特征、资源状况、海底地形地貌等信息，这些数据的采集需要较高的技术要求。在采集数据过程中，传统的野外人工测绘难以完成任务，随着技术的发展，航空遥感成为数据采集的重要方式，但航空遥感受飞机飞行高度、续航能力、姿态控制的影响较大，难以进行全天候遥感测绘作业，难以实施大范围的动态监测。相比于传统野外人工测绘和航空遥感，卫星遥感影像因其视点更高、视域更广、数据采集快、可进行重复、连续观察的特点更适合用于海洋空间规划中的数据采集。② 这就依赖于各个国家间技术合作与交流，完善北极海洋卫星立体观测体系，创新各类海洋卫星遥感数据融合技术，针对特定海域获取的各类海洋卫星遥感数据，反映该区域海洋物理特征，进行数据融合，实现对海洋物理特征的近距离实时监视监测。③ 然而，由于北极特殊的战略地位，各国在争夺北极资源的过程中相对比较保守，为了防止本国先进的技术为外国所利用而损害本国在北极的利益，各国较少地进行技术交流与合作，国家间的技术壁垒不利于整体北极海洋治理技术的提高，北极海洋生态安全治理受到极大限制。

---

① 孙立广：《中国的极地科技：现状与发展刍议》，《人民论坛·学术前沿》2017 年第 11 期。
② 杨博锦：《遥感卫星影像在地理国情普查中的应用》，《电子技术与软件工程》2019 年第 5 期。
③ 刘圆、韩进喜：《海洋卫星应用系统现状及发展》，《国际太空》2019 年第 3 期。

第五章　主要国家北极海洋生态安全治理实践

　　北极海洋生态治理问题是国家和世界组织都应该重点关注的问题，也是大家需要共同去承担和肩负的责任。尤其是面临着当今北极地区严峻的海洋生态现象，大家应该有责任去反思自己，并采取相应的行动去改善北极地区海洋生态安全，增强海洋生态系统的生命力，促进海洋生态的可持续发展。其实事实上，大多数国家和组织并没有对此现象袖手旁观，而是根据各国和地区的国情和具体发展情况针对北极海洋生态安全制定和建立一系列的政策法规和治理措施。本章将通过对国外北极海洋生态安全的治理情况的阐述，包括俄罗斯、加拿大、美国、欧盟和原住民非政府组织，总结出对我国北极海洋生态安全治理的借鉴，并对此提出建议，展开展望。

第一节　国外北极海洋生态安全治理现状

　　针对北极海洋生态问题，俄罗斯、加拿大、美国、欧盟以及原住民非政府组织等积极参与到治理中，并发布了一系列政策文件和规定，给全球其他国家作出了表率，为北极地区的生态安全作出了贡献。

一、俄罗斯与北极海洋生态安全治理

俄罗斯在进行北极开发和治理的过程中，首先确保的是本国的利益，只有保证本国利益开发和治理活动才能长久进行下去。通过不断的治理活动，俄罗斯总结了大量相关经验的同时也明确了北极开发的战略，它们充分认识到了北极所具有的经济价值和战略意义。2014年，俄罗斯针对北极安全问题召开了专项会议，通过会谈俄罗斯确立了北极地域的国防战略地位，将北极安全等同到俄罗斯本土安全。而俄罗斯在2009年已经制定了北极长期开发的相关规划，同年5月俄罗斯发布了《2020年前俄罗斯国家安全战略》，在战略中俄罗斯针对北极开发和治理可能遭遇的各种问题进行了详细的讨论，这些问题包括了领土纷争、政治矛盾以及可能得到的利益，同时在这份战略文书中俄罗斯也对北极开发和治理工作有了明确的定位，详细规划了具体的实施步骤。

2013年4月，俄罗斯针对北极地区安全问题提出了新的保障策略，在相关策略中针对北极目前的形势进行了详细的说明，明确了北极开发可能遇到的风险和问题，可能与其他国家之间发生的矛盾和纷争。这一策略是现阶段北极开发和治理的最优策略，是北极活动的指导方针，同时在具体内容上也有了大幅度增加，相比于2008年的11条，此次的策略内容多达39条，其涉及的领域更加广泛，所涵盖的内容也更加全面，这也反映了俄政府对北极开发的重视程度，间接说明了北极开发工作在俄政府工作中的重要地位。在详细的问题中，俄政府针对可能发生的各种风险和矛盾进行了阐释，具体问题包括以下几点：首先是人才流失问题，由于北极地区的气候环境相对恶劣，本地常住人口较少，缺乏大量相关的科技人才进行开发和科研活动。同时在基础设施建设上，北极地区开发起步较晚，没有现成的基础设施，所需要的设施建设都必须从零开始，而在基础设施建设过程中需要投入大量的人力物力来实施。而现有的人才机制无法满足开发所需人才的需要，人才培养周期较长，这些都可能导致开发工作的停滞不前。同时当地居民的生活设施匮乏，生活水平较发达地区有明显差距，这也是亟待解决的问题，而这些问题的解决需要投入大量的人力和物力。在科研考察的过程中先进的设备也是必不可少的，而俄罗斯所拥有的设备无法彻底满足现阶段科研考察的需要。同时一些其他的配套技术也存在一定的缺口，比如水利技术、航运技术以及气象预报技术，这些技术想要满足北极开发的需要不是短期内可以完成的。交通问题也是所必须解决的一个大问题，不论是生活保障物资还是开发设备以及仪器都需要通过交通运输的方式获得。设备运行所需要的电力也是阻碍开发的一大障碍，远距离传输所需要的成本太高。在生态环境方面，俄政府予以了足够的重视，由于北极生态极为脆弱，一旦破坏恢复难度较大，因此生态威胁也是所必须面对的威胁之一。在新的战略中，俄罗斯首先明确了资源开发是北极活动的首要目标，在获取资源的同时使用环保能源来替代电力解决远距离传输的同时减少污染。在开发资源的同时，俄政府提出充分利用北极独特的地理位置和旅游资源大力开展旅游业务，提高当地居民收入的同时，让国民的北极国土意识更加强烈。同时新的战略还针对可能发生的一系列情况提出了安全系统构建的设想，用于积极应对可能发生的各种灾害以及事故。

2014 年 4 月，俄政府再次批准了《2020 年前俄联邦北极地区经济社会建设方案》，该方案应用于北极地区的经济建设活动，对具体的活动步骤方案中有着详细的规划。

2015 年，俄罗斯先后召开了 8 次专题会议用于讨论北极开发的具体事项，这些事项涉及北极开发的各个领域。而同年 8 月颁布的 540 号总统令中政府抽出大量的专项资金作为科研基金用于北极的开发和保护工作。对于北极开发和治理，俄政府予以了高度的重视，同时投入了大量的人力和物力进行开发活动。

综合分析可知，俄罗斯目前的北极开发意图主要包括以下几点[①]：

第一，在经济层面，北极资源可以为俄政府提供大量的能源物资，这

① 潘亮编译：《2020 年前及更远的未来俄罗斯在北极的国家政策原则》，俄罗斯《俄罗斯武器》网，2009 年 3 月 29 日，https://wenku.baidu.com/view/1d4fbe3667ec102de2bd8912.html。

些物资可以用于国家的战略储备。

第二，通过北极的开发和治理，俄政府保障了北极地区的军事力量，同时投入了大量的资金进行军备开发，这对于提升俄罗斯的军事实力保障国家安全有着积极的意义。

第三，通过对北极地区的生态保护活动的实施，提高了人类对于北极生态环境的保护意识，防止北极的生态环境被破坏。

第四，从科学层面上来看，各种科学技术的要求促使了俄政府投入资金积极进行相关技术的开发和应用，提升了俄罗斯整体的科技实力。

第五，通过北极事务的参与，加强了与北极各国之间的多边合作，为推动北极治理的共同进行提供了可行的方案。

新的战略方针主要从五个层面入手：社会经济层面、军事层面、生态层面、科技层面以及国际合作层面。对五个层面的不同内容进行了详细的阐释，制定了周密的计划，通过计划的实施保证五个层面的内容得以落实，详细计划包括：

在社会经济层面，积极推动北极科研活动的进行，通过科研活动的开展保证资源开发的稳定进行，同时保障北极生态环境不被破坏。在能源方面，通过清洁能源的使用替代传统的能源，在节省能源成本的同时保护了北极的生态环境。在科考的过程中，政府应当加大科研探索的力度，增加科考范围，勘探和找寻更多的能源，同时要重点关注北冰洋海域的能源开发情况，在能源采集的过程中采用技术手段提高能源的开采率，在保护环境的同时减少浪费。而在能源运输方面应该选择最优的运输方式，避免污染产生的同时最大程度将能源输送到各地。而在航运问题上应当采用先进技术对航道进行合理规划，成立专门的部门进行航道安全的预警工作保证航道的稳定性。同时提升当地居民的生活质量，通过合理的预警措施防止自然和人为灾害的发生。

通过学者对北极的不断考察和研究人们发现，北极并不是人们想象中的不毛之地，北极也有着许多可开采的资源以及适应人类生存的条件，它是一片资源丰饶的美丽区域，它静静地等待着人类去开发。学者们通过对北极的实地考察和研究发现，人类必然会将战略目标转向北极，北极未来会成为人类争夺的主要对象，它也将成为一个国家的战略要地。由于地缘经济学的逐步成熟完善，人类对于北极的战略意义和经济价值有了一个崭新的认知，北极对于一个国家的能源供给、经济和社会发展有着积极的意义。俄政府也充分意识到北极的战略价值，制定了相应的开发战略，同时投入了大量的人力和物力去实施这一战略。在开发政策上，政府不仅仅自己参与开发，同时也鼓励有能力的个人或者企业参与到北极的开发中来，通过提供一系列优惠政策，大力支持北极区域的能源开发和科考工作，同时不断降低税收水平，提升个人或者企业参与开发的积极性，提高开发进度，同时对北方地区的交通和基础设施进行大规模的建设。① 俄政府采取中央地方两面出资的策略，投入大量的财政资金对北极的开发工作予以扶持，对新的开发技术和开发项目进行重点关注，保证开发的先进性。同时对于人才，俄政府也予以了高度的重视，首先确保的是人才薪资可以及时结算，提升其工作积极性，同时提供一定的福利保证人才不会流失。在人才培育方面，政府根据实际需求建立了不同的人才培训机制，通过完善的培训及时培养出大量合适的人才投入到北极开发的工作中去。同时对于原住民和当地居住的工作生活的人，政府从不同的层面进行扶助，保障其基本生活条件的同时改善其生活质量。具体实施的过程中从教育、医疗、社会保障体系入手，在教育层面上，政府投入大量资金兴建学校，保障居民的入学率，同时引进优秀的教育人才；在医疗方面，政府购买大量先进的医疗设备同时兴建医院，让居民的医疗问题得以解决；在社会保障体系方面，政府借助其他地区的保障系统同时结合本地区的实际情况，建立起完善的社会保障机制。同时政府充分利用当地独有的旅游资源，在国内大力宣传北极旅游，在提高当地居民收入的同时，让国内居民意识到北极的经济价值和战略意义。

在军事问题上，由于北极资源的开发门槛越来越低，各国对于北极资

① 潘亮编译：《2020 年前及更远的未来俄罗斯在北极的国家政策原则》，"俄中央与地方政府共同出资"，俄罗斯《俄罗斯武器》网，2009 年 3 月 29 日，https://wenku.baidu.com/view/1d4fbe3667ec102de2bd8912.html.

源的竞争已经到了白热化的状态，在采用和平手段的同时各国都在积极进行军事储备。俄罗斯本身就是军事强国，为了保障北极治理和开发应有的权利，政府又投入了大量的资金用于军事力量的开发，在保证了北极地区军事安全的同时，也提升了本国的军事实力。同时政府还加强了北极区域的巡逻频率，保证北极地区的安全，做到对当地军事情况的实时掌控。

由于俄罗斯独特的地理位置，北方的特殊地域成为天然的防护墙，这样保证了俄罗斯北极区域的军事安全性，这对于俄政府在欧亚大陆的主权掌握有着重要的意义。但是由于技术越来越先进，航天技术的发展带来了空域的威胁，破冰技术的发展让水路也不再安全，同时北极地区的军事活动也越来越频发，各国之间的争端也越来越多，北极从一个不毛之地成为各国重要的战略目标。为了应对这一严峻的形势，俄政府不断加强在北极的军事实力，确保本国在北极的利益，具体实施方案如下：首先针对空域安全问题，俄政府在新西伯利亚群岛设立了不同的空军基地，部署了大量的飞机，通过空军和其他军种的配合保证北极区域的安全；其次在海洋方位问题上，俄联邦安全局结合本国的实际情况，通过研究和分析建立了一套完整的海岸防卫体系，用于抵御来自海洋的威胁；再次俄政府提前做好了不同军种的协同演练，同时进行了积极的宣传工作，保证北极区域应对突发军事情况的反应能力。政府还投入了大量的资金提升军队的军事技术力量，提升北极的防御能力。最后协同其余各国，做好海上恐怖袭击的应对工作，完善监控体系保证北极区域的安全性。

在生态领域，俄政府充分意识到北极生态系统的脆弱性，同时他们还认识到环境保护对于北极资源可持续发展的重要性，在实施开发的过程中，政府一再强调开发过程必须遵循环保的原则，从根本上杜绝环境污染和破坏的发生。在北极的开发过程中，俄政府从每个细节做起，保证环保意识深入到开发的每一步中。北极现有的辐射污染主要来自于西欧，通过气流的运动这些污染被带到北极区域，而一些跨国企业的研发和开发活动对北极的环境也造成了无法逆转的破坏，针对这些问题各国政府应该积极响应，共同努力杜绝辐射污染的同时，减少甚至杜绝跨国公司的不合理行为，同时制定一系列责任制度，对开发过程中所产生的环境问题进行追责制，从根本上杜绝环境的污染。政府还应该出台相关的鼓励政策，提升环保企业开发的积极性，在提高资源利用率的同时将环境破坏程度降到最低。俄政府所属的区域也面临着严重的污染问题，政府在开发的同时积极推动当地生态旅游的开展，提升北极知名度的同时提高当地居民的收入。同时对于以往的历史遗留污染，政府投入固定的资金进行积极的清理活动，降低人类活动对北极环境的破坏。在垃圾处理的问题上，采用环保的手段推进垃圾的无害处理和二次利用，在节省能源的同时保护了环境。对于北极地区应该建立不同的核辐射监测点，实时掌控辐射污染情况，有效预防污染的发生。同时在现有的区域采用自然保护区制度，保证生态环境的原始性，扩大保护范围，让北极资源成为俄罗斯可持续发展的动力。

在信息科技以及交通运输问题上，战略中明确提出：俄政府应当加大北极地区的基础设施建设的力度，这些基础设施包括交通设施以及通信设施，这也是应对军事现代化的需要；俄现有的卫星通信系统无法满足北极地区通信和军事联络的需要，俄政府目前进行数据收集主要依靠加拿大的通信卫星来实现。但是在北极问题开发上加拿大和俄罗斯属于竞争国家，因此俄罗斯应该积极主动出击设立属于自己的北极通信卫星，降低对竞争国家的依赖性。而由于冰川大量的融化，北方航道具有越来越重要的军事和经济价值，它也是俄罗斯未来所关注的重点之一。北方航道是俄政府进行北极资源开发和运输唯一的航道，因此它对于俄罗斯来说具有极其重要的战略价值。

在麦金德的理论中，俄罗斯虽然拥有三条河道通向北冰洋，但是可以进行实际运输的便利航道较少，由于极寒的气候，各个航道频繁结冰已经成为一种常见的现象。为了应对极寒天气所带来的运输困难问题，俄政府很早就开始了关于破冰技术的研究，通过多年的研究俄政府已经拥有了世界上最先进的核动力破冰船只，这使得俄政府在北极航道运输过程中占有了极大的优势，俄政府也将这些破冰技术共享给其他远航国家。其他国家的船只想要借道俄罗斯航道进行运输就必须使用俄罗斯的破冰船只，同时还需要支付一定的费用。北极地带在过去被人们认为是不毛之地，它不适于人类的生存。

但是随着科技的发展和人类的进步，北极环境对于人类来说已经不是极端环境，同时开采和勘探技术的进步让人类意识到北极资源的多样性和丰富性，各国已经将未来的战略重点向北极转移。而针对北极领域防御的问题，斯皮克认为未来制空权对于一个国家来说是决定性的，未来空军的发展也显得尤为重要。俄政府也充分意识到这个问题，虽然俄政府本身就具有较强的空军优势，但是它们仍然投入了大量的资金用于空军武器的装备和技术提升，通过各种先进的科技手段保证俄罗斯的空军优势。同时俄政府在发展军事设施的同时也注重民用航空设施的建设和发展，通过普及高科技通信设备的手段提升民用航空的能力，它对于资源运输和人员运输都有着积极的意义。在科考领域，政府大量发展遥感探测和 GPS 定位设备，用于提升科考的速度和效率，以便于发现更多的可利用资源。对海军设施的建设，俄政府也予以了足够的关注，对现有的军事、民用港口进行升级，提升港口的吞吐能力，同时加大新港口的建设力度，提高海运能力的同时也为海运护航提供坚强的军事后盾。

在技术发展问题上，俄政府的主要措施有：利用现有的先进技术，对历史遗留的污染问题进行处理，维持北极生态环境的稳定。为了应对北极极端的天气，通过先进技术研制适应极端天气的新型材料，保证人类生存和科研的需要。对科考技术的提升政府也投入了大量资金，对现有的科考船只进行技术改装，提升船只的性能，对于探测设备也进行了技术升级，在保证探测准确性的前提下，提高了探测的效率，提升了探测的范围，这种提升使得更多可利用资源被发现成为现实。在战略中，政府认为俄罗斯在北极地区的生产能力远低于欧美等发达国家，虽然现阶段经济问题是决定北极开发的核心问题，但是先进的技术手段是保证开发稳定进行的前提条件。

二、加拿大与北极海洋生态安全治理

加拿大在北极地区的外交政策相对比较复杂，不具有单一性，这主要是由于加拿大特殊的国情所造成的。影响加政府外交政策的因素主要有以下几点：首先是加拿大与北极各国之间的关系和纷争；其次是加拿大现阶段的具体环境情况以及国内相关的立法情况；最后是北极区域加拿大国民的相关诉求。这些因素的共同作用导致了加拿大政府在制定北极政策的过程中必须考虑到多方面情况，其外交政策具有一定的多样性。

加拿大历来把外交手段作为解决北极领土纷争的主要手段，在具体实施的过程中主要以谈判为主，通过谈判的形式来对加政府与各国领土纷争的问题进行妥善处理，这一政策的实施也能够在某种程度上体现出北极各国的外交情况。

目前加拿大和几个不同的北极区域国家都存在着一定的领土纷争，这些国家有美国、俄罗斯、丹麦。而在这三个国家里，美国和丹麦都与北约组织有着一定的合作关系，而俄罗斯和北约组织存在着一定的竞争关系，在这种复杂的关系背景下，多边合作共同治理是解决北极问题最为有效的手段。而北极理事会的八个成员国中，加拿大和其中大部分成员国都属于盟友关系，这种关系也导致了加拿大在处理外交矛盾的过程中必须采取谈判为主的方式。而这种谈判的方式可以和平地解决各国之间的争端问题，避免了国与国之间军事争端的发生。虽然和谈是主要的趋势，但是加政府在军事储备上没有任何松懈，加政府同时投入了大量的财政资金用于北极地区的军事实力提升。但是相比于俄美两个，加拿大的军事实力还有很大的差距，因此和平谈判成为加政府解决问题最主要的手段。加政府在处理问题的过程中也认识到自己的缺陷所在，因此积极推动多边合作的开发模式来处理北极问题，通过与各国之间的相互帮助共同开发和治理北极。

在北极地缘政治和经济问题中，环境保护问题最为重要，而北极环境的变化具有全球性的影响，海平面的上升会导致全球气候发生巨大的变化，因此在进行北极开发的过程中，环境保护也是加拿大所重点关注的问题，这对于确保加拿大非传统安全有着积极的作用。①

首先，加拿大本身坐拥广袤的北方领土，北极圈内的环境安全与其自身利益息息相关。20 世纪 70 年代之后，加拿大联邦政府陆续制定了大量的

---

① 李振福、刘同超：《北极航线地缘安全格局演变研究》，《国际安全研究》2015 年第 6 期。

环境保护立法，诸如《加拿大水法》《国际边界水体条约法》《联邦清洁大气法》《候鸟公约法》《联邦环境评价及审查程序法》等；①1982 年，加拿大在新宪法草案中对不可更新资源、森林资源与电能进行了进一步的规定；1988年 6 月颁布的《加拿大环境保护法》（CEPA）作为加拿大第一部环境保护方面的全国性综合法律正式颁布，使加拿大的环境保护立法形成了完整的体系。不仅如此，加拿大还签订了一系列国际环境协议，并积极兑现其承诺，如联合国蒙特利尔议定书的签订。

其次，早在《加拿大北极外交宣言》提出所谓的"负责任的管理者"概念之前，加拿大就曾利用环境立法保护自身的北方权益。Haftendorn（2009）在自己的综述中引用了格里菲斯（Griffith）的观点：他将"管理者"（stewardship）定义为一种充分了解地区实际情况的治理方式，治理者不仅对该地区的资源和生物加以管理，更对它们怀有关怀与尊重。这种作为"管理者"的治理方式不仅通过建立人与自然、人与人之间的新型依存关系，让北极环境有了充分的保护，更从实际上加强了加拿大对北极的控制，还有利于获得国际社会的支持。

二战过后，联邦政府针对土地问题和当地居民签署了 CLCA 协议，这一协议是为了确保当地居民参与到自治管理中心来。CLCA 协议具体的管理者是加拿大原住民事务局，主要负责处理的是一些无法通过协议解决的土地纷争问题。在具体实施的过程中，它所要解决的问题不仅是土地问题，也包括了其他很多方面的矛盾和问题。在所有的 CLCA 协议中，1993 年的努纳武特领地协议所囊括的内容包括了资源问题、野生动物保护问题、公园以及历史遗迹保护问题、职能部门职位管理问题等。这也说明了 CLAC 协议具有越来越广的应用范围，它已经超越了原有的管理范围，它的升华充分体现出原住民对于自身权利的诉求。

从现实来看，加强原住民治理是"负责任的管理者"职责不可或缺的

---

① 唐小松、尹铮：《加拿大北极外交政策及对中国的启示》，《广东外语外贸大学学报》2017年第 4 期。

一部分。原住民在加拿大北方人口中比重较大。以加拿大北部三大地区之一的西北地区为例，根据 2006 年的普查，印第安人占该地区总人口的 36.6%（主要为甸尼族，Dene First Nations），因纽特人占总人口的 11.1%，梅蒂斯人占总人口 6.9%，三者加在一起占全省人口的 54.9%。如果原住民的权益得不到尊重，生活水平无法提高，北方的发展便会成为失去落脚点的"空中楼阁"，联邦政府所希望营造的"负责任的管理者"形象也将毫无意义。

三、美国与北极海洋生态安全治理

在美国就任北极理事会轮值国主席以后，美国政府对于北极问题的关注度越来越高，对于北极事务也往往会优先进行处理。2015 年 8 月，美国举办的"北极事务全球领导力大会：合作、创新、参与和韧性"（GLACIER），在阿拉斯加州拉开帷幕，期间八个北极区域国家以及中、日、印度等非北极国家参与其中。在会议中，美国总统奥巴马发表了讲话，这也是美国第一位来到北极进行访问的总统。在国际多变的形势环境中，美国对于北极地域的重视程度越来越高，美国政府甚至还成立了专门的委员会用于处理北极事务，保证北极相关的问题可以在第一时间得到解决。

而美国担任轮值国主席结束后，美国政府一直在致力于"美国议程"在北极理事会中的实施，而这个议程的核心问题就是北极气候变化。对于北极气候变化问题，美国政府予以了足够的重视，经过一系列研究后发现北极气候变化对全球气候变化有重要作用。2015 年 4 月，北极理事会针对北极气候变化问题发布了碳和甲烷类气体的减排指南，对此参与北极问题联合声明的国家都予以支持。

针对北极气候变化问题，奥巴马政府采取了积极合作的姿态来实现多国共同处理和解决。其中美国与加拿大政府联合发表了一份声明，声明的主要内容是关于北极的气候变化以及能源开发问题。声明指出北极越来越严峻的环境问题应当受到足够的重视，各国应该共同努力携手解决这个问题。同时加政府和美国政府携手合作，制定了四个共同实现的目标：通过科学的手段保证北极物种的多样性不被破坏；合理开发和利用北极资源保证北极经济发展的可持续性；对原住民进行科学和知识的普及；加大北极社区的建设投入力度。虽然由于乌克兰问题，美俄之间的关系存在一定的裂痕，但是在处理北极事务上，两国就科学考察、环境保护方面展开了积极的合作，为解决北极环境问题作出了重大的贡献。

而对于北极各国之间展开的科研合作也属于美国政府重点关注的问题。由于美国政府的不断努力，北极理事会就各国之间的科研合作谈判已经达成共识，同时各国将签署《北极科学合作协定》用来约束这一行为，这也是美国轮值北极理事会主席时所作出的巨大贡献。虽然美国在任期内就北极问题的解决贡献了巨大的理论，北极理事会为共同推动各国之间的合作也起到了积极的作用，但是美国所召开的 GLACIER 大会以及海岸警卫队北极论坛都不属于北极理事会的组织，它们是独立于理事会之外的，这也是北极理事会边缘化的具体体现。

"美国治下"的北极理事会一直遵守"有限度的开放"进行北极的开发和治理活动，对非北极国家和组织整体持欢迎态度。针对北极捕捞作业的问题，美国积极协调相关各国举行了多次会议和磋商，同时要求中、日、韩等有利益牵扯的国家来进行会谈，共同解决北极渔业捕捞所存在的问题。而我国于 2013 年加入北极理事会成为观察员国后一直积极致力于北极科研和环境治理活动，在北极理事会中中国起到了越来越重要的作用。[1] 中国与美国就多个领域进行积极的合作，共同为北极的开发和保护添砖加瓦。在 2015 年 5 月，中国与美国就北极问题在上海举办了首次论坛，而第二次论坛于 2016 年 5 月在华盛顿举行。通过论坛，努力推动双边的合作，对落实北极事务的共同处理有着积极的作用。通过与美国之间的合作，中国积极参与到北极事务处理中，这也是中美关系改善的信号。

四、欧盟与北极海洋生态安全治理

欧盟是一个独特的国际组织，其政策是机构与成员国之间复杂互动的

---

[1]　孙凯：《"美国治下"的北极治理》，《世界知识》2016 年第 22 期。

结果。欧盟最初是以经济为导向的联盟，随后，通过人道主义援助和发展援助逐渐从经济方面过渡到环境问题、能源、外交和安全政策等方面。

由于气候变化的复杂过程，北极的地缘战略、政治、经济和科学相关性不断增强。因此，欧盟作为全球政治行为者，已经采取措施确保和加强其在该地区的影响力，同时积极表明与传统利益攸关方的合作愿意，迎接未来的许多机遇和挑战。因此，欧盟一直在设计其北极政策，以减缓气候变化的影响和多边合作，作为其参与北极海洋生态安全治理的主要优势。尽管欧洲的活动往往具有矛盾和复杂的特点，但事实证明，欧盟是全球努力控制北极海洋生态安全的积极合作伙伴，是值得信任的北极利益相关者，而且对于确保北极海洋生态安全和事故应对是至关重要的。

欧盟希望通过在北极理事会（AC）获得正式观察员地位而被承认为一个合法的北极利益相关者，但要做到这一点，欧盟必须努力与北极伙伴进行更多的接触，并更加了解它们的关切。事实上，在实践中，特设观察员身份和完全观察员身份之间可能没有真正的区别，因为这两者都意味着有权参加会议，但这项法案的象征性价值将非常重要：欧盟将被接受为北极家庭中平等和值得信赖的伙伴。为了实现这一目标，欧盟已通过巴伦支欧洲北极理事会的参与或与加拿大、美国和俄罗斯的战略伙伴关系建立了长期的接触。此外，其三个成员国和两个直接经济伙伴构成了控制该区域的八个国家的一部分。此外，其他 7 个成员国已成为北极理事会的观察员，从而使欧盟有更多的可能性将欧洲的想法和倡议提请理事会注意。

然而，考虑到国际事务的复杂状况和欧盟为协调其 28 个不同成员国的外交政策利益而必须面对的困难，采取全面的北极政策进展不均并不令人惊讶，且对连贯性的追求阻碍了该区域政策的发展。新政策还对欧盟在北极的现有行动进行了盘点，并提出了近期的具体计划，特别强调了欧盟的科技能力及其资金优先事项，强调了它们改善北极可持续发展和经济进步的能力。然而，如果工会想要在其未来的讨论中获得更多的影响力，那么它在捍卫其在该地区的利益方面仍有很长的路要走。基本上，欧盟目前正在深化对北极问题的认识，以便达成内部共识，最终明确其优先事项，同时适应不断变化的政治环境，寻求获得传统利益相关者的认可。

应对气候变化是促使欧盟参与北极生态安全治理的主要方面之一，这个方面其实是与保护北极环境和生物多样性相关。气候变化、工业污染和温室气体排放对北极的影响比世界上任何其他地区都要早，这对野生动物、区域稳定、航运和商业捕鱼影响尤为明显。这些挑战必须在全球范围内解决，因为它们的影响不仅仅在北极，而且会波及全球，使其他地区更频繁地发生自然灾害，如洪水、风暴和降雪。

毫无疑问，与气候变化做斗争是一个很有挑战的领域，联合国在全球范围内被公认为拥有最先进的政策，因此在这一领域或许可以提供很多帮助。作为全球谈判的关键参与者，欧盟有机会在国际进程中直接针对北极研究对抗全球变暖问题，并最终通过其 2013 年的适应战略，支持北极地区的适应进程。欧盟一直认为《京都议定书》是应对全球变暖的第一步，并坚持通过一个雄心勃勃、全面且具有约束力的法律框架来取得成功，该框架要求每个人都参与进来。2015 年 12 月 12 日，在巴黎举行的气候峰会上通过了第一项全球协议，目的是为了解决由温室气体排放引发的变暖问题，并为所有各方确立义务，即使该协议没有明确提及北极，也是很重要的。此外，该联盟积极开展气候变化研究和监测；分析、维护和更新现有信息；识别风险和优先活动，在这些活动中投入更多的努力，特别是北极地区。

另一方面，欧盟有一些更为有利的理由来参与北极地区的治理。欧盟是北极进口自然资源的最大受益者之一，既有生物资源，也有非生物资源。对于渔业，欧盟反复设定的主要目标是确保可持续开发，尊重当地土著社区的权利。此外，考虑到该地区环境保护和海洋生物多样性的持续危险，欧盟坚持认为有必要为尚未受到国际管制的北极海洋区域建立一个国际监管机制，并支持扩大现有临近保护区的想法。目前，只有一个区域渔业管理组织（RFMO）与北极部分相关，即东北大西洋渔业委员会（NEAFC）。因此，欧盟议会提出的建议是，在保护北极海洋物种的新行为模式出现之前，采取暂停捕鱼的措施。此外，欧盟目前正在参与北冰洋公海渔业国际监管"广泛的 5+5 进程"，其所有成员国，包括北极国家，都必须在海洋捕捞渔业保护和管理方面具有排他性的能力。此外，通过对共同渔业政策的不断改革，欧盟可以优化北极捕鱼活动的管理，并有助于加强合作、信息共享和研究，以及打击非法捕鱼。在 2016 年的联合通信中，欧共体重申，新的北冰洋中部渔业框架必须涉及主要渔业国家。另一方面，考虑到对能源进口的依赖，欧盟领导人将北极视为确保能源供应的一种途径。据估计，世界上未开发的油气储量约有 25% 位于北极地区。尽管这些能源仍然需要进一步挖掘和开发，还需要技术支持，克服在北极圈以内范围活动的物理挑战，但北极资源的潜力吸引了越来越多的投资者，这些投资者中其中许多是欧洲人。然而，海底资源的开发存在重大的生态安全风险，这就是为什么欧盟委员会长期以来认为有必要根据北极治理相关条约和其他相关国际公约为北极海洋生态安全治理引入国际标准。

除利用自然资源外，欧盟还高度重视北极区域的海上航行，在这方面，欧盟捍卫北极通道的航行自由和无害通行原则，并避免北极沿海国家对第三国采取歧视性做法。尽管欧盟尚未制定单独的全面北极政策，但该地区已纳入其综合海洋政策（IMP）。当然，这并不意味着欧盟已经获得了北极治理方面的所有能力，但是，这是向前迈出的重要一步，因为综合海洋政策是欧盟和成员国之间共享能力的一个领域。由于有关航运和海上安全问题的广泛规定，欧洲委员会和欧洲海事安全局与成员国协调了它们在国际海事组织关于极地法的讨论中的立场。在北极理事会内，欧盟也非常积极地保护北极海洋环境工作组。为了应对北极地区的新挑战，欧盟愿意在应对气候变化、促进可持续发展和多边主义方面积累经验。除此之外，欧盟还资助了大量国际科研项目。

北极已被证明是不同层次国际合作的一个极好的试验场。根据其作为全球主要政治治理主体的地位，欧盟欢迎现有和将来的和平互动，支持在北极治理问题上进行更密切的合作，以保障可持续发展的思想。而且，欧盟将北极视为"重要的战略区域"和"受欧盟各项政策影响明显的区域"，即共同渔业政策或能源政策下的环境政策、运输政策、海洋生物资源保护，以及对不遵守规定的行为予以制裁，维护北极海洋生态安全。

欧盟认为北极理事会是讨论北极问题最重要的政府间论坛，在基律纳部长级会议上，欧盟获得了令人费解的"原则观察员"地位（即，尽管等待最终决定，但实际上欧盟作为任何其他观察员行事），这将取代之前临时的制度形式。因此，欧盟成为一名正式观察员的必要性正变得越来越重要和紧迫，这样的地位将使其作为北极行动者具有所需的合法性，话语权足够清晰。

欧盟早在 2008 年就开始制定北极政策。尽管在最初的欧洲政策下，欧盟北极国家表达出对这种趋势的配合和拥护，但它们仍然不愿意放弃自己在该地区的独立或自治角色，这就可以解释欧盟北极政策可以被称为"特定地区的行动"，这本身就是欧盟的单边行动。即使直到最近还没有一个关于北极的一致政策，欧盟机构也一直在启动和资助与北极有关的研究项目和调查，这些项目和调查被认为是起主要作用，并在 2016 年 4 月 27 日通过的《欧洲委员会和外交与安全政策联盟高级代表通报》中得到进一步鼓励。此外，保护当地土著居民的传统生活方式和价值以及它们的权利被视为欧盟北极政策框架内的主要活动之一。令人好奇的是，尽管其三个成员国芬兰、瑞典和丹麦都有土著居民，但欧盟仍然没有对它们制定共同政策，试图反映欧盟在土著居民活动中的利益。即使在最新的政策文件中，也很少提及任何一种土著参与，它们主要指的是政治对话和协商，甚至没有为它们提供参与研究活动的可能性。

1989 年，欧洲议会的一位成员向当时的欧洲共同体理事会提交了一份关于"北极上空臭氧层状况"的书面问题，北极首次出现在欧盟文件中。随后，几次偶然提及"北极本身并不被视为一个政策领域，因为关注的重点是与该地区资源竞争或军事存在相关的环境和安全问题"。

1999 年，在欧盟议程中首次临时提及北极十年后，欧盟议会通过了"北极地区农业新战略"。同时，巴伦支地区成为一个合乎逻辑的"北极窗口"，旨在加强欧盟、冰岛、挪威和俄罗斯之间的现有合作。首先，活动以能源供应和环境污染为中心，然后将范围增大到整个经济层面，促进可持续发展合作。但是，在对全球变暖日趋忧心的背景下，2007 年 10 月海洋事务和渔业部在其"欧盟综合海事政策"中首次提及北极地区。欧盟提到了建立一项共同的北极政策，重点关注该区域的安全和地缘战略影响，特别关注北极资源和新的运输路线。

2008 年 10 月，欧洲议会宣布支持建立具体北极制度，欧洲议会认为《联合国海洋法公约》不适合解决北冰洋新出现的问题，声称《联合国海洋法公约》没有规范极地地区的具体情况。这一立场与之前通过的《伊卢利萨特宣言》形成了鲜明对比，五个沿海国家宣布致力于现行国际法，特别提到了《联合国海洋法公约》和《海洋法》，这降低了该联盟在北极地区的信誉。

在议会宣布建立具体北极制度后一个月，欧盟委员会通过了"欧盟和北极地区"通讯，该通讯可以被描述为欧盟第一次完全的北极通讯，因为它包含了欧盟在该地区与环境保护、船舶安全等广泛主题相关的主要利益，支持土著人民或欧盟对北极地区治理的贡献。令人好奇的是，这份通讯中没有关于通过一项新条约的内容。与欧盟议会相反，欧盟委员会宣布支持维持现有的多边机制，只有在特定条件需要时才会通过这些新协议。然而，为了确保欧盟的共同利益，委员会还表示，它不支持任何故意排除北极欧盟成员国或欧洲经济区国家的活动。

2010 年，欧盟活动对北极影响的全面分析第一次公开："北极足迹和政策评估"。同年，欧洲议会成立了欧盟北极论坛，它代表了许多不同的多层次平台，也包括了许多科学、政治和商业北极参与者。该论坛自成立以来，影响了欧盟北极政策的讨论，最终出台了"关于高度可持续的欧盟政策的报告"。该报告主要看重的环境保护现象，是该地区的主要问题，而承认"欧洲不仅承担一定的责任……而且对北极也特别感兴趣"（欧洲议会外交委员会，2010 年）。在这方面，欧洲议会承认欧盟对北极地区的气候变化作出了重大贡献，因此负有特殊责任。该决议呼吁有必要为北极制定协调一致的欧盟政策，并强调必须进行公开对话，积极参与对北极地区有合法利益的行动者。

欧盟理事会主张通过以下方式加强欧盟在北极海洋生态安全治理中的行动：支持研究北极环境和气候变化带来的挑战；负责确保极地地区的经济

发展和可持续利用其资源；加强欧盟与北极国家、组织、土著人民和其他合作伙伴的互动，为需要多边应对的新挑战找到共同的解决方案。因此，欧盟应通过其有关气候变化、空气污染物（包括黑碳）、生物多样性和渔业等政策，寻求加强对北极环境保护的支持。2016 年 4 月，欧盟发布了一份联合通讯《北极综合欧洲联盟政策》，并提供了要制定的新行动的示例以及为促进协调发展而引入的激励措施。

通过研究欧盟对于北极海洋生态安全治理的相关行动，可以看出，欧盟认为北极是一个日益重要的区域，欧盟应进一步加强其在解决可持续发展、缓解和适应气候变化方面的贡献和责任，以维护北极海洋生态安全。此外，欧盟政策制定者一直在呼吁：根据南极的经验制定一项公约，以结束现有的以《联合国海洋法公约》为准则解决北极地区现存和新出现的问题。

五、原住民非政府组织与北极海洋生态安全治理

在西方国家来到北极之前，北极本身就有一些民族存在，他们从先辈开始就在这里繁衍生息，他们被称作原住民。专家们通过科学研究发现，原住民最早出现的时间大约在 2 万年以前。而随着时间的推移，越来越多的原住民进入北极在这里定居。根据地域划分，北极的原住民可以分为东部原住民和西部原住民，东部也被人称作旧世界，这部分原住民两万年之前就来到北极，在这里生存，他们是最早的原住民。这些原住民主要来源是欧洲或者亚洲，他们由不同的种族组成，经过多年的繁衍生息，他们已经逐步融为一体。而西部也被人称作新大陆，这部分原住民到来的时间大约是 14000 年以前，这些原住民来自亚洲，他们经过白令海峡到达了北极，而到达北极之后，他们分成了两部分。其中一部分经过美洲大陆继续南行，他们就是后来的美洲印第安人。而另外一部分在北冰洋地区驻扎生存，一直到达格陵兰岛，这部分人被学者们称作因纽特人。而公元 1200 年，由于北极气候发生剧烈变化，北极进入了小冰期，迫于恶劣的生产环境，东部原住民开始养殖驯鹿来寻求生机，而西部原住民开始了捕捞和驯鹿的驯养，这一行为一直持续到 1850 年。经过一系列演变和发展，现有的北极原住民主要依存于北美、

北欧以及欧罗斯，他们构成了自己独特的生存群体。

北极区域原住民非政府组织参与北极区域治理首先从直接参与北极海洋生态安全治理开始。北极区域的跨国北极海洋生态安全治理战略从"罗瓦涅米进程"开始。在环北极区域内八个国家——丹麦、芬兰、冰岛、挪威、瑞典、加拿大、美国和苏联（苏联解体后为俄罗斯）于 20 世纪 80 年代末 90 年代初开始协调应对北极区域的生态环境问题之初，北极区域的三个主要原住民非政府组织——因纽特人北极圈会议、萨米理事会和俄罗斯北方土著人民协会（一开始为苏联北方人民协会）就积极地参与其中，将北极区域原住民的诉求带到北极海洋生态环境保护战略之中。

《罗瓦涅米宣言》在世界历史上具有极为重要的战略价值和意义，它是北极原住民自身利益的实现和表达，他们首次加入世界宣言的制定中，这是他们参与世界秩序管理的良好开端。在此之后，北极原住民积极参与到越来越多的活动中去，他们用自己的实际行动来为改善北极环境，开发北极资源提供了重要的帮助。同时，原住民们也逐步觉醒自己的主权意识，他们逐步推动"原住民知识"的理念，并且用自己的实际行动不断实践这一理念。

1994 年，通过北极原住民不断的努力和争取，他们获得了丹麦政府的支持，政府提供一定的资金和政策扶持来帮助这些非政府组织筹建了北极环境保护战略原住民秘书处，他们通过这个机构积极参与到北极环境保护和资源开发的工作中去。同时为了在北极治理中体现自身的地位，维护自身的利益，非政府组织积极磋商最终和其他国家达成共识，加入了北极理事会，并且作为"永久参与方"积极参与到北极事务的管理中去，他们为北极的发展和环境保护提供了巨大的帮助。1992 年，加拿大首先提出了关于北极理事会基础构架和组成元素的相关提议，认为北极理事会的成员不应当仅仅包含北极八国，对于原住民组织也应当予以同等的重视，它们也应该是北极理事会的一分子。对此，加政府提出了"永久参与方"这一理念，确定了三个原住民组织来参与到北极事务管理中，这些组织的权利高于观察员国但是同时也低于永久成员国。但是三个组织并不能代表北极所有区域的原住民，还有很多地区的原住民在北极理事会没有一席之地，因此这种解决方案存在一定的片面性。这些不在北极理事会的原住民包括了阿留申人以及阿萨巴斯卡人，他们虽然都生活在阿拉斯加，但是他们的生活习惯和生活方式不同，对于北极问题的详细诉求也不同，因此不能仅仅用一个名额来代表参与北极事务的管理。其中阿萨巴斯卡人认为北极地区的一系列开发和科研活动对其生活造成了极大的影响，不利于他们的生存和发展。同时他们对不能作为单独的组织参与到北极理事会也表达了自己的不满，他们认为自己应该作为一个独立的整体参与到北极事务的管理中去。

通过原住民组织不断的努力和争取，他们与其余八国之间展开了多次谈判和会晤，最终制定一系列关于北极原住民参与北极事务的详细条约。这些条约极大地提高了原住民组织在北极事务中的话语权，是原住民实现北极自治权利的关键所在。

《北极理事会成立宣言》的发布最终确立了原住民非政府组织的北极地位，他们在确立了三个非政府组织的永久参与方的地位之后，又专门提出："符合一定条件的北极原著民非政府组织统一可以申请永久参与方的资格，但是它们需要满足一定的条件：在一个以上北极国家中所居住的单一原住民；或者居住在同一个北极国家之中的一个以上的原住民。"

但是关于永久参与方的数量也有着严格的规定，它们的具体数量必须小于国家个数，这一数值可以以联合席位的方式存在也可以单独存在，这一规定也是为了保障北极理事会工作的稳定性。1996 年 9 月，经过多方努力和会谈，北极理事会成立，这标志着北极事务的管理有了一个统一有效的组织，同时原有的原住民秘书处也融入其中。《北极理事会成立宣言》的发表意味着原住民非政府组织正式走进北极治理和保护的工作，具有的"永久参与方"有三个原住民组织。而随后的 1998 年，阿留申人国际协会也正式成为"永久参与方"之一。2000 年，在阿拉斯加召开的部长级别以上的会议中，阿萨巴斯卡人和哥威迅国际理事会也获得了"永久参与方"的名额，积极参与到北极事务中去。此时，"永久参与方"的数量达到了六个，它们代表北极原住民参与到北极的各项事务中去。在权利上，"永久参与方"的权利和地位要高于观察员国但是又低于八个成员国，虽然它们无法直接进行决策，但是它们在北极事务处理中有着重要的影响力。

由于北极原住民的加入，北极理事会充分利用原住民知识对北极展开了长期的治理工作，这对于北极工作的开展有着积极的意义。对于原住民来说，原住民知识对于北极的治理工作有着积极的作用，它是原住民在北极长期的生存过程中总结的知识和经验，它是北极原住民智慧的结晶。同时通过原住民知识的推广，可以让北极的开发工作更加顺利，它提高和原住民交流的效率，让其余各国对原住民有了充分的了解，它对北极理事会各项工作的顺利开展有着积极的意义。对于现有的科研考察和资源勘探工作，原住民知识可以提供具有参考价值的意见和建议。其中，在北极监测与评估（AMAP）的工作开展过程中，通过对原住民知识的应用原住民组织积极参与到内容的编写中来，他们主要负责原住民相关生活习性的撰写工作。而北极动植物保护（CAFF）工作开展的过程中，原住民知识也发挥了巨大的作用，通过对于原住民捕捞习惯的研究，工作组模拟了一个原住民生活的数据库，通过数据的分析可以在了解原住民生活习性的同时获得北极边缘的生态系统变化情况。在对北极资源可持续发展的研究过程中，相关研究人员对原住民知识产生了极大的兴趣，他们通过对原住民知识的解读了解了海豹贸易市场的形成到没落的过程，通过这个过程他们了解到原住民在贸易过程中的一系列习惯以及贸易没落的具体原因。而突发事件预防与反应（EPPR）的工作人员借助原住民知识了解到了原住民应对紧急事务的具体处理方式，从中获得一定的经验和解决问题的方案。他们认为，原住民知识对于他们制定现有的应急方案有着举足轻重的作用，如果没有这些知识他们无法快速而准确地制定出合理的应急方案。这些案例都充分说明了原住民知识的重要性，同时也展现出原住民组织参与北极事务治理的重要意义。由此我们可以看出，北极区域原住民组织参与到北极事务治理既是满足自身权益的需要，也是完善北极治理工作的必要条件，在他们的不断努力下，原住民组织已经成为北极治理工作中不可缺少的一分子，他们对北极治理工作有着无可替代的作用。

通过上述分析，我们可以总结如下：首先，北极原住民对于北极治理的工作来说都是必不可少的，不论哪个区域的原住民都是北极治理中必不可少的一分子，他们的加入对于北极治理工作有着积极的推动作用，有助于提高北极治理的效率，让北极治理工作得以顺利开展。其次，原住民参与北极治理工作的主要载体是原住民非政府组织，这些组织通过和平谈判的手段逐渐确立其在北极理事会中的地位，逐步参与到北极治理工作中去，他们通过北极治理的参与实现了自身权益的保障，同时对于保护北极生态环境，保证北极治理的可持续性有着积极的意义。再次，虽然原住民组织通过各种不同的方式来参与到北极治理的事务中去，但是其中最为有效的方式就是参与到北极理事会的具体活动中去，这种行为将治理理念的多样性和全面性充分体现出来，通过不同团体和组织的参与，北极治理工作也能够更加全面和有效。最后，由于原住民组织在北极事务治理中的积极作用，中国也应该加大对原住民组织的关注度，从而充分了解北极海洋生态安全治理的具体走向。[1]

第二节　国外北极海洋生态安全治理对我国的借鉴意义

国外多个国家在北极地区针对海洋生态安全作出的治理措施和对策，为我国积极探究北极治理、提高治理能力和水平提供了丰富的经验和手段，对增强我国海洋生态安全的治理具有很大的借鉴意义。

一、大力开展北极外交

由于北极具有特殊的政治环境和地理地位，北极区域的国家在对北极事务处理的过程中占有一定的优势[2]，同时北极拥有大量的未开采资源，这也使得许多国家将北极作为自己的战略目标。但除了北极区域国家以外，其余国家无法直接插手北极事务，想要参与到北极治理中就必须通过这些国家

---

[1]　叶江：《试论北极区域原住民非政府组织在北极治理中的作用与影响》，《西南民族大学学报》（人文社会科学版）2013年第7期。

[2]　贾桂德、石午虹：《对新形势下中国参与北极事务的思考》，《国际展望》2014年第4期。

来实现。而地理位置靠近北极的中国，想要参与到北极事务治理去中也必须通过与这些国家的合作才能实现，因此中国必须通过和谈的方式增强与北极八国的合作，加强双边外交活动，就北极相关的事务与八国互通有无，寻求共同发展，只有这样才能够保证中国在北极的利益。

二、加强人文交流

人文交流是新时代中国特色大国外交的重大创新，一直是国与国关系的重要纽带，受到众多国家的重视。中国注重与世界各国的人文交流，其中也包括北极国家。中国关注北极原住民的现状，尊重原住民在土地和自然资源权利、生态环境权利、生计与文化传承、北极治理、淡水供应等方面的利益诉求，支持原住民本着"自由、事先和知情同意的原则"实现自治自决，健全保障原住民权益的法律制度。中国应继续加强对北极原住民语言、传统文化、习俗、价值观等的了解和保护，向他们学习北极地区可持续发展的经验和技术。除此之外，还应加强与北极国家人文交流，大力开展"中俄北极论坛""中国北欧北极合作论坛""北太平洋北极论坛""北极对话""北极圈论坛"等国际交流活动，鼓励中国高校和科研机构加盟"北极大学"协作网络。同时巩固中国与北极国家的关系，以促进北极地区可持续发展。[1] 通过人文交流，加强在北极地区海洋生态安全治理的合作。

三、建立极地智库

作为《斯匹茨卑尔根群岛条约》的成员国，中国在斯瓦尔巴群岛拥有独立的科研考察的权利。我国从 20 世纪末开始就投入了大量的财力，提供了大量先进的科技设备对该地区进行科考研究，并且取得了一定的成果。但是由于当地特殊的情况，环境变化极为迅速，一些原有的数据缺乏准确性，因此我们必须保证数据更新的频率以确保数据的有效性。俄罗斯政府一直致力于极地智库的建设，我国也应该积极推动极地智库项目，充分借鉴他国经

---

[1]　王浩宇：《中国参与北极治理：理念与路径研究》，《对外经贸》2022 年第 4 期。

验，大力发展本国技术，通过极地智库的建立实现科研考察的时效性和准确性，为我国的科研工作提供坚实的后盾。

四、建立国家层面的法律法规

目前北极国家的国内法不足以充分完成北极环境治理的任务，北极理事会要实现对北极环境的综合治理需要改进其结构，促进环境法原则的实施，并最终形成稳定的，具有约束力的习惯法。因此，我国应当制定一部专门规范我国极地考察行为的行政法规或行政规章，更好地规划我国的国家及民间北极考察行为。同时，要深入研究《斯瓦尔巴德条约》，探究维护我国在斯瓦尔巴德地区权益的领域、途径、方式及其操作细节，通过国家层面的法律法规维护北极海洋生态安全。

第三节　中国参与北极治理的实践现状

中国尊重并遵守北极地区国家根据国际法所享有的主权和管辖权，愿就北极相关问题与世界各国增强沟通交流，互相合作。

中国是个近北极国家，北极的生态环境变化、资源航道、科考成果、海域归属等都与中国息息相关。目前中国对北极的参与大多数限于科研和生态保护领域，但还是遭到了北极国家的排斥和反对。北极治理不仅是北极国家的权利和义务，也是其他国家的权利和义务，中国有责任有义务参与北极治理，维护北极的生态安全和政治稳定。中国参与北极治理有着坚实的理论依据和国际意义。

1.国家安全理论

国家安全是随着国家的产生而出现的一种社会现象，是关系一个国家生存与发展的重要问题，任何一个国家历来都高度重视。随着国际交往关系的愈益扩展，对一国安全的影响越来越大，国家安全问题由原来主要表现为国内事务转而日趋国际化，变得更加紧要和复杂。传统安全是国际关系的主题，一般是指与国家间军事行为有关的冲突。传统国家安全主要是指军事、政治、外交、领土及政权等方面的安全，在很长一段时间内，国家安全甚至就等于国家的军事安全，公认的事实是：只有强大的军事实力作为后盾，国家才有安全可谈。因此国家的安全与军事安全紧密地联系在了一起。然而，随着时代的变化，特别是在冷战结束后，国际态势发生了极大的变化，区域性的、非军事性的对立逐渐显示出来，人们在关注传统军事安全的同时也开始关注军事之外的国家安全问题，国家安全观念得到拓展。国家安全不仅包括国家的完整、稳定以及不受侵犯，而且包括个体公民生存的安全、社会经济发展的安全、地球持续繁荣的安全。非传统安全来自非国家行为体地对国家的主权和利益以及个人、群体和全人类的生存和发展的非军事威胁和侵害，具有跨国性、多元性、社会性和相互关联性。非传统安全对人类带来的威胁虽然不能排除用传统的军事方式解决的可能性，但是更多的还是需要依靠合作来解决。由于全球气候的变化，温度上升的趋势越来越明显，北极冰川也受到了极大的影响，大量的冰盖消融，这为北极航道的通行提供了便利条件，同时北极资源开采也变得更加容易，因此各国对于北极的争夺呈现白热化趋势，关于领土的纷争不断呈现。而北极气候的变化不仅仅会在世界范围内引发一系列环境变化，同时对中国的国家安全也会产生一定的影响。冰川的消融会导致中国面临越来越多的极端天气情况，从而引发更多的自然灾害，对中国的粮食生产造成极大的威胁；但是同时北极航道的通畅又对中国的贸易业务有着积极的影响，遭遇灾难的同时获得了更多发展机遇。中国在地理位置上靠近北极，受北极气候影响的程度也相对较深，因此应该时刻注意北极气候变化，保障全人类利益的同时维护国家安全，通过一系列的积极措施来应对气候变化所带来的影响。

2. 国际法依据

在世界法律方面，世界上大多数国家皆以《海洋法公约》作为法律依据，由于北极区域的主体是北冰洋，因而北极区域亦受这个公约的约束。在海洋划界方面，2008 年北冰洋沿岸五国经过秘密磋商，共同发表了一个宣言，提出北极水域环境污染保护急需的资金和技术等问题，承诺遵守上述公约，以和平手段妥善处理解决划界争端。本来开发利用北极航道和自然资源的出发点是推动全球经济共同发展，但不可否认，现实情况比想象中的要糟糕，因为开发利用北极航道和自然资源的同时必然增加人类在此区域的活动，势必会影响北极生物，破坏北极海洋生态环境，影响北极原住民的原生态生活，破坏人类和谐友善。特别是如果油船在北冰洋航道航行时发生意外泄漏，导致北极海域大面积污染，那么将对世界海洋环境安全造成极大的威胁。因为北极水域中的海冰一旦被石油污染，将无法彻底清除，这些被污染的海冰中，有很多都是北极熊、海豹和海象所依托的物体，因此会导致上述生物的灭绝。于是北极现阶段的法律制度致力于减少和避免人类在开发利用北极过程中破坏和污染环境，之前的法律制度只是单纯鼓励投资，而现在的法律制度是强调保护北极生态环境。现阶段，围绕着治理核污染、保护濒危动物、控制污染、应对气候变化和保护生物多样性等方面，联合国等国际组织从不同维度出台了具有保护性特征的法律法规，当然北极内部国家亦于国内出台环境保护法加以对区域内环境的保护。北极理事会等北极事务有关组织分别把工作重心向保护生态环境、处理污染物和遏制气候变暖等方面，同时亦建立了适用于本区域的环保公约。《海洋法公约》规定了国家、地区和国际机构防治海洋污染、减少海域上人类活动和共同保护海洋环境等行动纲领。在成立的初期，北极理事会本只是一个国际论坛组织，内部管理松散，后来北极区域环境污染日益严重，北极理事会不得不加强内部管理及外部扩充工作，通过不断向外扩充，其核心成员国已经达到了八个，即北极八国。另外一些国际组织，亦积极参与北极区域资源开发利用和争端解决，经常从中斡旋，促进各方矛盾化解，开展合作，继而有助于北极区域的治理。除此之外，中国自 1973 年恢复合法席位后，亦积极主动参与北极区域的治理活动，尤其是习近平总书记于 2019 年提出海洋命运共同体的理念，就是针对海洋领域提出的，亦为一种海洋治理理论的细分理论。此理念倡导为了实现海洋持续发展建设和人与海洋和谐，而采取沟通协商与团结协作，在遵循联合国宪章和国际海洋法的前提下，共同开发利用海洋资源。但在现阶段，此理念的构建存在许多实际困难，比如全球气候变暖趋势明显，能源安全问题、网络安全问题和恐怖主义袭击时有发生，海洋环境保护和海洋生物保护工作进展缓慢。习总书记此时提出此理念，是为了推动世界海洋综合治理工作的深入开展，为世界海洋综合治理提供中国经验，亦是为了表明中国在治理世界海洋方面的态度。中国积极推动构建此理念，彰显了中国主动承担治理世界海洋问题的决心和大国担当，兑现加强海洋安全合作的承诺，亦有助于维护世界海洋和平稳定，推动涉海争议妥善解决，丰富世界海洋综合治理体系理论，促进海洋科学有序发展，最终实现人与海洋和谐共处、参与治理的国家合作共赢。此理念的提出有利于妥善解决治理体系化、资源分配以及海洋生态环境污染等问题，创新世界海洋环境安全屏障构建，指导世界海洋综合治理，构筑绿色发展与尊崇自然的生态体系，为世界和谐稳定作出应有的贡献。

3. 生态政治理论

生态政治的主要内容是如何将政治与环境融为一体，同时采取合理的方式来解决两者之间的矛盾。这一理论认为，人类的社会系统与自然的生态系统是一个有机的整体，它们相互作用和谐共存，推动社会经济的可持续发展。而为了应对可持续发展的需要，人类应该对现有的政治活动进行改革和创新，通过改变政策决策等方式来缓解不同国家之间的关系，保证政治局势的稳定性。它将人类的各种元素有机统一起来，构建了一个经济、社会、文化、自然发展共存的和谐环境，通过对现有政治体系的不断改革和完善，促使人与社会以及社会与自然之间的和谐共存。生态政治具有 3 个生态层次：政治体系内生态、政治—社会生态、政治—社会—自然生态。政治体系内生态是主权国家内部和国家间的政治关系良性协调，形成生态学意义上的生态平衡。政治—社会生态是政治体系与社会各阶层、团体和成员之间协调一致形成的良好的社会生态效益。政治—社会—自然生态是实现政治、经济、社会的发展与人类生存环境的改善相互协调。生态政治的理论内核是尊重自然、可持续发展、尊重多样性、维护社会公正和全球责任等。生态政治认识到了人与自然关系的紧张和对抗，主张尊重自然生态，坚持将人与自然的关系问题引入政治领域，实现政治观念的变革。地球的自然资源和生态容量是有限度的，要实现人口、经济、资源、生态的全面、协调、可持续发展，必须根据生态原则调整人类的生活方式，淡化对物质生活的追求，保证发展的持续性、共同性和公正性。尊重多样性包含着自然物种的多样性和维系人类社会文化的多样性，建立相应的环境价值观和社会价值观。社会对个人权利的剥夺是导致人类剥夺自然权利的重要原因，要实现人与自然的和谐，就要使社会上每个人享有公正平等的权利。胸怀全球是生态政治在处理环境问题、解决环境危机及国际关系中坚持的行为准则。要求各个国家和人民从整体性出发调节公共政策和人们的日常行为。要求所有人尊重自然，维护生态平衡。北极治理是全球各个国家共同的责任，因此，北极治理需要以生态政治的尊重自然、全球责任和可持续发展等核心思想为指导，以北极环境保护为切入点，加强与各国的合作，加大政策支持，同时转变资本主义利益至上的发展观，实现北极生态与人类的可持续发展。

4. 全球治理理论

全球治理，指的是通过具有约束力的国际机制解决全球性的冲突、生态、人权、移民、毒品、走私、传染病等问题，以维持正常的国际政治经济秩序。全球治理的提出是随着全球化的广度和深度不断扩大而提出的，目的是为了解决全球问题、重塑全球秩序和人类生活。当今，国际社会关注的南北问题、战争与和平、生态失衡、粮食危机、资源短缺、人口问题、难民、毒品、艾滋病、国际人权与民族主义、国际恐怖主义等等都属于全球问题。这些问题无论从规模、波及范围还是影响后果上来说都具有全球性，它们的解决途径与国际社会整体联系在一起，因而也就有了全球意义。全球问题的性质决定了它们的解决需要的不是单边而是多边的联合行动，不是单方面的个体决策而是更多的建立在合作基础上的全球公共政策、规划和综合治理。目前，全球治理的中国化程度还远远不够，一个在世界经济体系中变化了的中国，似乎不再仅仅是"被"全球治理，而是也要开始去治理世界。中国治理世界应该构成全球治理转型的一部分。要通过国际规则和国际规制统治或者治理世界，就要在创设、导引和成立国际规则和国际规制方面带头。中国可以借助全球治理来帮助别国发展，解决国际问题。在实际操作的过程中，我们应当更加重视可持续发展的重要性，加大全球治理的实施力度，这会给中国带来更大的利益。在承担责任的同时，中国也将成为这一行为的最大得益者，帮助别人的同时其实也是在帮助自己。中国经济发展起步较晚，环保意识的形成也相对落后，在发展经济的初期中国以破坏环境作为代价获得了经济的腾飞，环境的破坏对中国自身造成了极大的影响。中国责任有两层内涵：第一层内涵是通过自己的实际行动让世界认识到中国的责任感；第二层内涵是中国在自身改革治理的同时也应该帮助世界其他国家不断改变和完善自身。虽然加入国际组织会使得我国处理具体事务的过程中受到一定的制约，同时也承担了更多责任，但是加入组织也会使得中国获得更多的利益。北极治理问题也是全球问题，全球治理使得中国更有责任参与到北极治理当中，共同治理北极生态环境问题，积极参与北极科考，加强与环北极国家的科技交流与合作，积极构建"近北极机制"，共同参与北极治理。

一、我国参与北极海洋生态安全治理的实践现状

（一）北极科考

1995 年春，中国第一次派出了一支由中国科学院组织的北极科学考察队，对北极进行了一系列初步探索，拉开了我国北极科考的序幕。这次科考使得中国顺利加入了国际北极科学委员会，在国内外引起了巨大的轰动。1999 年 7 月，"雪龙"号的破冰之旅标志着我国进入大规模北极科考时代，取得了大量宝贵数据，开始实质性地认识北极，进入北极科学领域。2003 年 7 月，中国进行了第 2 次北极科学考察，确定了明确的科学目标。在这次考察中，中国科考队又获得了更大的进步，通过探寻北极海洋、海冰和大气的主要异变现象和规律来研究全球和区域气候变化的成因，开展北极地区变异对中国影响的可预测性研究。2004 年，中国建立了第一个北极科考站——黄河站，从此开始了定点的北极长期连续观测研究。2008 年，经过近 10 年的发展，中国在第 3 次北极科考中取得了里程碑式的重大成果。这次考察针对具体的科学问题，涉及了北极变化研究中的若干核心研究方向，采用了大量先进观测手段，使得中国的北极考察成为国际北极考察体系的一部分，对

全面认识北极的变化作出了重要贡献。紧接着 2010 年、2012 年又举行了第 4 次、第 5 次科学考察，在这两次科考中，国家科考队的北极科考已经取得了显著的成绩，但是由于北冰洋地区大部分时间大部分地区仍然被浮冰覆盖，西北航道也只是夏季很短的时间可以通航，洋面上有少量浮冰的时间或是夏季浮冰没有完全融化的年份，虽然是少量的浮冰，普通船舶依然无法通过。由于中国在生产大吨位、高科技极地船舶方面存在着技术瓶颈，还缺乏冰海航运的船舶，目前仅有"雪龙"号科考破冰船可以进出北极冰区。此外，绝大部分中国远洋船舶的管理与驾驶人员都缺乏冰海航行经验。这对于北极科考和资料收集都是不利的，这也将是制约我国参与北极治理的重要因素。

（二）北极政治

从 2006 年开始，我国一直支持北极理事会的合法权益以及合理的主张，2013 年该组织大会上一致决定接纳中国等多个国家作为北极观察员国。这是一次成功的大会，是一次具有里程碑意义的会议，因为代表了北极内部国家终于愿意和北极外部国家开展合作了。本次大会的宣言亦对中国等观察员国表示了热烈欢迎。观察员国的基本职能为观察和监督理事会的工作。不仅如此，北极理事会还勉励观察员国多参与北极区域环境污染治理的决策，贡献治理北极区域污染及基础设施的资金，提供科学技术、监测技术、环保技术等。北极理事会决策的决定权还是北极内部国家的独有权利，观察员国只能参与研究和讨论，提供自己的意见和建议，当然这些意见和建议皆为治理北极区域环境污染和开发利用北极区域丰富的自然资源。中国作为负责任的大国，始终遵循联合国宪章和国际海洋法，积极参与北极区域生态环境治理、资源开发利用、维护海上秩序、救助生命财产、预警与防治自然灾害、科学考察等。北极事务具有典型的国际性，所以不应该仅限于北极内部国家参与。在全球一体化趋势的背景下，北极区域自然资源开发与航道利用所影响的区域大大超出自身区域。世界各国的共同责任是协力保护北极生态环境，共同应对全球气候变暖等问题。北极外部国家同样有治理北极区域的担当，亦存在此区域的合法权益，因此北极内部国家不应该完全把北极外部国家排除在北极治理之外。世界各国都应该积极投入人力物力及技术资金，改善自身不科学的生产方式和活动方式，共同遏制日益变暖的气候，防止北极区域污染状况严重恶化。当然仅仅依靠北极内部国家根本不可能独立完成北极治理这个超大工程，它是需要全人类、所有国家共同努力才可完成的，尤其是需要新兴经济体及发达国作出应有的贡献，比如贡献治理北极区域污染的资金、提供环保技术等。全球一体化增加了经济元素的国际流动，加强了国家之间的相互依赖，开发利用北极区域丰富的自然资源和使用北极航道，皆会成倍增加人员、资金和物资的国际流动。也就是说北极区域汇集了太多的机遇和挑战。这就需要世界各国从全球利益的大局观出发，求同存异，共同面对北极区域存在的诸多机遇和挑战。北极外部国家亦为北极区域的环境影响者、资源产品开发者、航道使用者，不应该被北极内部国家排除在外。

（三）北极合作

北极海洋生态环境安全治理体系中，占绝对主导地位的仍然是北极八国，其中北冰洋沿岸五国又占据核心地位。从北极内部考量，北极大多数的岛屿、陆地均归属环北极国家所有，北冰洋大多数水域、大陆架权益、专属经济区、领海亦归属沿岸五国所有，因而其他国家于上述地域进行任何活动，都需要遵守沿岸五国的国内法律规定。所以，沿岸五国除了在国内制定如海洋法、环境保护法等一般性法律法规外，还特意针对北极区域问题制定有关法律。近几年，环北极诸国相继研究出台有利于本国的法律条文，为本国在北方区域攫取更多的资源提供了方便。北极八国由于地理位置优越，所以很容易形成地缘政治。地缘政治其实就是一种空间关系，它是为了实现某种权利如安全、利益和权力等，单个国家或多国联盟通过掌控某个地域来索求某种利益。所以，地缘政治这种空间关系不是固定不变的，会跟随国家之间或者联盟之间的竞合关系不断发生变化。若将整个世界比喻成地缘政治的一个超大系统，那么这个超大系统一定存在很多以国家或联盟为形式的单位结构，单位结构和单位结构之间存在不同程度的联系。若某些单位结构之间联系过于紧密，远远超出了跟其他单位结构的联系，则这些单位结构所覆盖的区域即形成地缘政治区域。北极八国极力排斥其他国家开发北极区域和参与北极治理。但是北极八国所形成的地缘政治环境比通常所讲的地理区域的稳定性要差得多，具有明显的动态性，不仅可以迅速产生、进展，亦可瞬息万变、迅速消亡。究其原因在于，这种特殊区域所存在的政治力量能够产生明显的地缘政治边界，而这种边界又是动态的、柔性的和模糊的。中国目前仅与北欧五国中的挪威和冰岛有相关方面的北极合作。冰岛于 2011 年 3 月研究出台了《北方政策的决议》，为本国在北极水域的资源开发利用指明了具体的方向；挪威于 2009 年制定出台了《北方战略》，规划了本国未来几十年在北极水域的资源开发的总体规划。我国与挪威和冰岛的北极合作，首先表现在学术领域，其次表现在双方领导人积极开展合作对话。双方皆有在极地方面的合作意愿，认为可以在安全方面、生态环境以及极地环境开展合作。但是北极理事会核心成员国，自认为占据地利优势，于是采取内部协作、外部排斥的战略方针。例如，北极理事会为了内部各成员国利益最大化，于 2011 年研究出台了《努克宣言》，这其实就是一个霸王条款，此项霸王条款可以看作北极理事会企图阻止其他国家在北极区域进行环境污染治理的一种阴谋，为了把域外国家排除在北极治理的大门之外，同时加快了内部组织化进程。第一，北极理事会通过设定高准入门槛，凸显其对境外国家的排斥态度；第二，北极理事会竭尽全力加强内部协作，进一步巩固内部国家的合作根基。从表面上看，北极理事会属于一种内部组织化与外部一律排斥并行的开发模式，可是仔细分析后不难发现，北极理事会这样做的目的是想要在北极地区具有绝对的话语权，并且想获得世界上绝大多数国家与地区、国际组织的认可，继而形成一个地缘政治联盟，达到攫取更多北极区域利益的最终目的。但是这种地缘政治联盟比通常所讲的地理区域的稳定性要差得多，具有明显的动态性，不仅可以迅速产生、进展，亦可瞬息万变、迅速消亡。究其原因在于，这种特殊区域所存在的政治力量能够产生明显的地缘政治边界，而这种边界又是动态的、柔性的和模糊的。

（四）北极海洋生态安全治理

北极海洋生态环境正在酝酿着重大变化，随着全球气候变暖，北极冰盖融化速度加快。北极永久冻土下面藏有丰富的甲烷，如果气温上升到一定程度，冻土将融化，届时将释放大量的甲烷，导致大气温度进一步升高。全球变暖将使得北极的部分生物物种灭亡，部分生物物种为适应环境而发生变异。同时北极地区受人类活动影响严重。由于北极地区气温极低，生态系统脆弱，自我修复和净化能力弱，一旦造成污染，极难恢复。受季风影响，北极空气也遭受了来自人类排放的持久性有机污染物、重金属、硫化物和放射性物质的影响，由于气温低，空气中的污染物颗粒长期在空中悬浮，形成北极烟雾。随着气温升高海冰融化，在北极地区进行的资源开采也造成了环境污染。环境污染和生态破坏给当地渔民造成了巨大的损失，使当地的部分生物遭到灭顶之灾。北极环境问题具体表现为外来物种入侵，生物多样性减少，海岸腐蚀，愈加频繁的灾害性天气事件，矿产资源的开采与冶炼所造成的冻土破坏和固体废弃物污染，石油开采和运输所造成的污染，原住民传统知识文化的破坏及其食物匮乏等。为此，北极地区国家在保护北极环境方面采取有力措施，在全球环境合作中发挥积极作用，中国也参加了主要国际环境公约。中国已经参加了《关于持久性有机污染物的斯德哥尔摩公约》《联合国气候变化框架公约》及其《京都议定书》等主要国际环境公约，并正在认真履行相关条约义务，在控制温室气体和持久性有机污染物排放等方面取得了切实成绩。中国的不懈努力为我国改善北极地区环境、参与北极地区环境治理奠定了坚实基础。但是由于既存的国际法律，软法和相关机构在北极环境治理中的作用是有限的，极大地制约了中国参与北极环境治理的成效。北极国家对北极环境保护提供了一定程度的国内法支持，但都暗含加强和扩张其主权的目的，而没有把生态环境的整体性保护视为第一要务，这也给中国参与北极环境治理造成了极大的障碍。

（五）北极航运

中国经济呈现了飞速发展的趋势，而经济发展中所需要的能源资源大部分来自于进口，2006 年进口份额占 43%，2012—2021 年，我国能源进口量逐年增长，而进口的能源主要靠海运来实现，它们在运输的过程中需要通过马六甲海峡。而北极航道的运行将大大降低中国能源运输的时间和成本，减少中国在能源方面的开支，它给中国经济的发展带来了更多有利因素。同时相对于马六甲航线，北极航线不会面临来自于海盗的威胁，能源运输的安全性更高。而苏伊士运河和巴拿马运河现有的货运能力已经不能满足世界经济发展的需求，北极航线的开通将解决这一难题。未来中国的能源运输主要依靠北极航线来实现，因此中国一直积极发展与环北国家之间的联系，加强与各国在海洋运输方面的合作。我国航运界的龙头老大企业——中国远洋运输集团公司于 2013 年夏季派出一艘载重量为 19461 吨、长 155.95 米、宽 23.70 米、设计航速 14 节的多用途船"永盛"轮驶往北极。该轮装载了 14541 吨钢材和 2199 吨（155 件）设备于 2013 年 8 月 15 日上午 11：10 时从江苏太仓港正式起航，历经 21 天于北京时间 2013 年 9 月 10 日抵达荷兰鹿特丹港，完成了我国商船第一次穿行北冰洋航线的任务，比穿行传统的马六甲、苏伊士运河航线缩短 2800 海里，时间减少 9 天。"永盛"轮成功试水北极航道，开启了我国商船经由北极航道到达欧洲的破冰之旅，这不仅为我国航运界积累极地与冰区航行经验提供重要参考，为我国今后开发利用北极航道提供宝贵借鉴，同时也将为全球航运发展增添新的动力。

二、我国参与北极海洋生态安全治理的重点领域

（一）重视北极的自然环境变化，并积极参与北极科研活动

北极的生态环境极为脆弱，环境破坏所造成的气候变化也相对剧烈，这种气候变化对北半球乃至全球都会造成强烈影响。中国属于北半球国家，受北极气候变化的影响较为强烈，北极气候的变化将影响着中国的天气变化甚至导致各种自然灾害的发生[1]，严重影响着中国的生态平衡，阻碍了中国农业生产活动的进行。而气温上升所导致的冰川消融会提高海平面的高度，这对于中国沿海环境和经济都有着极大的影响。因此北极的相关变化以及发展都影响着中国的社会、经济活动和自然气候变化，它对于中国的国家安全来说属于非传统影响因素。

---

[1] 多维新闻：《群雄亮剑围猎于北极 中国急需明确北极战略》，2019 年 10 月 7 日，http://www.jp-dongqi.cn/70274.html。

因此我们必须充分掌握北极相关的情况和信息，包括气候变化、生物变化、资源情况等，它是我国参与北极生态安全治理的基础条件。通过多年的科研考察学者们认为，了解北极气候变化，掌握具体的变化规律对于预报北极环境对中国气候的影响，提前预防自然灾害的发生提升灾害的抵抗能力有着积极的意义。我国从 1990 年开始积极投入北极科考工作，在 1996 年我国加入了北极国际科学委员会，随后从 1999 年开始，到 2012 年为止我国先后开展了五次北极科考，对北极的生态环境和海洋情况进行了综合调研。我国在 2004 年建立了第一个北极科考站"黄河站"，同时在 2005 年举办了北极科学高峰会议。中国从未间断过在北极的科研考察活动，在考察中中国对北极的气候、生态、海洋等数据进行了长期的检测和记录，形成了一套完整的科考体系，同时培养了一批优秀的科考人才，为世界提供了大量关于北极的科考数据。2019 年 9 月 20 日各国联合共同开始了"北极气候研究多学科漂流计划"，对北极进行长达一年的深度考察。考察中俄罗斯的"费德诺夫院士"号和德国的"极星"号破冰科考船肩负着运输 17 国近 300 名科考队员的任务，此次科考的地点是中北冰洋地区，通过为期一年的考察试图获取该地区连续一年的气候、海洋、海冰等生态相关的变化数据，为研究北极气候变化和全球气候变化提供坚实的数据基础。中国对于北极研究的大量关键数据都是通过与各国共同合作联合考察获取的。

（二）重视北极航道利用，务实合作、互利共赢

北极各国对北极资源的争抢已经进入了白热化的状态，但是各国在进行资源开发的同时都十分注重对北极生态环境的保护，因为它们都意识到北极生态平衡对于全球各国的重要意义。而在航路开辟问题上，各国都做好了航路安全的基础保障工作，在安全运行的前提下有效地进行北极航道的开发，促进世界经济贸易的发展。北极冰川的大量融化以及北极航道的不断开发对全球气候和经济有着重要的影响，因此北极区域以外的国家对北极也予以了高度的重视。中国经济正在顺应世界经济发展的脚步，经济增加速度越来越快，已经逐步演变成世界第二大的经济体。中国的现代化发展道路任重道远，实现现代化是一个漫长的过程，它需要大量的能源资源作为后盾，但

是由于中国对资源的大部分需求主要来自于进口，而且这一现状在短期内无法改变，因此北极对于中国来说具有十分重要的战略意义。中国未来的能源不仅仅来自中东地区，还有可能来自北极，因此同北极区域国家合作，保证资源进口的多样化对于中国现代化实现具有重要的意义。同时中国在未来的贸易中将依旧遵循公平公正的原则，同世界各国进行友好的长期贸易。

　　同时北极航道的正式通航对于中国和其他国家的贸易也有着积极的推动作用，这对于中国与世界各国的沟通和交流有重大的价值和意义。同时北极航道的通行也会极大地缩短欧美与亚洲之间的海运距离，借助航运的便利欧美和亚洲之间的贸易往来频率将逐步提高，贸易额度也将逐渐增大，这对于世界经济的发展和进步有着积极的作用，而中国也会借助航道的便利和其他国家增加贸易的频率。其中借助北极航道，上海到鹿特丹的航行路程将比经由苏伊士运河还要更短，将节省 22% 的时间。而连云港和挪威北部之间的航行距离可以缩短至 6500 海里，而现阶段最近的苏伊士运河航程需要 12180 海里，缩短了近一半的距离，大量节省了运输时间和运输成本。北极航线的开通对于世界各国经济的发展都有着积极的意义，各国在航运的过程中都将遵循北极航线的相关条约。

　　（三）密切国际合作，为北极治理贡献自己的力量

　　作为最具影响力的政府间论坛，北极理事会在处理北极问题上起到了积极的作用。由于北极的世界性意义越来越重要，各国围绕北极展开的合作范围在不断扩大，所涉及的领域也在不断增加，合作共赢已经成为北极发展的主旋律。北极治理中所涉及的问题包括了许多层面：有科研层面、经济层面、环保层面以及航运层面，各国针对这些问题的合作从未间断过。中国作为观察员国之一，一直在北极范围内进行科考和航行活动，积极为北极理事会贡献自己的理论，推动北极治理的发展和进步，得到了北极理事会的充分认可。在处理北极问题上，中国一直坚持合作共赢的原则，积极同各国进行多边合作。

　　北极理事会虽然在对待非北极国家介入采取了一定的鼓励措施，但是这些鼓励措施有限，无法充分调动非北极国家的积极性，理事会应该改进现

有的准入制度和权利限制，促使更多国家加入北极理事会，通过多国的合作和努力共同推进北极治理工作的良性发展，在世界范围内解决涉及北极领域的各种问题，保证北极资源的开发和航道的正常运行。我国在 2007 年开始就积极参与到北极的各项事务中，而各国对此都抱以极大的热情。经过中国多年的努力，2013 年中国被正式接纳为理事会的观察员国，在北极事务中发挥了更大的作用。在处理北极事务的过程中，中国一直坚持公平公正的原则，充分尊重他国应有的权利，保护他国的利益，这一行为受到了世界各国的广泛称赞。中国还一直积极与北极各国进行双边乃至多边沟通，就北极相关问题交流意见和经验，共同推进北极的发展。而中国在北极事务处理中的一贯观点也受到了各国的支持，中国在北极理事会中发挥了越来越重要的作用。

（四）积极推动北极国家与非北极国家建立合作共赢的关系

在如何处理北极区域国家和其他国家的问题上，由于北极区域国家的地域特征，它们拥有部分北极领土，因此为了维护自身利益的需要，它们在北极事务处理的过程中拥有更大的话语权，同时也发挥着更大的作用。北极区域国家所拥有的权利包括科研考察、资源开发、航道运输，因此它们对于相关问题的关注程度也更高。同时由于北极气候和生态环境变化和全球气候之间相互作用，互相影响，因此北极区域国家和其他国家在某些问题上有着共同的利益出发点，它们之间应该互通有无加强国与国之间的合作。如何处理它们的之间的关系一直是一个敏感的话题，想要处理好两者之间的关系尊重彼此的主权和领土完整是最为基础的条件。作为非北极国家的一员，中国一直积极加强与北极区域国家的合作，主动参与北极事务的处理，在此过程中中国一直秉承相互尊重、和平发展的理念和北极区域国家共同合作，为北极治理工作添砖加瓦。

中国的北极政策是中国外交政策中十分重要的一个环节，在政策实施的过程中中国一直遵循着"和平利用、造福人类"的基础原则，在公平、公正的基础上加强与北极各国之间的合作，推动北极治理工作不断前行。在北极治理的过程中，中国与合作国一直坚持推行和平发展、可持续发展的环保理念，提升北极区域在世界范围内的经济价值和战略意义。[①]

第四节　中国增强在北极地区实质性
存在的实现路径研究

　　北极问题由区域问题转变为全球性问题，中国作为北半球发展中的大国有责任和义务参与北极治理，维护我国在科考、环保、资源开发利用以及航行权等方面的国家利益。本节将从我国增强在北极地区的实质性存在的角度出发，对我国参与北极治理的条件以及实现路径进行分析。

　　北极是温室气体和大气污染物质的重要汇聚区，对全球气候环境变化极为敏感。北极地区的气温上升幅度是全球气候变化值的 2 倍。气候模型表明，到 2100 年北极的温度将上升 2—9℃。北极气候变化使北极资源利用成为可能，冰雪融化后北极航道价值凸显，北极的地缘政治格局发生变化，导致北极从合作转变为合作与对抗并存。气候变化导致北极地区发生最明显的变化将是重建新的地缘政治格局。

　　根据环北极国家的官方数据：（1）2006 年，北极地区总人口约为 1044 万，人口密度为 0.63 人 / 平方公里，是地球上除南极大陆以外人口最稀少的地区。（2）在全球人口数量不断增加的情况下，北极地区近年来人口非但没有增加，而且略有减少。（3）北极地区地广人稀，人口分布极不均匀，主要集中在少数几个城市或城镇；北极地区首府的人口 250 万左右，约占总人口的 24%。（4）分布在俄罗斯、北美、北欧北极地区的原住民人口约为 200 万，主要分布在 8 个环北极国家的北纬 60 度以北地区。俄罗斯原住民以楚科奇 - 堪察加语族、阿尔泰语族、乌拉阿尔语族等北方少数民族为主，北美加拿大、美国主要以因纽特人和印第安人为主，北欧原住民则以萨米人为主。

　　北极地区经济已经成为世界经济的一个不可或缺的组成部分，而且它

[①]　唐国强：《北极问题与中国的政策》，《国际问题研究》2013 年第 1 期。

与世界经济的关联性以及在全球经济中的地位都在上升。在世界石油和天然气生产格局中，北极地区占据重要地位，特别是天然气生产，北极地区是全球天然气生产的重要场所，占据全球份额的 1/4 以上，是世界天然气消费的重要供应地。除此，北极地区还拥有大量的其他矿产资源，是世界渔业生产活动的重要场所之一，该区域海洋野生鱼类的捕获量约占世界捕获总量的 10%。

海洋对人类排放 CO_2 的吸收使得海洋 PH 值降低，北冰洋海洋酸化正在引起关注，它发生最快但目前处于临界水平。北冰洋弱酸性的海冰融水持续加入到季节性混合层，加剧了海洋酸化，海水酸化破坏了浮游生态系统，影响了许多珊瑚、贝壳类生物的健康生存。近年来北极气候变暖导致北极地区出现了冰川和海冰大面积融化、永冻层解冻、雪季缩短的现象，北极海冰的减少影响以冰为生的物种。由于气候变化、人类活动的增加以及北极地区独特的自然条件，北极地区的石油泄漏及核污染等突发问题也难以解决。

根据美国国家冰雪数据中心报道，北冰洋的海冰分布范围于 2012 年 9 月 16 日创造历史新低，仅有 341 万平方公里。随着海冰退缩，东北航道的货运量明显增多，2011 年为 820789 吨，2012 年达到 1261545 吨，比上年增长 53%。通航时间也延长到接近 5 个月。总体上，北极航道作为连接亚欧交通新干线的雏形已经显现。2012 年 7—9 月，我国极地科考船"雪龙"号圆满完成第五次北极科学考察，开创了我国船舶从高纬度穿越北冰洋航行的先河，为我国今后利用北极航道开展了有益的探索和实践。2013 年 9 月 15 日，中国远洋集团的"永盛"号货轮到达荷兰鹿特丹港，圆满完成东北航道的首航任务。

随着全球气温变暖，北极地区的地缘政治呈现全球化趋势，环境变化导致北极地区资源的可利用性增大，航道以及军事战略价值提高，国际社会对北极地区事务的参与积极性不断升温，北极地缘政治形势日趋严峻。参与北极地缘政治的国家正在以北极地区为中心向外拓展，除了北冰洋沿岸、环北极等国家之外，一些欧亚等国家也在积极谋求参与。北极地区的治理也相继成立了北极理事会、北极科学委员会等多个政府间国际组织、非政府组织。气候变化导致了北极地缘政治的竞争与合作同时加剧。

一、中国增强在北极地区实质性存在的必要性

北极地区拥有丰富的资源，这些资源包括了能源资源、淡水资源以及鱼类资源，北极资源的开发对于世界经济的发展都有着积极的作用。而北极航道的通行对世界货物跨洋运输有着积极的意义，它打通了欧美和亚洲之间的新航路，极大地缩短了航行时间，减少了航行距离，提高了不同区域之间的贸易往来，推动了世界经济的发展。而北极区域的气候变化对全球气候也有着较大的影响，海平面的上升会对靠近北极区域的国家带来一定的困扰，影响沿海地区居民的生存环境。我国距离北极较近，受到北极气候环境的影响程度较深，同时对于北极能源也有着急切的需求，因此北极问题与我国的环境、政治、经济、国土安全问题都息息相关。

（一）北极气候和环境变化影响中国气候和环境安全

北极地区冬、夏季海冰的交替变化以及北冰洋、北太平洋和北大西洋的水交换以及北极臭氧亏损造成的大气增温和紫外线增强，直接影响我国的气候环境。北极的气候系统左右着我国主要经济地区的季节交替与旱涝风霜，对中国自然生态系统产生的影响表现在自然植被的地理分布与物种组成有明显影响。北极融冰会影响我国沿海地区的安全，北极升温影响中国的粮食安全和产业发展。全球气候骤变，海平面会上升，中国沿海很多城市，可能包括上海在内都会被海水侵蚀，海洋渔业资源也会因之遭受毁灭性打击。

（二）北极航道的开通影响中国的战略格局

北极航道中，东北和西北两条航道极大地减少了欧美到亚洲的货物运输时间，缩短了运输的距离，这对于我国的航运贸易发展也是极为重要的。借助北极航道的便利，我国远洋贸易企业大大降低了企业运输成本，增加了企业利润，让中国企业在国际市场具有更强的竞争力。我国对于能源的需求主要依靠进口，而航线的开通让我国在资源获取上拥有了更多的选择，降低了货运风险，同时减少了我国能源输送的成本。而由于航线的便利性，各国相关的竞争也会越来越激烈，中国作为靠近北极的国家所面临的压力和挑战也会越来越大。

（三）北极资源为我国开发资源提供机遇

北极的资源属于公海和国际海底区域的资源，是全人类共同继承的财产，我国自然也有权利分享北极的资源。由于中国不是北冰洋沿岸国家，所以在中国参与资源的开发中不占优势，因此学者们对资源开发方面的策略研究量很少。

（四）北极地区对中国科研极具价值

极地科学考察关系着全球变化和人类的未来，也是一个国家综合国力、高科技水平在国际舞台上的展现和角逐，在政治、科学、经济、外交、环境、军事和社会等方面都有其深远和重大的意义。中国目前在北极的活动主要是科学考察活动。我国可以在北冰洋部分海域获得极其宝贵的数据、资料和样品，提高我国对极地研究的水平。作为北半球最大的发展中国家，北极地区对中国未来的发展具有极其重要的战略价值，增强我国在北极地区的实质性参与具有必要性。

二、中国增强在北极地区实质性存在的条件分析

认清我国增强在北极地区的实质性存在的条件，有利于我国参与北极事务时更充分利用自身优势，扬长避短，提高参与北极事务的话语权。

（一）明确我国增强在北极地区实质性存在的有利条件

我国增强在北极地区的实质性存在的优势主要包括：我国是近北极国家，同时成为北极理事会的正式观察员，我国签署了《联合国海洋法公约》《斯瓦尔巴德条约》等，享有在公海地区的合法权益。我国作为北半球的大国，其综合国力具备参与北极事务的强大实力，中国有强烈的参与意愿，可以积极寻求参与途径。

1."近北极"国家的身份

北极问题成为全球性问题之后，中国作为"近北极"国家的地缘政治优势凸显。相对于北极国家，环北极国家主要关注的是主权与所有权，即"为我所有"的问题；而近北极国家主要看中的是使用权和治理权，即"为

我所用"的问题。中国与多个北极国家存在密切的经贸往来,北极地区的资源陆续被发掘,北极航道开通以后,我国近北极国家的身份将会成为增强我国在北极地区实质性存在的重要有利条件。

2. 北极理事会正式观察员国的新角色

北极理事会已经成为协商和解决北极事务的政府间组织,各国就北极事务通过北极理事会进行磋商。北极理事会"正式观察员国"地位的获得,将保障中国在北极地区的正常活动。成为北极理事"正式观察员国",意味着中国北极活动及其相关主张获得了理事会成员国的一致理解和认可。正式观察员国虽然没有在理事会的表决权,但自动享有参与理事会的权利,同时拥有发言权、项目提议权,还可参加北极理事会下设工作组。正式观察员国的新角色增强了我国在北极地区的实质性存在,我国可以借助这个平台,参与北极事务,加强与北极国家、环北极国家等的合作,进行北极科考、环境保护、资源开发等。

3. 参与北极事务的法理依据

现阶段中国对北极事务的积极参与是中国经济发展的需要也是维护中国国家安全的需要,它具有一定的法律依据,同时当前的国际环境也有利于中国参与到北极事务中去。《斯瓦尔巴德条约》颁布于1925年,大部分北极事务的处理都遵循这个条约进行,而中国作为成员国之一也适用于这个条约。在条约的具体规定中,中国可以在某些特定的区域进入或者进行自由活动,只要不违背挪威相关的法律即可,这些活动可以包括生活、科研以及商业方面。而对于北极问题的处理实际上是对海洋问题的处理,因此借用《联合国海洋法公约》可以为北极事务处理提供基本的法律依据,而中国作为公约国之一,根据公约的规定可以在北极区域的公海内进行相关的科考活动,具有独立资源的权利。同时中国也是国际海事组织的 A 类理事国,这一身份可以保证中国借助其制定的相关法律进行北极管理的相关活动。

4. 强大的综合国力和强烈的参与意愿

随着经济发展的速度越来越快,中国经济水平巨大的提升,国家拥有较强的军事和经济实力参与到北极事务管理中去。中国是世界第二大经济体国家，现有的外汇储备量居世界第一。依靠强大的经济实力，中国可以在北极地区投入大量的人力物力进行科研考察活动。而科研考察工作是北极资源开发的前置条件，只有通过科考活动北极地区相关的数据和资料才能够为后期的资源开发活动提供准确的科学依据，相关的科研考察成果具有重要的政治和经济意义。而在科研水平上，我国在北极已经拥有四个科考站以及一艘破冰科考船，这些基础设施条件让中国的北极科考工作得以顺利进行。而在软件建设上，中国正在着力搭建一个综合性的全方位平台用于北极的各项考察活动，这个平台囊括了北极的各个领域。同时经过多年的科考活动，中国逐渐培养了一批专业的科考人才，这些人员在北极的科考活动中发挥了重要的作用。北极的发展和中国的发展具有相互的作用：首先，北极丰富的资源有待于世界各国来开发，中国的资金和科技投入有利于这些资源的开发。其次，中国和北极区域各国的贸易行为让中国获得了更多的世界贸易机会，对于提升中国的贸易水平和经济水平有着积极的作用。

5.北极国家的矛盾与分歧

北极国家之间存在领土纷争及权属争议等问题，比较突出的有俄罗斯和加拿大、挪威等国间的罗蒙诺索夫海岭问题，加拿大和丹麦之间的汉斯岛主权问题，以及加拿大和美国间的西北航道主权问题。北极国家的矛盾与分歧为中国参与北极事务提供了空间，北极各国为解决矛盾，维护自身利益，认识到了中国参与北极事务的必要性，希望通过与中国合作来与其他国家抗衡。2013年，5个北欧国家、美国、加拿大及俄罗斯，同意中国成为北极理事会正式观察员国，为中国增强在北极地区科考活动创造了有利条件。

三、中国增强在北极地区实质性存在的障碍

在认识到我国增强在北极地区实质性存在的优势条件外，认清所面临的障碍更能为我国突破障碍制定参与北极事务的政策提供突破口，为实现我国利益最大化取得实质性进展。要想增强在北极地区的实质性存在，必须在明确有利条件的基础上认清面临的障碍，才能更好地利用有利条件制定策略以扫清障碍。从主观上来说，我国增强在北极地区实质性存在面临的障碍主

要是缺乏地缘优势，科考水平较低，极地理论研究滞后，国内战略及配套制度缺失等；从客观上来说，北极理事会观察员国的苛刻制度、北极国家国内法特殊规定、西方世界误读导致北极国家对我国北极关注的焦虑和抵触、北极地区治理机制碎片化等都会阻碍我国参与北极事务的进程。

（一）主观障碍

1. 缺乏地缘优势。北极地缘政治是国际政治行为体围绕北极事务进行竞争与协调形成的，国际政治行为体是北极地缘政治的主体。中国在近北极地缘政治行为体中属于近北极国家，虽然北极自然环境变化对中国有直接的影响，但是与北极五国及环北极八国更优越的地理位置来说，近北极国家的身份作用不大。在当前的地缘政治格局中，近北极国家发挥作用的空间有限。

2. 科考水平偏低。目前中国已进行 13 次北极科学考察，北极科学考察取得了很大进步，但与发达国家相比还是落后很多。就破冰船技术来说，中国多年来极地科学考察一直是单船作业，一船两站。中国自主建造破冰船的步伐才刚刚迈出，设备和技术的落后性限制了中国的科学考察。

3. 极地理论研究滞后。我国极地研究存在"重理轻文"的特点，现有的研究也只在基于主权、航海、资源等方面，导致我国北极人文社会研究领域长期滞后，无法为国家极地战略及政策制定提供基础素材和科学依据，限制了我们争取应有的权益和国际地位。在地缘政治理论、全球治理理论、生态政治理论等关系到我国极地权益的相关理论的研究薄弱，使得我国在争取北极话语权等权益方面缺少说服力。

4. 国内战略及配套制度缺失。北极国家都相继出台了自己的北极政策和战略，我国北极权益的实现需要宏观层面的北极战略指导，目前我国虽然开展了一系列的北极科考活动、合作交流等事务，但是尚未制定全面具体的北极战略。北极战略的缺失使得中国参与北极事务没有长远的战略性目标，在资源开发、科学考察、航行权等方面缺少法律规范。目前尚不完善的北极法律法规无法充分发挥作用，中国参与北极事务的活动无法有序进行。

（二）客观障碍

1. 北极理事会的苛刻制度。北极八国利用北极理事会的优势地位，提高了北极理事会的准入门槛。首先，预设"三个必须承认"约束新晋观察员国。从 2011 年起，欲申请北极理事会观察员的国家必须承认北极国家在北极地区的主权、主权权利和管辖权及承认包括《联合国海洋法公约》在内的广泛法律框架在北冰洋的适用性。其次，观察员资格给非北极国家带来更多的是义务而非权利。取消特别观察员国后，为了避免观察员通过议题优势获得话语权，北极八国对 1998 年版的《北极理事会议事规则》进行了修订，强调北极理事会下属机构的所有决议需有北极八国代表们一致同意方可通过，并作为附件放入《基律纳宣言》。再次，观察员国不可能成为正式成员，也就是说非北极国家或非国家行为体不可能成为正式成员，并且只有成员国才能决定是否接纳观察员。2011 年签署《北极海空搜救合作协定》，北极八国主导北极理事会的职能提升。中国成为北极理事会正式观察员国的权利与义务并不对等，难以获得更多的自主性。北极理事会每四年评估一次正式观察员资格，如果四年之中观察员没有作出贡献，就有被取消资格的可能，这意味着成为正式观察员只是中国北极外交实践的阶段性成果，为中国参与北极事务带来机遇的同时也带来了挑战。

2. 北极国家国内法特殊规定。一些北冰洋沿岸国的国内法规定在内容上偏离了《公约》此条规定的主旨，不利于北极航运的开展。俄罗斯 1991 年实行的《航行北方海航道规则》规定，通行于俄罗斯北方海航道的外国船需要向其提交破冰领航申请并付服务费用；1996 年的《关于北方海航道破冰和领航指南规则》要求利用北方海航道的船只需至少提前 4 个月向北方海航道管理局提交申请，进入航路后至少两名俄方引航员登船引航，但若发生危险由船方自负。1985 年 9 月 10 日，加拿大宣布北极群岛水域属于历史性内水。加拿大国内法目的在于将北极群岛水域性质定性为内水，从而限制外国船只的通行。

3. 西方世界对中国意愿的误读。针对中国在北极的正常活动，一些西方舆论猜忌中国的动机和目标是抢占和掠夺那里的丰富资源，并在那里谋划布局军事战略利益。中国在参与北极事务的过程中遭到了北极八国"门罗主义"的阻挠。2011年初,挪威斯德哥尔摩国际和平研究所研究员琳达·雅各布森撰写了《中国为无冰北极进行准备》的研究报告,这份报告可被视为西方国家尤其是北冰洋沿岸国家对中国北极权益主张的代表性解读。但报告扩大了中国北极权益的范围,几乎将北极问题的全部因素与中国的潜在利益相联系。美国、俄罗斯等北极大国对中国在北极的意图充满戒备,中国经济快速发展引起了西方各国的恐慌,西方国家对中国争取北极利益的误读阻碍了中国参与北极事务,不利于增强我国在北极地区的实质性存在。

4.北极治理机制碎片化。北极地区不同于南极治理,没有领土纷争,《南极条约》并不适用于北极地区的治理,目前北极地区的治理模式主要是针对具体问题分而治之,制度化程度较低,制度结构过于软弱,缺少整体性的统筹规划和稳定的法律形式,成员国之间缺少具有约束力的国际条约。

四、中国增强在北极地区实质性存在的实现路径

随着北极地区由"冰封"变为"冰融",北极自然环境的变化直接影响我国的国土安全、经济安全、粮食安全、能源安全等重大国家利益,我国在北极地区强烈的利益诉求迫使我国必须增强在北极地区的实质性存在,对北极治理有所贡献,最大化实现我国在北极地区的利益。增强在北极地区的实质性存在,首先要明确我国增强在北极地区实质性存在的目标,其次要制定国家层面的北极战略,根据北极战略制定具体的对策。

(一)我国增强在北极地区实质性存在的目标

1.保护生态环境,保持生物资源。北极环境变化影响到全人类的共同利益,因此保护北极生态环境成为全人类共同关注的话题。北极理事会作为治理北极的权威机构之一,其宗旨就是保护北极环境,促进持续发展。气候变化导致北极冰川融化,海平面升高,我国作为北半球的沿海国家,国土安全遭受威胁,我国有责任也有义务保护生态环境,确保北极地区的资源管理和经济可持续发展,减弱气候变化导致的国土安全以及经济安全等问题,为全球可持续发展作出贡献。

2. 努力应对全球不利变化。我国是负责任的大国，对全球不利变化应作出最大贡献，制定相应的策略预防、控制不利变化的局势。

3. 明确我国国家利益。目前我国的北极利益主要集中于资源、航道、科研等方面。北极地区蕴藏丰富的能源、矿藏和生物资源，气候变化导致北极地区的资源逐渐被发掘，我国作为近北极国家，有权利维护自己的国家权益，分享北极地区的资源、能源、航道通行权等合法权益，避免国家利益追逐，唯利是图。

4. 介入那些影响北极地区原住民的事务决策管理。原住民在北极地区的生存权利和经济利益与北极治理息息相关，在制定决策时要充分考虑原住民在北极事务中的参与权利，相关机制安排必须尊重与该地区自然环境保持独特而长久关系的原住民的利益，必须考虑到原住民子孙后代的利益，为了避免北极治理纠缠于领土主权纷争，我国应该积极介入那些影响北极地区原住民的事务决策管理，以原住民在北极地区的可持续发展为出发点，保护北极生态环境，维护地区和平稳定。

5. 加强科学监测和研究地方、区域和全球的环境问题。北极治理最大的障碍即北极地区自然环境的变化，气候变暖作为全球性问题，单个国家或地区无法靠一己之力解决。北极生态系统的开放性使得全球国家尤其是北半球国家面临严峻的环境问题。北极寒冷的气候条件以及北极国家对于北极主权的重视使得非北极国家在北极地区进行科研变得更为不易。环境问题作为全球问题，我国当然也有权利和义务保护北极环境。加强科学监测，时刻关注北极自然环境变化，研究北极地区、地方以及全球的环境问题是我国增强北极地区实质性存在的目标。

（二）我国增强在北极地区实质性存在的参与路径

为了实现我国增强在北极地区实质性存在的目标，我国需要建立健全的参与路径框架。框架主要包括参与依据、参与平台以及具体的参与路径。

1. 我国增强在北极地区实质性存在的参与依据

中国参与北极治理的最主要依据就是气候变化使北极生态成为全人类共同关注的重大事项，北极局部地区公域化以及相关国际法律法规也是中国参与北极治理的基础和依据。全世界有 152 个国家签署《联合国海洋法公约》并得到批准，因此《联合国海洋法公约》是处理各种北极海上活动所应遵循的基本法律规范。但是北极法律地位的不确定性和主权纷争的特殊性，当前并不存在专门适用于北极的条约。中国作为北极理事会的正式观察员国，应该倡导北极理事会的成员国共同遵守《联合国海洋法公约》等国际法要求，并加强对国际法的研究，充分发挥提案权，为创建公平合理的北极治理新秩序，维护全人类共同利益做最大努力。

2. 我国增强在北极地区实质性存在的参与平台

增强我国在北极地区实质性存在的参与平台包括具体的参与主体，主体的具体功能及与我国的关系。我国增强在北极地区实质性存在的参与主体应该包括政府组织、非政府组织（环保 NGO 等）、原住民、企业及媒体等。北极治理机制在主体、层级和涉及的领域方面呈现多样化趋势，既有北极理事会、巴伦支海欧洲北极理事会、极地科学亚洲论坛、欧洲北极论坛等区域性机构，这些区域性机构在维护区域和平、合理解决争议、加强合作等方面起到一定的作用。另外还有国际海事组织、大陆架界限委员会、联合国政府间气候变化专门委员会等全球性机构，作用范围较大，在全球区域起到一定的控制和震慑作用，为全球国家提供解决争端的平台和规章制度。各机构分别在政治、经济、科技、环保、气候变化、航运、海域划界等领域讨论和处理北极问题，对促进北极和平、稳定和可持续发展发挥了重要作用。这些机构为中国参与北极事务提供了一定的平台，因此中国应扩大外交范畴，将被动转化为主动，积极投身其中，加强与各其他参与主体沟通，谋求世界各国利益最大化，实现我国合法权益。

3. 我国增强在北极地区实质性存在的参与内容

我国应向北极国家明确表明参与北极地区治理的立场，明确我国参与北极事务的深度和广度，中国的相关治理主张要充分体现"人类共同利益""人类共同关切"这些具有伦理性意味的观念，明确反对非法掠夺和侵占。中国参与北极事务，首先还是应以科学考察为突破口和立足点。科考既是当前中国在北极治理中最为关切的利益之一，同时也是中国有效介入北极事务的最佳方式。其次，应在北极航运、环保、旅游、资源开发等领域性议题上加大参与力度，积极参与国际合作。

4. 我国增强在北极地区实质性存在的具体对策

我国在北极存在气候变化、国家安全、经济发展、权益维护、科学考察和外交、合作等多方面的利益诉求，要想实现我国增强在北极地区实质性存在的目标，必须制定合理有效的对策。北极国家对于非北极国家的强烈戒备心理使得我国参与北极事务无法有序正常进行。因此要制定长远的北极战略来指导我国参与北极事务的具体实现路径，才能在我国增强北极地区实质性存在的问题上取得事半功倍的效果。首先以气候变化为契机，制定宏观战略。其次，通过技术优势参与北极治理，加强科研投入，寻求公共物品、技术突破。再次，合理利用联合国海洋法公约权利，遵守国际规章制度，充分发挥北极理事会正式观察员作用，为北极治理机制建立、争取话语权。另外可以与北极理事会骨干国家建立长期双边合作项目机制，比如建站、观测、监测等，按规范执行牢固的双边关系，加深共同互利基础。同时与其他相关国家、组织以及原著居民加强合作治理，参考原著居民的治理方式，切实维护我国的航道、科研、资源开发、国土安全等方面的利益。

（1）适时制定我国增强在北极地区实质性存在的北极战略。我国北极战略的目标并不同于北极国家对于北极主权的掌控，我国战略目标重点在于对北极权益的享有，主要旨在通过争取我国北极的合法权益来实现国土安全、能源安全、经济安全等。对于中国来说，充分利用作为近北极国家身份、积极谋求环保议题倡议权有助于抵消由地缘劣势所造成的"失语"困境。在承认北极国家对北极地区主权的前提下，探索解困之道，发挥北极理事会正式观察员作用，继续在科考、环保等领域积极参与，向资源、航道等领域拓展和延伸，争取最直接、最现实的北极利益，为中国在北极的实质性权益空间寻找突破口。中国应该将北极战略置于国家整体战略中来分析制定，从科研、能源、经济、安全等方面分层次制定相应的北极战略，为我国参与北极事务提供一个可供参考的制度框架。中国在北极的航行权益、贸易权益以及环境变化的权益，都是我们应当主动维护的权益。

（2）加强对《联合国海洋法公约》及其他国际法的研究，充分发挥北极理事会的作用。《联合国海洋法公约》作为全球海洋治理的基本法律，签署成员国应该遵照法律要求参与北极治理。中国作为北极理事会的正式观察员国，注重对《联合国海洋法公约》及其他极地、海洋等法律的研究，为我国参与北极事务提供更多的法律保障。在《联合国海洋法公约》的框架下，通过北极理事会充分参与北极事务的决策决议，充分发挥自己的知情权和提案权，提高在北极地区的话语权，为北极地区尽快建立整体全面有国际约束力的专属法律出言献策，使北极理事会为北极地区在生态和社会适应气候变化的过程中多做贡献，北极理事会应该分析自己战略及其组织结构等存在的问题，使北极理事会在气候变化以及国际压力下为未来的北极环境、社会等治理充分发挥作用，积极推动与构建公平合理的北极国际治理机制。

（3）加强与北极相邻国家的交流与合作，建立不同层面的"北极利益共同体"。首先要加强与原住民的合作与沟通。原住民组织获得北极理事会永久参与方的地位，中国参与北极治理也需要获得北极原住民对中国的好感。其次，中国应努力拓宽与北极利益相关国家之间的合作渠道，通过与北极理事会骨干国家建立长期双边合作项目机制，比如建站、观测、监测、预警以及应急合作等，制定双方认同的协议，按规范执行牢固的双边关系，加深共同互利基础，实现信息技术以及利益共享。再次，要推进中国与北极国家之间的国际合作，快速形成互重、互信、互动、互利的伙伴关系，积极参与北极问题的会议、论坛等。

（4）加强科研和极地理论研究，实现"文理"并重。提高科考水平，北极的治理必须通过知识转化为行动来加以实现，进行知识和技术的人才储备，拓展人类对北极的认识，发展北极航运和环境保护所需的空间监测技术，对北极进行全方位监测，建设信息和观测网络。要通过加大对北极研究的投入，克服我国科研水平较低的弱势，培养高精尖人才，努力借鉴国外先进知识和人才培养方式。加强对各个部门机构的极地理论的推广与培训，提高国民北极权益意识，加大学术界对于极地理论的学术研究，增强我国在争取北极利益的理论效力。

　　我国虽然不是北极国家，北极地区的环境变化却与我国的生态安全、国土安全、能源安全、经济安全等息息相关，我国自然不能将北极问题置之度外，必须制定合适的北极战略来维护自己的合法权益。由于北极各国对于域外国家参与北极事务的担忧使得北极全球治理不能得到正常开展。《联合国海洋法公约》作为制约北极治理的基本法律，我国应该积极研究《公约》及其相关国际法，寻求我国治理北极的新的突破点，产生或创造出类似《公约》的所谓"区域"管理面的组织形态，由联合国海洋法公约实施组织管理，由此提升我国北极治理的话语权。

　　我国作为近北极国家，参与北极事务具有一定的有利条件，在认识到我国增强在北极地区实质性存在的优势条件基础上，认清所面临的障碍更能为我国突破障碍制定参与北极事务的政策提供突破口，为实现我国利益最大化取得实质性进展。明确我国增强在北极地区实质性参与的目标，制定长期的战略，为我国制定进一步的北极对策提供制度框架和参考。根据我国现有的优、劣势条件，应制定我国增强在北极地区实质性存在的北极战略，围绕《联合国海洋法公约》展开利益博弈，发挥北极理事会正式观察员作用，与北极理事会主干国家建立长期的项目合作机制，加强科研和极地理论研究，实现我国北极利益最大化，增强我国在北极地区的实质性存在，推动北极地区和平治理机制的构建，维护北极自然生态系统。如果我们把北极和北冰洋本质上定位为属于海洋的一个地理单元，那么，其有关的开发利用与管理就应该归为《联合国海洋法公约》中"海域"的规范调整范畴，这应是北极与北冰洋所涉及的国际商务活动及关系处理的法律基础，当然也就是其法律依据。如此看来，今天的北极理事会不能经营北极事务，这一突破应是北极有关问题处理，包括其他国家介入的根本出路，而不应求得北极理事会开恩，在此基础上为全球环境保护贡献自己的力量。

第六章　北极海洋生态安全治理机制构建研究

　　北极地区海冰的快速融化使北极航道开发前景日益明朗，也使得北极资源开采的可能性和便利性大大增加。气候变化造成的北极海冰快速融化促使全球气候进一步恶化，北极环境和生态的压力也由此增大。以上两方面的变化都将对全球各国产生影响。对于全球各国，尤其是中国这个成长中的世界重要经济体来说，北极航道开通是否会改变全球贸易和航运格局并促进北极经济增长带的产生，具有很大的不确定性；北极气候变化在未来几十年的时间里，将对中国人民的生活和生产活动产生什么样的影响，同样具有很大的不确定性。鉴于北极海洋生态安全治理出现的问题和现行治理机制的弊端，新的北极海洋生态安全治理机制亟待构建，本章将从政策定位和路径选择两个层面来阐述如何构建北极海洋生态安全治理机制。通过对北极海洋生态安全治理相关内容的梳理，现在需要建立北极海洋生态安全治理机制，通过不同的方面来探讨构建治理机制的内容，最终希望通过分析可从政治、经济、法律、生态等方面构建一个较为全面的治理机制，能够为北极海洋生态安全的治理提供方法上的支撑。

第一节　北极海洋生态安全治理机制构建的战略选择

一、"人类命运共同体"—"海洋命运共同体"—"北极海洋生态安全命运共同体"

以"人类命运共同体"理念为指导，坚决反对地区霸权主义、单边的保护主义以及狭隘的个体利益观，积极推动和平稳定国际秩序的形成。国家间的相互影响程度日益加大，构建和谐稳定的国际秩序将推动国家间更好地开展合作，同时积极推动全球化的步伐，无论是贸易还是生态安全或是其他方面，经济的全球化、生态安全的全球化对于一个国家的发展有着重要的推动作用，对于提高国家抵御风险的能力也大有益处，互利互惠、相互促进的国际关系为国家的稳定发展提供了一个和平的外部环境，国家之间"同舟共济"共同应对全球问题是解决全球问题最有效、最正确的方式。"人类命运共同体"所倡导的共同利益观、国家权力观、可持续发展观可以为北极海洋生态安全的治理提供一个稳定的地区政治环境，便于国家之间在北极共同开展生态安全治理的合作。

由"人类命运共同体"所衍生出来的"海洋命运共同体"，尽管是一个新的理念，但作为"人类命运共同体"理念中影响范围最大的"共同体"之一，"海洋命运共同体"对于海洋领域的开发、利用、治理和保护提出了明确的目标。"海洋命运共同体"的构建仍要遵循"人类命运共同体"所要求的共商、共建、共享的原则，分阶段、有步骤、层次性地推动"海洋命运共同体"在全球海洋开发治理中发挥积极作用。借助"海洋命运共同体"理念和北极东北、西北航道的阶段性通航，积极推动"北极冰上丝绸之路"的构建和开通，由此可节省海上航运成本，推动航道沿线国家和相关国家蓝色经济的发展；积极推动海洋文化的交融，促进国家之间的相互理解，构建稳定的海洋环境，为构建"海洋命运共同体"建立起良好的外部环境；以国际组织为依托，依据国际海洋相关的法律、协定，积极开展对公海区域的海洋空间规划的协商制定，形成国际公海海洋生态环境治理的综合技术体系，更好地协调人类社会开发利用海洋与保护海洋生态环境安全之间的关系，共同对相关海域开展综合利用和治理，促进相关海域海洋资源的高效利用和海洋环境的有效保护。"海洋命运共同体"的提出是我国积极参与国际海洋治理的重要表现，同时也为包括我国在内的国际社会提供了一条治理全球海洋问题的新思路。

在"海洋命运共同体"理念的指导下，推动北极地区的开发、保护，实现由"北极利益共同体"—"北极责任共同体"—"北极命运共同体"的提升。北极地区的生态安全关系到全球生态环境的安全稳定，北极作为全球热量的平衡器，北冰洋通过极地洋流的循环实现与全球海洋的热量交换，进而维持全球热量的相对平衡。北极海冰的融化导致全球海平面的不断上升，严重威胁到沿海地势低洼地区和大洋中的海岛国家，沿海生态系统同样也面临着被海洋吞噬的危险。北极各相关国家通过共同制定北极海洋空间规划方案，划定北极海洋空间规划区，将北极地区当下所面临的资源、生态环境、航道利用等问题进行综合治理，实现北极资源的合理开发和有效利用，有效保护北极域内生态环境，构建起北极生态环境的综合治理体系，最终形成"北极海洋生态安全命运共同体"，破解各个国家在北极地区因资源争夺、领土争端等所产生的零和博弈问题，将保护北极地区有序开发下的生态安全治理作为北极地区工作的重中之重。

针对北极海洋生态安全治理，从治理方式的角度给出如下几点内容：

1. 平等协商，加深各国在北极海洋事务尤其是北极海洋生态安全治理中的合作。构建"北极海洋生态安全命运共同体"，要求参与北极事务的各个国家要通力合作和提供北极地区的安全保障，提倡各国通过平等协商的方式，改进和完善已有的北极海洋相关制度和政策，在新理念的指导下，推动北极海洋事务的国际合作迈向新阶段，同时积极构建北极海域新型海上关系，推动北极蓝色经济、蓝色生态的发展。

2. 共同维护北极海洋安全。"北极海洋生态安全命运共同体"理念作为

"海洋命运共同体"的衍生和细化，它包含了各个国家在北极海域共同的信念、北极海洋共同的安全、北极海洋问题共同的责任、应对北极海洋事务挑战共同的行动等。北极海域共同的信念是参与北极事务的各个国家所追求的北极海洋的安全，这个安全包含着生态安全、能源安全、政治安全、经济安全等传统与非传统安全在内，虽然构建"北极海洋生态安全命运共同体"能够对北极地区的综合安全进行保障，但保障的前提是北极区域内的各参与国能够共同努力、通力合作。北极海域的开发利用必然会导致对北极地区的生态环境的破坏和污染，同时借由洋流运动从远海而来的污染物也会破坏北极地区的环境，这就要求各国联合起来共同应对北极地区的生态环境破坏和污染，共同承担该后果。

3. 建立研究机构，发展北极海洋科学技术。北极海域作为全球海洋的一部分，有着全球海洋的共性，但由于其地处极低，又有着明显的特性，这也就导致北极地区产生的海洋问题需要有针对性的技术方法去解决。为了能够更加合理有效地开发利用北极海域，各个国家应该共同行动，共同发展北极海域科研技术，鼓励支持跨国或多国联合的北极海域科研项目。

4. 构建一个稳定的海洋环境秩序，特别是对于北极这个有着独特地理位置和开发利用价值的"全球公域"来讲，丰富的资源和日益凸显的航运价值吸引了各国的目光，同时也为北极地区的生态环境安全带来了巨大的隐患，以"人类命运共同体"和"海洋命运共同体"为前提和指导，构建"北极海洋生态安全命运共同体"，在北极地区建立命运与共的联系，约束各国行为，共同开发北极资源，共同保护北极地区海洋生态安全。

二、北极海洋生态治理中公共产品的供给

北极海洋生态环境保护是否可以取得成效，关键在于行为体提供世界公共产品意愿以及能力。若这种意愿不够强，能力不够大，那么就很难取得成效。如果行为体提供的成本和取得的收益不成正比时，市场就会瘫痪。在海洋生态环境保护中，某个区域内部国家有着相同利益，因而更容易彼此协作，分摊生态保护的成本，同时亦会出台一系列制度文件。如这种由区域内

部国家分摊成本、共同制定的、仅适用于本地区并且仅服务于本地区的产品叫作"区域公共产品"。供应这种产品为生态保护的一个重要途径，但北极水域生态环境保护属于多层保护，不仅国家内层、区域内层保护，更需要区域外层保护，因而单凭国家内层、区域内层保护，是不可能有效满足北极水域生态安全治理的需求。

（一）北极海洋生态安全治理公共产品的类别

北极海洋生态环境保护包括以下类别的公共产品：发展类、技术工具类、知识类、环保类、安全类、制度类、基础设施类、资金类等。其中制度类产品为最重要的产品，因为它是其他类别产品供应的总平台，包括制度安排、国际法规及治理机构。多边机构是一种解决争端、分配利益以及沟通联络的机制，亦属于公共产品之一，它是于众多参与者中构建起来的。

基础设施类产品包括区域性的卫星系统、机场网络、航运基础设施等。安全类产品如破冰及领航服务、预报气象及海冰、搜救北极人员及船只、极地航行规则、防止船只碰撞等由国际海事组织制定出的与人类在北极活动密切相关的所有规则。环保类产品包括保护野生稀有动物、保护生态平衡、防止海上污染及减少二氧化碳排放等行动。发展属性的公共产品是北极构建的一个和谐社会，以经济均衡、人民生活幸福及环境和谐为特征。而资金类产品则为上述几种公共产品落地执行的支撑。

科学研究及科学监测对气候环境改变的原因、速度的认定，可能对气候治理及环境保护的产品供应的投放方式、种类以及数量存在明显的制约，直接制约北极水域生态环境保护的议程。知识及技术同样属于公共产品，对北极海洋生态环境保护存在关键作用。如果外部风险足够大且不断形成共同一致的观点，那么有可能实施必要的、统一的补救措施。技术发展能够有效提供改造及监测北极海域生态环境保护所需要的工具。这亦为北极理事会把国际北极科学委员会（IASC）吸收为正式观察员且增强六个工作组力量的出发点。

（二）北极海洋生态治理中公共产品供给现状

现有的北极海洋生态治理作为一种公共产品，供给缺乏。[①] 当今世界，全球化和气候变化这两大变化趋势使北极海洋生态安全治理对公共产品的需求增加。在气候环境未发生变化前，北极海洋生态环境是大自然给予人类的一个"公共产品"，人类无须再投入劳动就可持续使用该"公共产品"。在气候环境发生变化后，随着全球化的发展，生产方式和生活方式的改变使得人类对在北极海洋上的活动频繁，北极海洋生态安全遭受到严重威胁，此时，人类需投入劳动、资金、技术去维护北极海洋生态安全，防止生态恶化进而影响人类的生产生活。一种有效的治理方式需有足够的政治能力和资源整合能力，协调并动员所有利益相关者，使其具有共同的价值并甘愿付出资源提供公共产品。[②] 例如，在海洋保护区的建立。海洋保护区是保护、养护并恢复生物多样性、栖息地和生态过程的连贯的生态网络，根据《保护东北大西洋海洋环境公约》缔约方达成的决议，公约缔约方不仅能够在其国家管辖范围内建立海洋保护区，还能够向委员会建议在其国家管辖范围外的海域建立保护区。截止到 2016 年 10 月 1 日，缔约方共建立了 448 个海洋保护区，占该公约海域面积的 5.9%，但是在北极海域所建立的保护区仅占该公约海域面积的 1.9%，在海洋保护区的建立方面还应当继续努力。[③]

在全球化背景下，世界各国相互依赖，国际要素互动频繁，北极海洋生态安全治理机制作为一个区域性的公共产品，没有一个强制性的"税收制度"来要求利益相关者提供必要的支出，也没有一个权力强大且责任明晰的"区域政府"来制造和提供公共产品，这就形成了区域性公共产品供给不足。北极海洋生态安全治理不同于一个国家内部的生态安全治理，其治理的权力、义务、利益间协调分配的难度较其他治理大，且治理任务的复杂性，

---

① 杨剑：《域外因素的嵌入与北极治理机制》，《社会科学》2014 年第 1 期。

② Stokke O S. "Examining the Consequences of Arctic Institutions", *Brookings Institutio*，2007，pp.17-25.

③ 张超：《北冰洋矿产资源开发中生态环境保护法律制度的完善》，山东大学国际法学专业，2018 年，第 90 页。

行为体的多元性，治理技术上的困难性，都影响着北极海洋生态安全这个公共产品的供给。① 近年来，北极国家和非北极国家之间进行了诸多学术交流，从中可以发现，没有任何一个实体能够单独实现北极海洋生态安全的有效治理，所有利益攸关方的参与都是在为各自谋利益，因此，摒弃阴谋论，相互尊重和理解是维护北极海洋生态安全的基础。

（三）全球治理公共产品供给不足的原因分析

全球公共产品的供给与全球化进展息息相关，并且随着全球化的深入发展而显得愈加重要。几年来，随着全球公共产品需求量的增加，其供给问题也不断增加。全球公共产品供给困境的产生根源在于其自身性质与国际体系的无政府性，具体来说全球公共产品供给不足原因主要有以下几个方面。

1. 全球公共产品供应与国内公共产品供应存在着竞争性

在资源分配中，全球公共产品供应与国内公共产品供应存在着竞争性关系，基于国际资源与供给能力的有限性，增多全球公共产品供应的同时，势必会减少可用于国内公共产品建设的物资与能源，在提升全球公共产品供给状态的同时在短期内意味着以降低本国国民利益为代价向其他国家的国民提供更多的产品与服务，这是一种国内资源与服务的外部转移。② 在传统国家安全观的影响下，存在与发展是实现国家安全的两大首要任务，人力资源、能源与资金储备等是推动国家发展的基础要素，同时也是提供全球公共产品的必要条件，全球公共产品供应与国内公共产品供应之间的竞争性在发展中国家尤为明显，为实现本国的快速发展，发展中国家必须将有限的资源投入到能更为有效地促进本国发展的公共产品供给中，鉴于其资源与能力的有限性，发展中国家没有太多的余力来推动国际公共产品的供给与建设中，而往往是搭乘全球公共产品便车的那一方，这也解释了为什么全球公共产品的供给主要依赖于发达国家。但发达国家的供给意愿实际上也并不是随着其国家实力的增长而同等增长的。传统国家安全观的影响下，以国家为供给单

---

① 杨剑、郑英琴：《"人类命运共同体"思想与新疆域的国际治理》，《国际问题研究》2017年第4期。

② 徐增辉：《全球公共产品供应中的问题及原因分析》，《当代经济研究》2008年第10期。

位的行为主体，所要谋求的不是全球公共利益的最大化，而首先是本国国民利益的最大化。主权国家在参与供给时，会考虑利益分配、国际环境、规则制度、角色定位、历史背景等诸多因素。在不同时期，这些因素在国家行为的动机中所占比重也不尽相同，就当前北极海洋生态安全治理而言，北极海洋生态安全治理的规则制度尚不完善，相关国际政策的制定与推行正在酝酿之中，全球治理、国际合作等国际环境需求是推进北极海洋生态安全治理的有效助力，但北极八国仍是当前北极治理的核心力量。出于本国利益最大化的原则，北极国家并无意愿推动北极治理的全球化进程，因为域外国家的参与势必会削弱当前北极国家在北极地区的既得利益，从而严重降低域外新兴国家积极参与全球公共物品的供给能力与供给意愿。

2. 全球公共产品供给成本分担标准的冲突性与模糊性

全球公共产品供给成本分担方面的冲突性主要表象在两个方面，一是发达国家与发展中国家之间关于成本分担原则的冲突性；二是具体衡量标准的模糊性与不确定性。关于以何种方式进行全球公共产品的成本分担，发达国家与发展中国家有着两种截然不同的主张，发达国家主张以收益原则进行成本分担，即谁受益谁承担，收益越大相对应的分担成本就越大，很显然发展中国家在全球公共产品中所获利益在一定程度上是高于发达国家的，因为发展中国家对公共产品的需求度更高，而发达国家则处于相对饱和状态，以受益为原则的分担方式更有利于发达国家。而发展中国家则主张按能力支付原则，认为发达国家拥有更多的发展资源与能力，理应承担更多的责任，该主张实际上便是希望发达国家能承担更多的责任，分担更多的建设成本。关于全球公共产品供给的这两项原则中，存在一个共同的问题，那就是具体的衡量方式问题，即以何种方式来确定不同国家间的收益水平，又以何种标准来衡量不同国家间的能力差别与等级。成本分担方式的不确定性，是导致全球公共产品供给不足的又一原因。在现实政治的运作过程中，与全球公共物品供给问题在各国行动之前必须明确很多问题，除因果关系外，参与国在集体行动中的利益和成本分配问题也必须明确，否则对成本和收益评估的不确定性将最终使集体行动陷入僵局。其实，消除各国参与全球公共产品供给中的不确定性本身也是一种全球公共物品，它为集体行动提供了基础，使各方达成谅解，取得共识。北极治理中国家间的利益分配格局基本基于美国、俄罗斯、加拿大三国之间的动态博弈，然而国家并未就北极开发与治理问题达成一致，且北极国家间就其在北极航道权属争议、大陆架划定、能源开采等问题上冲突不断，权属划分的不确定性加剧了北极国家间矛盾冲突，北极海洋生态安全治理中成本和收益评估的不确定性以及全球公共产品供给中的不确定性使北极治理国际合作陷入困境。①

3. "搭便车"现象削弱了全球公共产品供给方的供给意愿

全球公共产品的供给主要依赖于霸权国家，反过霸权国家又可以通过这种方式来塑造自己的国际影响力巩固自己的霸权地位。但霸权国家提供全球公共产品的供给决策是基于本国利益综合考虑的结果，实际供给成本与效益两者间权衡利弊得失之后的国家举措，以实现本国利益最大化为动机，而并不取决于国际社会对全球公共产品的需求程度。② 基于全球公共产品消费上的非排他性与非竞争性特点，各国会逐渐倾向于一种搭便车的行为选择，在享受全球公共产品的同时，将更多的资源投入到本国的发展。因此，当霸权国提供的全球公共产品越多，本国需要承担的成本就越大，搭便车现象的广泛性与无法控制性使得供给国所获收益逐渐减小，从而逐渐削弱了霸权国的供给意愿，导致公共产品供给不足。

4. 世界范围内尚无任何一个超越国界的政府权力机构

于国内供应公共产品的行为中，政府运用公共权力为最通用的方法，即通过设置各种税收条目，再把税收所得作为公共产品的供给款项。但值得注意的是，现阶段没有一个国际组织能够强行在不同国家设置税收条目，也不可能统一指挥世界各国的执政党和政府，命令世界各国提供什么样的公共产品。同时也需注意，现阶段尚未建立起民主完善的世界公共产品供给决策机制。因为世界公共产品的供给本质为世界各国之间政治协调和经济合作共

---

① 张茉楠：《中国参与全球公共产品供给的机制及路径》，《发展研究》2017 年第 11 期。

② 吴志成、李金潼：《国际公共产品供给的中国视角与实践》，《政治学研究》2014 年第 5 期。

赢的过程，所以世界公共产品的供给决策必须体现出平等、信任和民主等特征。但可惜的是，现阶段的世界公共产品供给决策根本不具备平等、信任和民主等特征，反而是具有明显霸权主义特征，供给决策大权主要是掌握在欧美少数经济强国手里。这些欧美经济强国非常自私，欲将世界公共产品配置在本国，以谋求获得最大的经济利益，或者配置于满足这些国家需要的全球公共产品方面。[①] 世界公共产品的供应亦需要国与国之间沟通协作来实现，绝大多数世界公共产品均需要多个国家共同参与来实现。现阶段，于世界范围内实施的世界公共产品信息沟通、管理上以及供应问题上亦存在诸多不足，因此造成了世界公共产品供应链上的监管困境，尤其是缺乏有效、动态、长期的监督。[②]

现阶段北极水域环境污染治理急需的世界公共产品显著增加，这是因为两大世界发展趋势所导致，一个是全球化趋势，另一个是气候环境的变化趋势。于气候环境改变以前，北极区域的大自然环境及状态属于天然型"公共产品"，根本无须任何国家进行任何的公共产品供应。但不得不正视现实情况，北极的环境已经被人类在开发利用的同时加以破坏，北极的气候也随着环境污染日趋严重而发生根本性的改变，人类既需投入大量人力物力、资金及技术去遏制生态环境恶化，亦需杜绝不科学不健康的生产生活方式。这样一来，要防止由生态污染引起的"公共危害"逐渐演变为需用诸多公共产品实施改造的人类活动。

北极水域环境污染治理是于上述两大趋势背景下开展的。北极有诸多机会以及各种挑战。这两大趋势促进了国际多要素互动以及世界相互依赖，亦创造了对世界公共产品的需求，增加了世界水域环境污染治理对公共性的需求。这两大趋势引发了人员、资金、物资的国别间流转，开发利用北方航道，将大幅增加此种流动。现阶段全球一体化趋势愈发明显，要素流动更应该围绕各个国家去出台有关的法律条文、规定等。外层治理有别于内层治

---

① 徐增辉：《全球公共产品供应中的问题及原因》，《当代社科视野》2008 年第 12 期。

② 肖育才、谢芬：《全球公共产品供给的困境与激励》，《税务与经济》2013 年第 3 期。

理，外层治理对治理的责权利划分、治理结构的复杂性、行为体的多元性、任务的艰巨性均存在不小的难度，皆制约世界公共产品的足额供应。

北极水域环境污染治理有着公共产品供应链上的困境。而国内公共产品，由于国家边界的明确以及政府的存在，更便于实施及监管国内公共产品供应。政府进行有效监管，通过国家权力进行约束，征收纳税人的税款，进行国内公共产品供应。而世界公共产品尚无强制性统一性的"税收制度"，无法要求特定群体提供必要的支出，同时尚无责任明晰且权力强大的"区域政府"来提供以及制造公共产品。由于北极内部国家的"体质"以及"体量"的相差巨大，其所供应公共产品的意愿亦大相径庭，甚至某些国家还会针对供应公共产品的资金进行谈判。

（四）完善北极生态安全治理的公共产品供给

完善北极生态安全治理的公共产品供给，可以从完善多元化的供给渠道、加强全球公共产品供给激励机制、健全全球公共产品供给融资体系、构建沟通交流平台，促进各方互谅互信等方面出发。

1.北极水域环境污染治理公共产品的多方位供应

北极水域环境污染治理绝非只是在北极范围内进行治理，如果单凭北极内部国家供应公共产品，那么具有世界治理特点的北极治理需求是不可能得到满足的。北极水域环境污染治理包括公共产品的非国家行为体的供给、当地政府供给、全球供给及国家供给等。北极水域环境污染的治理首先需要世界性组织及经济强国在一些重点领域供应公共产品。其次，北极水域环境污染治理需要以北极内部国家治理为基础，北极内部国家不仅扮演着主要公共产品提供者的角色，亦需承担完成本国相应的治理任务。面对上述艰巨任务，北极内部国家应担负起多方位筹集公共产品的职责。想要完成上述任务，必须具备投放的制度优势、有效组合公共产品及从内层及外层筹集公共产品的能力。北极理事会就具备这样的能力及条件，作为多边机构，参与北极水域环境污染治理，协调公共产品的分担，促进北极内部国家利益最大化。公共产品的科学配置有助于政府间减少投入成本，开源节流，且能提高各国对基础设施建设的兴趣。同时，亦能以独立的身份跟其他国家或国际组织建立长期稳定的合作模式。区域治理组织应妥善解决区域内外矛盾，以获得区域利益，减少投入成本，增强外部供应公共产品的信心。北极水域环境污染治理要求世界公共产品的供应必须具备合理性。由于北极环境污染的有效治理，延缓气候变化的速度，给人类带来福祉。

2. 加大世界公共产品供给激励机制

首先，要增强全球公共产品的互惠激励。世界公共产品的供应急需各国之间协作，而基于互惠的协作模式能确保那些自私的国家之间建立长期稳定的协作模式，特别是于世界公共产品供应的国家自愿合作中，最实用的激励手段就是互惠模式。互惠模式可以让那些自私的行为体建立协作模式，理由是各个行为体之间的互惠模式亦为一种博弈手段。于互惠过程中，各国根据自愿原则加入其中，首先应该遵循有关的法律规定，如此可以使加入的国家获得相应的利益。反之，如果加入的国家没有遵循有关的法律规定，依据互惠的法律规定，就会受到相应的惩罚，并且这种惩罚的成本通常多于这个国家获得的利益。当惩罚成本多于获得的收益时，互惠模式可以使各个行为体自觉遵守国际合作条约，以利于长期稳定供给世界公共产品。于世界公共产品供给中，世贸组织的多边互惠制度为最典型的互惠激励成功案例。[①]

第二，健全国与国激励机制。尽管在诸多世界公共产品供应的讨价还价中，个别国家出于自私角度，有意不遵循国际公约规定，不过伴随全球一体化趋势的加快，国际谈判的次数亦不断增多，越来越多的国家开始自觉遵守国际公约了；并且于通常情况下，国际公约对世界公共产品供应是有帮助的。国际公约相较于互惠模式，措施的惩罚性、强制性均没有那么强，可是一旦某个国家承诺遵守国际公约后，那么这个国家退出公约时所受到的惩罚还是很大的。所以，在此情况下，承诺遵守这些国际公约可以得到的利益可能会更多一点，现阶段承诺遵守国际途径亦越来越多。尽管如此，某个国家承诺遵守国际公约之后，也可以选择退出国际公约，同时亦表明了这种退出机制存在很大的缺陷，比如美国于 2001 年退出《京都议定书》这个国际公

---

① 肖育才、谢芬：《全球公共产品供给的困境与激励》，《税务与经济》2013 年第 3 期。

约就是一个典型的例子。

为某些世界公共产品的供应所设置的统一标准，即"门槛效应"①，以一定的文件化形式，吸引别国加入，且从中获取一定的利益。不过，若某个国家对某个产品的供应标准跟统一标准不相符，加入之后所获得的益处少于该国花费的成本时，这个国家很大可能会不加入统一标准。像国际金融统一标准通常比较高，需要加入的国家具有非常强的抗风险能力。通过如此的标准设置，有助于世界公共产品供给国表达真实的意愿，继而有助于激励对世界公共产品的良性融资。

第三，现阶段软权力要素于国际谈判中逐渐发展为评价某个国家综合国力的重要标准，可计算的物质上的收益绝非吸纳行为体的重要因素，于一个相互间交往不断紧密的国际大环境中，大部分国家依然非常看重友谊、尊敬、声望等其他非物质性的因素。② 经济强国对世界公共产品供应所承担的国际职责，逐渐成为评价某个国家形象的重要标准。如果某国作出损害世界人民利益的事情，那么这个国家一定会受到其他国家的一致谴责；若某个国家为了世界人民的公共利益而放弃一己私利，则这个国家亦会获得国际社会的一致好评和拥护，比如我国于现阶段国际诸多事务中主动担负起大国责任，彰显出大国形象，赢得良好的国际声誉。所以，于世界公共产品的供应中，国际声誉性激励亦不断发挥举足轻重的作用，继而有助于世界公共产品的融资，促进更多的国家在世界公共产品供应中主动担负责任。

3. 健全全球公共产品供给融资体系

全球公共产品的供给资金需要全球各个国家的自愿合作提供，不可以采取强硬的政治手段进行筹集，因为世界各国的经济实力不够平均，欧美经济强国与其他国家在对待世界公共产品态度以及关注度上，存在不小的区

---

① 谢林（Schelling ThomaS C，1978），格兰德维尔（Gladwell Malcolm，2000）描述为"就只有足够多的其他国家也采取同样的措施，一个国家采取 X 行动才会有利可图；否则，只有每个国家都采取 Y 行动才是对大家都有利的。这也就是说存在着临界效应，如果这种效应的作用足够强，它们将会改变非合作行为和合作行为之间的平衡。"

② 马建英：《"软权力"论与国家崛起刍议》，《江苏广播电视大学学报》2008 年第 1 期。

别。目前世界公共产品大多还是来自于综合国力与经济水平均较高的欧美经济强国。因为公共产品不具备排他性以及竞争性，因此在世界公共产品供给中每个国家都在争取为本国谋求最大限度的利益，"搭便车"现象极大制约世界公共产品的供应效率及融资能力。世界公共产品融资的本质为通过政治手段向全球公共产品提供公共及私人资产，这属于资产的配置而绝非资产的筹集。① 在绝大多数情况下，世界公共产品供应中的款项均为欧美经济强国发达向经济欠发达国家供应的经济补偿金；ODA 具有世界公共产品的明显特征，故二者存在一定的相似之处。但全球公共产品的提供仅仅依靠 ODA 及主权国家的自愿出资，是不可能确保世界公共产品供应的。故部分专家正在尝试研究开发新型供应模式，且把世界公共产品供应新型模式分成三种：② 一是国际金融创新，比如公共担保、发行 SDRs、国际融资便利。二是私人贡献，比如全球基金、福利债券、全球福彩和私人捐赠。三是世界性税收，比如世界污染税、世界托宾税、世界军火销售税。

国家合作融资为世界公共产品融资的最大组成部分，国家融资为世界公共产品融资的最重要的途径，二者相互促进。所以，世界上大部分国家于公共产品供给过程中，均投入了大量的私人以及公共开支。③ 因此，为提高全球公共产品的融资水平，首先应加强官方发展援助（ODA），加强发达国家对发展中国家的援助，强化发达国家的责任意识及资金援助意愿。其次，可用减免发展中国家的国际债务的方式提高发展中国家在承担全球公共产品供给能力。发展中国家相对于发达国家而言，国家经济社会发展状态、科技发展水平等方面问题的影响，其参与全球治理的能力较为有限，因此，适当减免发展中国家需承担的国际债务，可有效改善国内资金状态，从而提高其在全球公共产品供给方面能力及意愿。最后，建立健全国别预算配置以及国

---

① ［荷兰］英格·考尔、佩德罗-康寒桑等：《如何改善全球公共产品的供应》，转自英吉·考尔等《全球化之道——全球公共产品的提供与管理》，人民出版社 2006 年版，第32 页。

② 吴美华、张彦伟：《基于全球框架的新公共金融理论》，《金融研究》2006 年第 12 期。

③ 肖玉才、谢芬：《全球公共产品的供给困境与激励》，《税务与经济》2013 年第 3 期。

际财政库机制。其中，建立健全国际财政库必须基于一种相对独立的财力，实施一系列世界性的公共服务措施，促进国际性的共同协调进步。国际财政库本质上属于国际性的国库，需要各国按照各自支付能力以及份额，从各自政府财政收入中抽取资金进行足额缴纳。国际财政库的用途有两种：一方面用于国际组织的活动经费，国际组织的主要作用为供应世界公共产品，比如实行世界性治理，监督国家间争端问题，提供世界性的监管框架等；另一方面实施世界性的补救或补贴，比如对经济欠发达国家的贫困人口救助、幼儿医疗补助以及研究及开发急需药品等，皆需要从国际财政库划拨资金进行补贴。①

4.构建沟通交流平台，促进各方互谅互信

在经济全球一体化的大背景下，不同国家、不同区域间的合作越来越频繁，一系列跨区域的公共产品的出现推动了国际社会的对话交流。罗伯特·杰维斯曾指出，国家与国家之间，有许多纷争是起源于彼此间对对方的错误理解，一方想当然地认为对方了解自己的行动意图，而事实上往往被对方错误理解。这种误解和不确定性不仅会影响到国家间的合作，而且对全球公共产品的供给造成了障碍。因此，消除国家合作进程中的不确定性，是改善全球公共物品供给的先决条件，消除不确定性对国家间合作的影响是公共物品供给的先决条件。首先应促进国家间对话思维方式的改变，由比较式对话向合作式对话方式转变，真正理解和尊重当今世界多元化的主体现实，超越冷战时期的对抗性思维，着眼于人类整体面临的共同性、公共性的生存和发展问题，主张国际社会采取一种合作共赢、互利共生的态度，强化人类命运共同体意识，开展更为广泛、平等的国际交流与合作。② 其次，将更多的全球性议题，纳入到联合国的框架下共同协商解决，平衡多元化的主体利益，积极构建国际化交流合作机制，基于全球化的对话平台，协同共治。中国一直在努力为这种交流沟通搭建平台，推动这种国际机制和平台建设。在

---

① 肖玉才、谢芬：《全球公共产品的供给困境与激励》，《税务与经济》2013年第3期。
② 李德顺：《用"合作式对话"代替"比较式对话"》，《北京日报》2019年8月26日。

全球发展大变革的时代背景下，中国向世界提出构建"人类命运共同体"的倡议，一方面来说这是中国积极提供全球公共产品理论性供给的现实努力；另一方面就该理论的内涵来说，这是中国积极倡导国际社会搁置争议，互谅互信，合作共赢的全球治理理念。

5. 积极发挥领导作用，实现地区乃至全球的共赢

总体来说，中国同世界的关系经历了由国际关系的反抗者、批判者、游离者，到接受者、参与者、合作者，再到倡导者、建设者、塑造者的转变。中国对全球公共产品的供给相对于西方国家，无论从质还是量上来说，仍处于一个相对初级的水平。如今，经过改革开放40多年的发展，进入新世纪的中国同世界的关系发生了历史性变化，中国的前途命运日益紧密的同世界的前途命运联系在一起。新时期，中国在地区乃至全球的地位逐渐凸显，在此过程中对全球公共物品的供给力度也逐渐加大，水平也逐渐提高，中国要积极参与全球治理，主动承担国际责任，发挥引领、带动作用，应继续加强"人类命运共同体"理念型公共产品的供给，"一带一路""冰上丝绸之路"倡议的推广与实践，在倡导国际社会搁置争议、共同发展的过程中积极发挥带动作用。新的发展形势下，中国的对外开放和国际合作，进入了更深层次，无论是从"人类命运共同体"的外交理念，还是从我国的经济发展利益考量，抑或是从中国自改革开放以来所取得的重大成就来看，中国应当是全球公共产品供给的中坚力量，适时适当的提供全球性公共产品也是中国实现中华民族伟大复兴的应有之意。因此，无论从实际维护全球利益实现的客观需求上，还是从国际形象塑造的主观愿望上，都要求我国更加积极地参与全球治理，供给全球公共产品。

三、冰上丝绸之路及北极海洋生态安全治理机制

"冰上丝绸之路"是"一带一路"建设的重要组成部分。2013年9月及10月，习近平于出访中亚及东南亚国家期间，相继提出"丝绸之路经济带"及"二十一世纪海上丝绸之路"倡议。接下来，依靠民心相通、资金融通和设施联通、政策疏通、贸易畅通等有效手段及途径，共建"一带一路"倡议

得到落地执行和稳步推进。2017 年 5 月，北京成功举办了第一届"一带一路"高峰论坛。后又相继举办了进口博览会、中非合作论坛、上海合作组织峰会、博鳌亚洲论坛等。同年 6 月，经北冰洋连接欧洲的通道系第一次于政府的正式报告中被提出。2019 年 4 月，第二届"一带一路"高峰论坛于北京隆重开幕。5 年多来，"一带一路"理念逐渐被更多的国家和地区、国际组织认可及拥护，其影响力不断上升，其所受到关注程度亦不断增加。

"冰上丝绸之路"为"一带一路"建设及北极航道建设的有机结合。2015 年俄罗斯发表了最新制定的关于北方海航道的国家发展方针，将中国视为北极航道建设的主要合作国家。同年，中俄两国总理举行了第二十次会晤，且于会晤后发表了联合宣言：开展北极航运开发的研究，加强北方海航道利用的协作。2017 年 5 月，北京举办"一带一路"高峰论坛，俄罗斯总统普京强调："希望'一带一路'能与北极航道连接起来。"同年 7 月，习近平提出开发建设"冰上丝绸之路"的构想。

（一）拓宽北极海洋生态安全治理行为体的范围

当前，北极国家及其主导的北极理事会是北极治理的核心力量，域外国家或机构在参与北极事务方面的实质性权力微乎其微。"冰上丝绸之路"作为"一带一路"的重要组成部分，把北极沿线国家紧密联系在一起，为北极域外国家及机构参与北极海洋生态安全治理，保护北极海洋生态环境提供了机遇，能有效拓宽北极海洋生态安全治理行为体的范围。

北极海洋生态安全治理中占绝对主导地位的主权国家主要包括北极八国（美国、俄罗斯、加拿大、挪威、丹麦、瑞典、芬兰、冰岛），其中又以北冰洋沿岸五国（美国、俄罗斯、加拿大、丹麦、挪威）最为核心。近几年，环北极诸国相继出台有利于本国的相关法律条文，为本国在北方区域的资源开发利用指明了具体的方向。例如，俄罗斯在 2008 年通过《二零二零年前及更长期的俄罗斯北极国家政策原则》等专门的法规，为全球首份关于北极战略方针的国家性法律文件。美国早在 20 世纪早期就出台了相关法律规定，2013 年 5 月，奥巴马政府出台了《北极地区国家战略》，为美国历史上首份正式出台的北极战略法律规定，为后来美国不停干涉北极事务提供了法律支持。北欧五国中，芬兰于 2013 年出台了《北方地区战略》，对该国在北方的行动进行有效指导；丹麦于 2011 年出台了《北方战略》，全方位多角度制定了该国在北方的战略方针，亦为该国于北方区域进一步发展的出发点；瑞典于 2011 年出台了《北方地区战略》，预示着该国开始了在北方区域的资源开发利用；冰岛于 2011 年 3 月出台了《北方政策的决议》，为该国在北方区域的资源开发利用指明了具体的方向；挪威于 2009 年出台了《北方战略》，规划了该国未来 10—15 年在北方区域的资源开发总体规划。除了上述国家以外，2010 年，加拿大出台了《北方外交宣言》，为该国在北方区域的资源开发利用指明了具体的方向。北极八国由于优越的地缘政治条件，极力排外、限制域外国家参与北极治理。

北极理事会核心成员，占据地利优势，采取内部协作共赢、外部一律排斥的战略方针，该理事会"域内自理"或曰"场域自主治理"的趋势进一步加剧。例如，北极理事会于 2011 年 5 月出台了《努克宣言》，文件中明确了其观察员的"必要不充分条件"，就是承认其对北极区域的"管辖权、主权及主权权利"。此举可以看作北极理事会核心成员企图阻止其他国家于北极区域开展环境污染治理的一种行径，为其排外、限制域外国家参与北极治理预设了"排他性语境"，同时加快了北极理事会组织化进程。北极理事会一方面通过设置高准入门槛，以表明其"排外"情结与对境外国家的"谨慎"态度；另一方面竭尽全力加强北极国家内部协作，进一步巩固这些国家的合作根基。北极理事会表面上看属于一种行动上"扩容"与"排他"的相互矛盾的开发模式，但其本质为想要获得被世界大多数国家承认的在北极地区的绝对话语权，构建一个具有地区归属感的主权联盟，得到境外国家与地区、国际组织对其于北极地区权力的认可，北极理事会希望话语权、主权联盟与权力认可都能得到进一步的衬托与强化。

然而，北极海洋生态环境安全与否关系着整个人类社会的命运，进入北极的权利不应该被北极八国所垄断，因为治理北极海洋生态安全、保护北极海洋生态环境的义务并非只有北极八国，也不可能仅靠北极八国力量就能解决。在此背景下，"冰上丝绸之路"建设为北极域外国家参与北极事务，参与治理北极海洋生态安全治理提供了机会。近北极国家、东北亚各国、亚洲以及全世界的国家都可以依托"冰上丝绸之路"建设参与北极海洋生态安全治理，极大地拓展了北极海洋生态安全治理的主权国家范围。

（二）完善北极治理法律体系

在世界层面，以1982年出台的《联合国海洋法公约》为准绳。该公约被大部分国家认可，北极区域的主体是北冰洋，因而北极区域亦受这个条约的约束。在海洋划界方面，2008年加拿大、丹麦、挪威、俄罗斯及美国等北冰洋沿岸五国经过磋商，共同出台《伊卢利萨特宣言》，提出北极环境污染治理亟须的义务及基本权利，承诺将于《公约》约束范围内以和平手段解决某些划界争端。在航道使用上，国际海事组织制定的关于海洋环境污染治理以及船舶航行安全问题的国际公约，如《油污防备反应和合作国际公约》《防止船舶造成污染的国际公约》《海上人命安全国际公约》等，还包括具有软法性质的且仅适用于北极地区的《北极冰封水域船只航行指南》等，上述这几条国际公约亦得到世界各国最广泛的共识与遵守。除此之外，北极环境污染治理可能亦与保护原住民基本权利、保护生态环境、开发利用资源、应对气候变化等息息相关，联合国及分支机构针对上述情况出台的诸多法规约定，如《联合国原住民权利宣言》《巴塞尔公约》《生物多样性公约》《气候变化框架公约》等，皆成为世界各国在进行北极领域环境污染治理时必须遵守的行动指南。

在多边方面，最具有典型性的法规公约是由美国、英国、挪威等14个国家在1920年共同签署的，目前共有42个国家加入的《斯瓦尔巴德条约》。该条约明确了斯瓦尔巴德群岛永远保持中立的立场，挪威拥有其主权，但却允许其他国家及国际组织在岛上进行合法开发及商贸活动。此条约亦被看作以和平方式解决北极争端的典型案例。另一个针对性的多方公约为1973年由美国、挪威、丹麦、苏联与加拿大签订的《保护北极熊协定》。北极区域最重要的多方治理机制或可称之为"北极治理中最重要的区域性机制安排"，为北极区域污染治理委员会变迁而来的北极理事会。在成立的早期，北极理事会本只是一个等级制的国家间国际论坛，其内部管理十分松散，后来为了应对北极地区环境污染治理的现状,不得不加强了内部管理和外部扩充工作,通过不断向外扩充,其核心成员国已经达到了 8 个,均为环北极国家,次核心成员已经达到 6 个,均为原住民永久参与者组织,观察员亦达到了 32 个(包括 12 个非北极国家,9 个政府间国际组织及 11 个非政府组织),为外部成员的国际组织。另外,欧盟北极论坛、巴伦支欧洲—北极理事会等次区域组织,北极圈论坛、北极前沿会议等国际论坛,国际北极科学委员会、萨米理事会等国际组织,亦积极从中斡旋,促进各方化解矛盾,开展合作,继而有助于特定领域的治理。

在双边关系中,北极区域尚无类似于"南极条约协商会议"的管理机构与《南极条约》那种具有统一性的法律体系,因而相关国家尤其是沿岸五国于航道归属、海洋分界、岛屿归属等诸多问题上有着"彼此重叠及相互竞争的实际情况"。如俄罗斯和挪威的专属经济区划界与巴伦支海大陆架问题,美国和加拿大的波弗特海划界问题,丹麦和加拿大的汉斯岛主权争端,俄罗斯、加拿大与其他国家在东北航道及西北航道法律地位上的争端,美国与俄罗斯于白令海等分界线划定上的争端,冰岛与挪威在渔区等分界线划定上的争端等。这不利于北极地区的和平开发及利用,故双方于双边范围内相互谅解了某些争端问题。如挪威与俄罗斯签署《关于巴伦支海和北冰洋海域划界与合作条约》,俄罗斯与美国签署《关于防止北极地区环境污染的协议》,加拿大与美国签署《北极合作协定》,挪威与冰岛签署《关于渔区和大陆架问题的协议》等。除此之外,中国、韩国、日本与英国等北极外部国家亦积极主动通过双边谈判与北极内部国家签署国际协作公约,此举也是为了更好更充分地参与北极地区相关事务,同时还可以为促进北极地区的世界性开发以及协调北极内外国家间的关系提供帮助。

从北极内部考虑,北极大部分的岛屿、陆地均归环北极国家所有,北冰洋大部分海域、大陆架、专属经济区、领海亦归沿岸五国所有,因而于上述地方进行开发利用、航行、科学研究等活动,都需要遵守相关国家的国内法律规定。对此,各国除制定一般性法律法规如海洋法、环境保护法外,还特意针对北极问题制定有关条约,如美国制定的《北极科考和政策法案》、俄罗斯出台的《北极航道航行规则》、加拿大联邦出台的《北方水域环境保护法》等。而其他国家在北极区域的地方政府，如俄罗斯的楚科奇自治区、加拿大的努纳武特地区、美国的阿拉斯加州等，亦均对原住民权利保护、资源开发、环境保护等出台了地方性有关政策。同时，在北极问题不断升温的背景下，北极国家均不约而同地发表了关于北极开发利用的指导性战略方针。如美国于 2013 年出台了新的《北极地区国家战略》，冰岛议会于 2011年出台了《关于冰岛北极政策的议会决议》，加拿大于 2009 年出台了《我们的北极，我们的遗产，我们的未来》的北极事务法律规定，俄罗斯于 2008年出台了《2020 年前俄罗斯北极地区国家政策原则及远景规划》等。

（三）促进北极治理机制的构建

"冰上丝绸之路"是由多国共同提出的，但是它目前没有统一的管理机构，只是处于倡议阶段，各国共同倡议相互合作。虽然它是由各国共同提出的一种治理理念，但它并没有排斥现有的治理制度，反而与之互补共同构成完整的治理机制。中国于 2013 年加入北极理事会，这是目前最为主要的治理机构，我国在其中扮演了重要的角色，参与了各项治理活动，目前我国是永久观察员国之一。"冰上丝绸之路"必须重视北极理事会的作用，首先，在当年北极环境治理的机制中，北极理事会起到了重要的主导作用，它影响着"冰上丝绸之路"各国之间的政治合作，促进了各国之间的政治互通；而北极理事会制定和颁布的相关北极保护的文件也是"冰上丝绸之路"所必须遵循的，包括《北极油污反应协定》等。同时，北极理事会虽然不接纳非北极的国家作为成员国加入，但是并不拒绝非北极国家的相关商业活动以及组织来参与，这对于非北极国家参与"冰上丝绸之路"的建设也有着重要的意义，提供了更多的相互合作机会。其次，"冰上丝绸之路"可以借助外交合作的手段来让自身的影响力提升，获得更多的合作机会。我国在北极治理方面一直拥有较少的话语权，因此我国必须加大北极国活动的相关交流和科研工作，加大科研和交流的投入力度，从各方面提升相关的合作与沟通，获得更多国家的认可，让中国在北极活动中拥有更多的话语权，同时提升我国的国际形象。北极圈论坛（Arctic Circle Forum）是目前北极治理相关领域较为重要的年度活动，大量的国家和非政府组织、商业组织等都会参与其中，为北极治理工作共同进步作出重大贡献，这对于"冰上丝绸之路"的宣传提供了更为广阔的平台，也将获得更多的合作机会。最后，"冰上丝绸之路"对于现阶段的调节机制有着良好的提升效果，它能够有效促进现有机制的改进，提升到更高的层面。在亚洲地区，中国、日本、韩国对于北极治理都有着类似的要求，它们的地理位置也相似。因此，三国共同努力，在北极问题上达成共识，建立了初级的对话机制。从 2016 年开始，三国就北极治理问题展开积极对话，彼此交换意见获得共同发展。在 2018 年，三国对于北极治理问题发表相关声明，明确了我国《中国的北极政策》白皮书，同时也肯定了日本和韩国相关的政策和努力。2019 年，三国加深了相关合作，提高了对话级别，共同努力协同发展让三国在"冰上丝绸之路"中拥有了更多的参与机会。

1."冰上丝绸之路"与其他国家战略对接

在 2017 年 5 月召开的"一带一路"高峰论坛上，习近平强调"一带一路"倡议不是推倒重来、另辟蹊径，而是实现优势互补及战略对接。"冰上丝绸之路"亦归属于"一带一路"的理念，应该积极同沿边国家相互助力，实现战略对接，加快多边进程。比如，"冰上丝绸之路"能跟"北极走廊"进行深度协作。芬兰等国于本土北方地区建设北极走廊，可以有效满足其国民日益高涨的北极开发需求，同时亦可促进北冰洋同波罗的海沿岸地区的交通运输。这一北极走廊的建设能跟"冰上丝绸之路"实现战略对接，进而实现"冰上丝绸之路"互通互联。芬兰政府一直以来都是非常支持中国的"一带一路"理念，该国总统在访问中国时发表谈话称："中国的'一带一路'发展理念与芬兰政府提出的北极走廊建设理念非常契合，芬兰政府非常愿意同中方进行深度协作，其本人也愿意对此协作意向发挥积极作用，实现欧亚大陆互通互联。"在建设北极走廊的框架内，挪威及芬兰等西欧国家亦决心共同建设北冰洋、巴伦支海与波罗的海沿岸的铁路，同时邀请中方企业加入到铁路建设当中，中方企业对该地区铁路建设给予了巨大帮助，有效实现跟"中欧班列"完美对接，极大促进了欧洲与亚洲大陆的货物互通。在欧洲与亚洲大陆，俄罗斯支持"欧亚经济联盟"倡议对接"一带一路"，蒙古国支持"发展之路"对接"一带一路"，波兰国支持"琥珀之路"对接"一带一路"，以上国家的各自发展战略与"一带一路"倡议对接成功，亦可进一步扩大"冰上丝绸之路"影响，同时还能与"海上丝绸之路"开展协作，继而实现互通互联的蓝色经济带。

2．"冰上丝绸之路"理念对北极协作机制的长久发展亦影响深远

罗伯特·基欧汉用彼此依存的理性行为体需求逻辑阐明了国际制度的产生。他认为国家是理性的，国家追求的绝非相对利益，而是绝对利益，因此国与国之间开展协作的概率是非常高的。世界性政府在当今世界是不存在的，不过国与国之间还是希望避免地区冲突、开展多项协作，用最小的成本争取最多的利益。这亦为国际制度可以产生且能发挥作用的基础条件。他还认为，国际制度发挥作用时通常会跟某个国家的主权发生矛盾，它不能对国际事务产生强大的或者绝对的控制力，亦不可能如本国法律一般具有强制力。国际制度产生的最重要的意义为避免或减少无政府状态对国与国之间开展协作的阻碍，促进国际协作。国际制度在自助体系的当前世界中能够对世界上的无政府状态起到约束作用。

他还认为，国际制度不仅和自身利益是相同的，并且在某些条件下对合理地追求自身利益而言是可行的。国际制度对世界上大多数国家具有积极的意义，有助于平稳运转非集中的世界政治体系，于一个相互依存的世界政治体系中，国际制度可能对那些追求互补以及希望解决一致问题的目标，希望把自身归属于一个等级控制系统的某个国家而言，变得愈加有用。国际制度的意义主要体现在提供完善的信息、减少交易成本、建立法律责任模式等三大方面。"冰上丝绸之路"理念的落实对北极相关国家未来建设的深远影响如下：

首先，将建立新的北极地区协作制度，使之与"冰上丝绸之路"有关法律责任相契合。他指出："从更根本的意义上讲，促进国际制度产生的激励因素为共同或者共享利益"。"冰上丝绸之路"理念强调在共享利益前提下，共建共商共享，这亦要求其所建立的法律规定必须跟北极地区有关法律

相契合。国际制度的意义就是可以把不同范畴的行为标准结合起来，提供约束国家行为的基本标准，继而有利于某个国家根据与其长久协作的国家的过往表现，来预测该国在将来协作中最有可能的处事原则。国际制度完善了国家权利的行使范畴以及界定原则，提供了解决国际争端的和平方式。在开展相关协作前，本国能够预测出他国协作者的处事风格，即使协作中出现一些不愉快的事情，本国亦可于选择协作前，根据国际制度优越性，果断采取保护本国利益的方式方法。隶属于北极理事会的分支机构北极海洋协作特遣组，向北极理事会提出建议，建立国际制度，加强北极海洋协作。北极海洋协会作为"冰上丝绸之路"的重要补充，不仅包括北极内部国家，亦包括北极外部国家，北极海洋协作亦为有法律责任的区域协作体系。所以，中国应该加入北极海洋协作体系，且积极促进这一国际制度体系于"冰上丝绸之路"理念落实中起到关键作用。隶属于北极理事会的分支机构改进北极互通互联特遣组，向北极理事会提交研究报告，是关于如何在北极建立基础设施的，北极理事会经过深入细致的讨论，最终通过这个研究报告且制定相关法规条文。北极地区所兴建的基础设施，亦为实现"冰上丝绸之路"建设理念的必要条件。若中国能够帮助北极国家建设基础设施，则可有效推进"冰上丝绸之路"互通互联。

其次，将形成新的更加完善的北极信息区域联动机制，跟"冰上丝绸之路"理念密切相关。国际制度的意义在于为国与国开展协作提供更加完善的信息。第一，国际制度通常会要求某国提供关于本国某一领域的真实情形，并且依照国际机构相关法律条文，国与国之间务必提供一些真实的数据，这些数据将成为成员国共享信息。国际组织提供的这些数据信息，将有助于本国评价潜在协作国的政治诚信。北极地区协作制度过去主要服务于北极内部国家。随着域外国在北极持续发挥作用以及"冰上丝绸之路"建设的不断推进，域外国家的重要性越来越引起国际社会的重视，亦将被纳入新的北极地区协作制度，将来会服务于重要利益攸关方以及北冰洋沿岸国，同时亦会提供更加完善的且与"冰上丝绸之路"相关的信息。比如，未来北冰洋有希望成为新的渔场，因为大洋上的海冰不断减少。在此情形下，2010 年 6

月，北冰洋沿岸国如丹麦、挪威、俄罗斯、加拿大、美国等于挪威首都奥斯陆召开第一次有关北冰洋新渔场的磋商会。2017年，北冰洋沿岸各国举行了四次部长级会晤，亦同其他国家以及国际机构举行了四次科研创新会。自2015年12月起，北冰洋沿岸国家又跟欧盟、冰岛、韩国、日本、中国举行了六次谈判。其中第六次会谈于2017年11月举行，地点选择于美国首都华盛顿，此次会谈成效明显，共同出台了《防止北冰洋中部无管制公海捕鱼协定》，该协定于2008年正式签署及生效。依照第六次会谈所达成的共识，此协定约定的有效年限为16年，若于有效年限内，没有任何一个签署国违反此协定，则此协定的有效年限可以再增加5年。由于现阶段北冰洋水域绝大多数仍然被海冰覆盖，根本不可能从事捕鱼活动，因此该协定目前来看仅属于一种预防性措施。该协定的最大作用是预防未来海冰融化、北冰洋大肆开展非法捕鱼活动的情况，最大限度保护海洋生态环境安全，同时亦可使人类研究北冰洋的生态系统的时间更加充裕。该协定的主要特征为：关注到原住民的生计；限制了捕鱼的规模、范围和时间，以极力避免对生态系统以及鱼类种群产生消极的影响，同时亦可最大限度遏制捕捞过度以及商业性捕捞；自生效开始两年内开展"监测与科研联合项目"。为了确保北极地区协作制度跟"冰上丝绸之路"海洋生态系统及原住民的健康，推进该协定的落地执行，北极成员国需要成立一个专门委员会，这个委员会成员既包含北极各社区，亦包含北极原住民。依照此协定，面积高达280万平方公里的北冰洋中部公海，将于未来16年内杜绝商业性捕捞活动。此协定亦允许进行科研探捕活动，鼓励签署国联合开展北冰洋渔业监测以及科学研究工作，不过可能会受到一定的限制。此协定规定，通过监测以及科学研究深海捕捞，能够收集北冰洋公海有关鱼类资源的客观信息，为将来开展商业性捕捞提供客观依据。中国能够制造高端的冰上科研捕鱼船只，可于恰当机会派遣这种船只，进入北冰洋中部公海进行深海作业，有利于科学开展北冰洋捕捞活动，为将来在北冰洋上开展商业性捕鱼做好充足准备，并可与其他签署国协作，收集整理关于北冰洋上鱼类资源的客观信息。未来的商业性捕捞活动以及北冰洋深海探捕活动，将成为"冰上丝绸之路"建设的重要事项。此协定属于北极地区协作制度之一，在一定程度上可以提供更加完善的信息，同时亦可约束深海渔业活动。此协定建立了北极地区多方协作的新模式，即 A5+5 模式（北冰洋沿岸五国与欧盟、冰岛、韩国、日本、中国），由重要利益攸关方及北冰洋沿岸各国共同商定北冰洋渔业捕捞的问题，这既有别于北冰洋五国机制，亦有别于北极理事会机制。将来这种机制亦将借鉴至北极其他问题的处理，如北极地区环境、北极航道等的处理。

再次，将有助于北极地区协作制度产生规模效益、降低交易成本，并且均和"冰上丝绸之路"密切相关。国际制度有助于减少交易成本。于特定的国际制度下，各国用于谈判的成本明显缩减。国际制度提供了各成员国签署协议的初衷，有国际机构依托的国际制度亦可为各成员国提供决策以及论坛。若出现新谈判事项，国际制度已包含的规定亦可运用到新谈判事项。若中国能跟北极经济理事会达成某种协作框架，势必对北极区域经济协作的成本缩减产生积极的作用。国际制度亦对产生规模效益具有推动作用。一旦某种制度建立健全起来，处理追加议题的成本将明显缩减。正因如此，各成员国之间的商谈变得更为容易方便，同时各成员国能在此国际制度范围之内，预测出潜在协作伙伴的目标，再基于此预测出潜在协作伙伴的未来行动，最终使边际成本大幅降低。比如，北极地区协作制度拥有较大规模，是有关北极航行的，北极理事会及国际海事部门均于其中起到关键作用，"冰上丝绸之路"的落地执行势必同此机制产生关联，同时促进规模效益的产生。

3. 通过共同开发利用和平解决资源争端

诸多国家之间均存在北极资源争端，争端的本质是经济利益的竞争，由于北极有关法律的制定相对滞后，因而争端问题不可能轻而易举地解决。北冰洋沿岸五国采用内部竞争、外部封闭的政策方针，目的是获取更多的北极资源，这显然违背了维护世界人民共同利益的原则，故建立健全解决北极资源争端的机制已经是刻不容缓。通过分析比较多方解决模式，发现单凭一种机制来解决特别复杂的北极资源争端是不符合实际情形的，而是应当基于共同开发的理念以及《公约》的法律规定，通过协商与谈判等和平方式妥善解决北极资源争端问题，如果通过协商与谈判解决不了，再利用调解委员会制度进行解决。

首先，基于《公约》的法律规定，积极吸引域外国家加入。《公约》序言中有关于公平开发利用公海资源的法律规定，积极维护全世界共同的公海资源利益，尊重公海沿岸国正当合理的权利义务。《斯瓦尔巴条约》就是典型范例之一，它不仅实现了各成员国利益最大化，亦通过和平方式解决了公海资源争端问题。仔细分析北极资源争端问题，其根源在于各成员国对资源的索求，所以此原则对妥善解决北极资源争端问题起到关键性作用。同时，对北极资源的合理开发利用来说，非沿岸国处于劣势，沿岸国处于优势，比如拥有大陆架、专属经济区等各种海域开发利用的优势。但北极资源是世界人民的，为平衡北极内部国家的基本权利，防止北极内部国家垄断所有资源，北极外部国家亦应主动争取合法权益。所以，处理资源开发利用争端时，应当以公平原则为出发点，这亦为平衡北极内外国家权利义务的最有效手段。另外还需健全《公约》中细分条约，有效解决大陆架重叠争端。坚持遵循《公约》妥善解决北极资源开发利用问题，其中大陆架的划界问题属于关键环节。《公约》第七十六条规定，北冰洋沿岸国的大陆架范围应是领土的自然延伸，具体范围是大陆架外缘的200—350海里。在两国海岸的相向距离不大于400海里且两国属于沿岸相向国家时，若其中一国的自然延伸大于200海里，则该国大陆架范围亦可能大于200海里，继而造成两国大陆架主张重叠。比如，挪威与俄罗斯关于巴伦支海出现了大陆架主张重叠问题，同时丹麦与加拿大联邦亦存在大陆架划界争端问题。所以，应高度重视和妥善解决大陆架主张重叠争端，依照《公约》法律条文，采取大陆架精确测量是不符合实际的，不过可以明确公平划分大陆架的原则，亦可参考借鉴挪威与俄罗斯关于巴伦支海的大陆架争议解决经验，有效平衡争议双方利益。

其次，以协商谈判为实现方法，以共同开发为实现途径，促进多个国家共同开发北极资源。主权国家依照公约规定，就位于争议海区的或跨越两国海洋边界线的资源，通过协作方式进行开发利用。《公约》第七十四条把共同开发利用称为"临时安排"，就是指共同开发资源的两国不涉及其主权立场，不过必须基于两国达成的共同开发利用资源的协定。北极资源开发利用争端绝非简单的资源争端，亦关系着主权归属问题。所以，应当以资源的共同开发利用为指导原则，以谈判协商等方式为辅助手段。只有这样，才能达成国与国之间的协作开发利用，妥善解决北极地区资源开发争端。中国作为有责任的大国，曾多次表明中方的北极政策，即承认遵守《公约》《斯瓦尔巴条约》，同时积极开展与环北极国家协作，尤其是在清洁能源方面。在实践国际法的过程中，协商谈判是指争议双方通过直接面对面交流，达到寻求共识、增加信任、澄清事实、达成妥协、阐明观点等目的，从而妥善解决国际争端。它是一种维护国家根本利益以及主权权利的程序，是和平解决各种争端最简单最直接的方法，可以使各方的主权得到充分尊重。实践证明，解决北极争端必须以协商谈判为解决手段，以共同开发利用为原则，才可妥善解决争端。以挪威与俄罗斯在巴伦支海的大陆架争端为例，这两个国家的解决方案值得参考。自 1970 年开始，这两个国家就对巴伦支海的大陆架划界存在诸多争端，直到 2010 年双方才达成争议解决方案。针对划界争议，解决方案划定一条界线，把争议区域划分为基本相同的两个区域；规定对争议的跨界资源进行共同开发，实现资源可持续发展，坚持渔业协作机制。该解决方案的创新之处就是设置了"特别区域"，俄罗斯把北部与中部大陆架移交给挪威，挪威将该区域的权利转移给俄罗斯，继而实现了双方利益的最大化。由于北极地区资源开发利用问题复杂，不可能直接通过简单的条约解决，因为面临航道的法律地位、资源的归属及海域划界等复杂问题，所以建议借鉴上述两个国家解决方案中设置的"特别区域"，在达到双方利益最大化的过程中，严格落实共同开发原则。这种解决方案带来的效果既符合北极外部国家的意愿，亦符合北极内部国家的利益诉求。对于北极内部国家而言，共同开发利用属于一种可以接受的方式，既不影响主权立场，亦能享有开发利用的基本权利，因此可为北极内部国家签署协议提供基础条件。现阶段北极内部国家不能为主权权利提供依据，所以这种解决方式对北极内部国家是最有利的。对于北极外部国家而言，能够参与共同开发利用北极地区资源，经济效益是非常可观的，是非常愿意接受的。北极资源的开发利用有着技术落后等弊端，争端双方应采纳协作机制妥善处理具体海域的资源争端。在争议海域提供技术和资金共同开发，建立资源共同开发委员会，促进协作共赢。这种解决机制既具有实践基础和可行性，亦具有足够的法律依据。

再次，以和平方式解决争端为原则，不仅是遵循国际法基本原则，亦是基于和平时代背景下，非法律第三方介入的解决争端原则，也是共同追求的一种目标创新争端解决方式。所以，在北极资源争端不能通过上述争端解决机制有效解决的时候，可以通过调查、非法律第三方介入解决争端。在争端当事各方达成一致目标过程中，"非法律第三方介入"能够借助外部力量的有关程序，包括调解、调查、调停和斡旋等方式，有效解决各种争端。其优势主要在于能够较为公正地解决争端，同时亦遵循法律规定，尊重各方基本权利义务。最典型的案例就是冰岛与挪威达成的共同开发利用条约。1978年现大量鳕鱼及胡爪鱼出现在该海域，这两个国家在该海域的权利主张亦发生了不小的争议。1980年上述两个国家成立了调解委员会，由三名成员组成，在该委员会的调解下，上述两个国家于1981年签订和解协议，依照该协议上述两个国家共同于冰岛与扬马延岛之间建立开发区，共同开发利用勘探那里的资源。在争议双方不能达成解决方案的情况下，调解委员会就该发挥出应有的作用，该委员会具有更高的专业性，是针对具体争议而设立，由该委员会对具体争端进行调查，且明确当事各方能够接受的解决条件，继而提出都能接受的解决建议。

第二节　北极海洋生态安全治理机制构建的路径选择

一、北极海洋生态安全治理机制构建的理论基础

（一）全球治理理论

经济全球化的驱动下，各国之间的利益交织与依赖程度不断增强，全球性问题频发，没有哪个国家能够单凭一国之力面对。在此背景下全球治理

理论的产生为解决一系列复杂的国际问题提供了一种新的视角。全球治理理论所倡导的是主权国家、非政府组织等多元主义共同参与，以一种规制或协商、谈判的方式在平等、自愿的基础上共同解决当前问题。全球海洋治理则是全球治理理论的具体化与实际应用，是国家层面的海洋治理活动在国际层面的延伸，该理念所倡导的正是多元主体共同行动、关注全人类共同利益、建立全球意识和全球情怀等价值理念。① 而人类命运共同体思想着眼于人类社会整体利益，从现行全球治理理论的发展困境出发，倡导构建全球价值共同体、责任共同体、利益共同体、伙伴共同体、政党共同体和生态共同体，具有深刻的理论价值，并为形成更加科学、公正、合理的全球治理理论贡献出中国智慧。②

　　"治理"一词最早起源于西方世界。自 20 世纪 90 年代以来，治理理论逐渐应用于全球问题的解决，并逐步成为该研究领域的理论依据。在冷战结束后，世界政治经济格局发生巨变，全球化成为时代的主要特征，全球治理理念随之兴起。全球化在带动全球经济蓬勃发展的同时也使得许多国内问题国际化，全球问题日益凸显，主要表现在区域性武装冲突时有发生、杀伤性武器大规模制造、生态环境逐步恶化、生物多样性丧失、海洋环境污染严重、跨国犯罪频繁发生等方面。为有效解决诸如环境保护、种族歧视、跨国犯罪等人类共同面临的全球问题，以维护正常的国际秩序，全球治理理念应运而生。全球治理（Global Governance）概念最先是由美国学者詹姆斯·罗西瑙于 1992 年提出，他认为全球治理是一种没有国家中心的治理状态，是不存在统治的治理概念。③ 1995 年，全球治理委员会在其报告中相对系统地指出了全球治理的多项主张，认为全球治理是从全体人类的共同利益出发，并以此为导向，通过多元主体平等对话、协商合作，形成具有一定约束力的国际规制，共同应对生态、毒品、人权等全球问题，以维持国际政治经

---

① 王琪、崔野：《将全球治理引入海洋领域——论全球海洋治理的基本问题与我国的应对策略》，《太平洋学报》2015 年第 6 期。

② 钟震山：《全球治理视域下人类命运共同体思想研究》，《决策探索》（中）2021 年第 1 期。

③ 赵晨光：《全球治理新思考：发展中国家的视角》，《当代世界》2010 年第 10 期。

济秩序正常运行。① 2002 年，俞可平提出全球治理是各治理主体为达到最大的共同利益，而在各国政府、国际非政府组织等进行民主协商与合作，以建立和健全一整套维持全人类安全、和平、发展和人权的新国际政治经济秩序。②

综上所述，全球治理是为解决全球问题形成的以各国政府、非政府组织等为治理主体，通过民主协商与合作，维护国际政治经济秩序稳定运行的一种价值理念。生态安全区别于传统国家安全，是随着全球问题的产生而出现的一种全新的安全观，是人类的终极安全，它在影响人类社会长期稳定可持续发展的同时，也深刻影响着主权国家的战略安全与社会稳定。③ 在全球问题日益凸显的今天，海洋生态安全正在引起各国的广泛关注，并积极采取措施维护海洋生态安全，以实现对国家安全的有效保护。将全球治理聚焦于海洋生态安全，海洋生态安全是使与人类生产生活息息相关的海洋环境和海洋资源处于一种不受破坏和威胁的状态。④ 海洋生态安全治理是为使海洋生态环境不遭受不可恢复的破坏，世界各国政府、非政府组织等多元主体通过民主协商与国际合作，共同致力于维护海洋生态系统安全，打造全球尺度上的人海和谐关系，进而实现全球海洋健康可持续开发利用的过程。⑤ 北极海洋生态安全作为全球生态安全系统的一部分，不仅影响着北极地区的生态状况，而且对整个地球生态系统影响巨大。

（二）可持续发展理论

世界环境与发展委员会（WECD）在 1987 年发布了一份相关报告来定义可持续发展策略，这份报告名为《我们共同的未来》，具体定义为"可持续发展是既能满足当代人的需要，而又不对后代人满足其需要的能力构成

---

① 金英君：《社会党国际"全球治理"理论述评》，《中共天津市委党校学报》2006 年第 4 期。
② 俞可平：《全球治理引论》，《马克思主义与现实》2002 年第 1 期。
③ 徐继承等：《人类的终极安全：生态安全》，《佳木斯大学社会科学学报》2004 年第 1 期。
④ 杨振姣、姜自福：《海洋生态安全的若干问题——兼论海洋生态安全的含义及其特征》，《太平洋学报》2010 年第 6 期。
⑤ 王琪、崔野：《将全球治理引入海洋领域——论全球海洋治理的基本问题与我国的应对策略》，《太平洋学报》2015 年第 6 期。

危害的发展"。在这份报告中，可持续发展有三个层面的意思，分别是：依据公平发展的原则，保证子孙后代的可持续发展；遵循保护环境的基本原则推动可持续发展；确保可持续发展的和谐，减少发展与环境保护之间的矛盾。

可持续的发展理念是人类在反思环境和经济发展的矛盾与冲突中逐步成熟起来的，包含着经济持续、生态持续、社会持续三重含义，体现了公平性、持续性、共同性的价值追求，是一种新兴的全球性的、全方位的发展理念。[①] 北极地区的生态环境是实现极地开发利用与生态平衡的基础条件，可持续发展理念倡导我们在参与极地事务的同时兼顾其海洋生态安全，公平分配有限资源，共同保护我们赖以生存的家园。

（三）生态政治理论

欧美国家传统意义下的浪漫主义思潮以及对于自然的哲学概括都隐含了我们今天所倡导的保护和尊重自然的生态追求和愿景。生态政治借鉴了自然主义和浪漫美学思想中人与自然和谐相处的理论。欧美近代自然主义和浪漫主义的思想与以往古典的以人为中心的人文主义思想截然不同，它主张平等地与自然相处，适当地改造自然；主张逃离工业文明所缔造的功利化思潮以及机械化的生存世界。他们追求人与自然的契合，反对工业文明带来的人和自然间的相互对抗。他们还认为，人为的创造千篇一律，泯灭了自然的个性发展。

生态政治还从马克思主义哲学关于人与自然关系的理论中汲取了思想精髓。许多生态社会主义者将马克思主义关于人与自然关系的理论作为研究和解决生态问题的基本准则。[②]

生态政治所强调的不仅是政治系统内部的利益调和，而是政治体系与社会生态、自然生态环境之间的协调，为追求一国、一族之利益而进行的折中妥协，是非生态化的。随着国际环境外交的深入发展，生态环境领域中的

---

① 何志鹏：《从国际经济新秩序到可持续发展——国际经济法治目标的升华》，《国际经济法学刊》2008 年第 3 期。

② 王秋辉：《生态政治的理论渊源浅探》，《法制博览》2017 年第 24 期。

国际协调与合作已成为各国外交政策的一个重要组成部分。生态政治理念下的环境外交注重从全球利益出发，发挥多边外交以及首脑外交等对外交往形式与外交理念的作用，为各类全球性问题的解决开辟了新的途径，促使国际关系由主权国家为中心向人与国家并重、国家行为体与非国家行为体并重的方向发展，倡导发达国家与发展中国家、政府与企业协同治理全球生态问题，增进了国际事务的人文化趋势和人道主义倾向。[①]

北极海洋生态环境安全的解决，需建立在一个公平、公正、公开的合作平台之上，但由于当前在对待北极问题上，各国之间利益的冲突性、权利的不对等性以及信息交互方面的困难性，对北极地区生态环境的治理造成了很大的制约。"命运共同体"理念所倡导的正是这样一种合作共赢的发展理念，中国的参与既符合当今时代平等、合作、和平的理念要求，又可以进一步推动北极海洋生态安全治理机制与治理理念的完善和发展。

二、北极海洋生态安全治理机制构建的法律依据

在全球变暖的趋势下，随着北极海冰的消退，能源开采，北极航道开发进程的不断加快，北极地区的战略价值日益突显出来。作为全球生态系统中最为敏感脆弱的地区之一，北极地区海洋生态安全治理面临着新的挑战。而北极现行的地缘政治理念、区域治理理念、全球治理理念及其主导的治理机制都存在一定的局限性，无法应对这些新的变化。"命运共同体"理念的提出，正是我国试图走出困境，追求全球化背景下国际社会可持续发展的积极探索，对北极地区海洋生态安全治理机制的创新具有重要意义。北极地区生态安全的影响具有全球效应，那么也就从客观上决定了生态安全治理上国际合作的必然性。作为"命运共同体"理念的提出国，我们所倡导的是建立一种命运共生、合作共赢的治理理念，其对北极环境保护机制和资源分配机制的创新具有重要的指导价值。[②]

---

① 刘京希：《生态政治论》，《学习与探索》1995年第3期。
② 丁煌、朱宝林：《基于"命运共同体"理念的北极治理机制创新》，《探索与争鸣》2016年第3期。

除北极国家的领土外，北冰洋属于国际公共海域，根据《联合国海洋法公约》以及一般国际法，非北极国家在北冰洋公海和海底区域享有捕鱼、航行、科研、资源勘探和开发等权利。中国在 1925 年加入《斯匹次卑尔根群岛条约》，成为缔约国，根据该条约，缔约国有权在北极的特定区域从事生产和商业活动，开展科研工作。因此，从法理上来讲，中国有权参与北极海洋生态安全治理。

（一）《联合国海洋法公约》

北极是一个以北冰洋、区域海洋和沿海地区为主的海洋区域，被加拿大、丹麦 / 格陵兰、挪威、俄罗斯和美国五个国家的陆地地区所包围。《联合国海洋法公约》是极地地区最重要的国际法来源。现在，除中国外，日本、韩国、印度等大国和欧盟等重要政治实体对北极有着极大的兴趣，对于北极国家来说，中国属于"北极新来者"。[①]1982 年的《联合国海洋法公约》是建立世界海洋法律秩序的重要国际法律框架。《联合国海洋法公约》涉及的范围十分广泛，从授予沿海国家海洋管辖权和保证国际交流，到保护海洋环境。根据《联合国海洋法公约》序言称，制定的目的是"根据《宪章》所载的联合国的宗旨和原则，按照正义和平等的原则……促进和加强所有国家之间的和平、安全、合作和友好关系"[②]。

中国于 1982 年签署了《联合国海洋法公约》，该公约于 1994 年生效。《联合国海洋法公约》是 1972 年中国在联合国重新获得合法席位后签署的第一个国际公约。此外，这是中国积极参与谈判的第一个国际公约。1949 年新中国成立以来，就选择了国际海洋治理法律制度。中国将《联合国海洋法公约》视为对 1958 年《日内瓦公约》的重大改进，因为《联合国海洋法公

---

① On 15 May 2013, in Kiruna (Sweden), China, Japan, India, Singapore, Italy and the EU were granted permanent observer status at the Arctic Council (with some technical issues pertaining to the EU ban on seal products to be resolved before the decision could be implemented).

② Preamble, the United Nations Convention on the Law of the Sea of 10 December 1982. Available at: http://www.un.org/depts/los/convention_agreements/convention_overview_convention.htm.

约》是由更多国家签署的，在美国和苏联这两个海上霸主之间保持平衡。①

《联合国海洋法公约》为中国决策者和学者提供了参与北极海洋生态安全治理的法律依据。

公约赋予中国船舶在北冰洋专属经济区和国际海峡航行的自由。北冰洋航线可以大大节省在北欧和东亚之间过渡的成本和时间。这将为中国航运业带来巨大的经济效益，同时也将促进中国北海港口的发展。2013 年夏季，中国最大的航运企业中国远洋运输公司（COSCO）将商业集装箱船"永盛"号从大连运往鹿特丹，这是集装箱船首次通过北海航线（NSR）。另一个中远集装箱"红星"于 2013 年秋季通过北海航线运输。② 除航运权外，《联合国海洋法公约》还授予中国在北冰洋海区勘探资源的合法权利。在北极资源方面有两个现实：首先，北极海底的大部分未来石油和天然气位于距离北极沿岸国家基线 200 海里以内，因此沿海国家拥有探索它们的专有权；其次，根据《联合国海洋法公约》，如果可以证明海底的地质是其大陆架的"自然延伸"，沿海国家可以享有超过 200 海里的海底资源的管辖权。③

除北极国家的领土外，北冰洋属于国际公共海域，根据《联合国海洋法公约》以及一般国际法，非北极国家在北冰洋公海和海底区域享有捕鱼、航行、科研、资源勘探和开发等权利。中国在北极海洋生态安全治理方面遵守《联合国海洋法公约》，为世界各国树立了一个维持国际秩序的大国形象。

（二）《斯匹次卑尔根群岛条约》

《斯匹次卑尔根群岛条约》是北极区域治理最早的法律文件，是迄今为止唯一一个全球层面对北极区域的治理安排。该条约是由美、英、丹、法、意、日、挪、荷、瑞典等国于 1920 年 2 月 9 日在法国巴黎签署的一多边性

---

① Gao, Z. (2009), "China and the Law of the Sea" in Nordquist, M. H., Koh, T., and Moore, J. N. (eds) Freedom of Seas, Passage Rights and the 1982 Law of the Sea Convention (Leiden: Martinus Nijhoff), pp.265-295.

② "First container ship on Northern Sea Route", The Barents Observer, 21 Aug. 2013. <http://barentsobserver.com/en/arctic/2013/08/first-container-ship-northern-sea-route-21-08>.

③ Byers, M. (2013), International Law and the Arctic (Cambridge: Cambridge University Press, p.254; also see part 4 of UNCLOS Article 76,

国际条约。以后又有比、保、中、埃及、芬、德、希、沙特阿拉伯、摩纳哥、罗、南、瑞士、阿富汗、阿尔巴尼亚、奥、捷、匈、葡、委、苏等国先后宣布加入该条约。中国于 1925 年加入该条约。

斯匹次卑尔根群岛位于欧洲北部的北冰洋上，在巴伦支海、格陵兰海之间。斯匹次卑尔根群岛连同其东面的北地岛、南面的熊岛以及其周围的一些小岛，被挪威人称之为斯瓦巴德群岛意即"寒冷的海岸"，面积为 6.1229 万平方公里。斯匹次卑尔根岛是群岛中最大的一个岛，约占总面积的 50%，首府长年城即位于该岛上。该岛不仅盛产优质煤和其他矿产资源，而且具有比较重要的战略地位。

《斯匹次卑尔根群岛条约》条约规定：承认挪威对于斯匹次卑尔根群岛连同熊岛等拥有充分和完全的主权；该地区"将永远不得为战争的目的所利用"；挪威则承诺不在此建立或听凭建立任何海军基地、要塞；所有缔约国的国民均有权进入该地区，在遵守当地法律规定的条件下，在完全平等的基础上，从事一切海洋、工业、矿业和商业的业务活动。

三、推动北极海洋生态安全治理机制构建的软环境

随着全球化的推进，北极海洋生态安全治理已成为全球治理中的重要组成部分，北极地区自然资源的开发利用需同北极海洋生态安全的保护相适应，秉承在开发中保护的可持续发展原则，现行的北极海洋生态安全治理理念已不能完全适应新形势下的北极海洋生态安全治理。为了对北极海洋生态安全进行有效治理，需用一种更加符合北极海洋生态治理现实需求的、更加科学的理念来指导其治理机制的构建。围绕着北极海洋生态安全治理这个目标，系统内各构成要素（行为体）之间围绕该目标而进行的相互作用关系及其功能称之为北极海洋生态安全治理机制。目前北极海洋生态安全的治理主要依据联合国、国际海事组织、北极理事会、北极国家、近北极国家等主体间制定的相关法律、法规、协议、合作战略来推动。北极海洋生态安全治理机制并不限于北极环境保护同时包含治理主体间的协调机制、合作交流机制、信息沟通机制、应急管理机制、危机管理机制等在内的综合治理体系，

是一个完善法律、健全管理的治理模式和实现路径的动态相互关联的网络。从政策层面来讲，一个完善的北极海洋生态安全治理机制其治理主体应具有共同的利益观，广泛开展区域国际合作，该机制可提供更多的公共产品，能够精确掌握其供给和需求。

（一）"海洋命运共同体"理念

此理念是针对海洋领域提出的，亦为一种海洋治理理论的细分理论。海洋治理的概念为国家或者地区为了实现海洋持续发展建设和人与海洋和谐，而采取沟通协商与团结协作，在遵循联合国宪章和国际海洋法的前提下，共同开发利用海洋资源，海洋治理具体事务包含治理领域众多。此理念最早是由习近平总书记于 2019 年提出。现阶段，此理念的构建存在许多实际困难，比如全球气候变暖趋势明显，能源安全问题、网络安全问题和恐怖主义袭击时有发生，海洋环境保护和海洋生物保护工作进展缓慢。习近平总书记提出此理念，是为了推动世界海洋综合治理工作的深入开展，为世界海洋综合治理提供中国经验，亦是为了表明中国在治理世界海洋方面的态度，亦可有效补充与完善世界海洋综合治理体系。构建此理念就是构建人与海洋和谐，构建人与自然环境和谐发展，继而有助于维护人类生存环境的安全。中国积极推动构建此理念，不仅彰显了中国主动承担治理世界海洋问题的决心和大国担当，兑现加强海洋安全合作的承诺，亦有助于维护世界海洋和平稳定，推动涉海争议妥善解决，丰富世界海洋综合治理体系理论，促进海洋科学有序发展，最终实现人与海洋和谐共处、参与治理的国家合作共赢。此理念的提出有利于妥善解决治理体系化、资源分配以及海洋生态环境污染等问题，创新世界海洋环境安全屏障构建，指导世界海洋综合治理，构筑绿色发展与尊崇自然的生态体系。

海洋命运共同体理念是"命运共同体"理念在海洋领域的细化和聚焦，为海洋治理提供了新的价值观指引和目标导向。随着世界各国海洋保护意识不断增强，海洋治理越来越受到重视，在此背景下，"海洋命运共同体"理念自提出以来就一直受到学术界的广泛关注。在现有成果中，"海洋命运共同体"的理念内涵、基本定位与目标取向已基本明确。它包括海洋领域的共同安全、面对海洋问题的共同责任、应对海洋治理的共同行动、协同化治理机制、多元化治理主体以及治理空间与资源的整体性等方面的内容；具有政治安全、经济发展、生态文明、文化和谐等目标取向，可作为北极海洋生态安全治理机制运行的最高目标。

海洋生态问题政治化、国际化发展趋势，使得海洋生态治理上升为国际海洋政治问题，解决全球海洋生态治理问题的出路在于努力构建全球海洋生态治理的利益共同体。"海洋命运共同体"理念以合作共赢为价值目标，以共建共享为基本原则，要求国际社会的通力合作，这为北极海洋生态安全治理提供了良好的国际合作环境。"海洋命运共同体"理念是对"人类命运共同体"理念的丰富和发展，突出强调不同治理主体之间通过相互合作来维护共同的海洋利益，这不同于以往的治理理念，有助于完善北极海洋治理理念。"海洋命运共同体"理念促进政府、企业、社会等不同主体积极参与北极海洋生态安全治理，有效利用政治、法律、经济、空间规划等手段促进北极海洋生态安全治理，从而不断完善北极海洋治理机制。

（二）北极生态安全治理的区域国际合作

本来开发利用北极航道和自然资源的出发点是想推动全球经济共同发展的，但不可否认，现实情况比想象中的要糟糕，因为开发利用北极航道和自然资源的同时必然增加人类在此区域的活动，势必会影响北极生物，破坏北极海洋生态环境，影响北极原住民的原生态生活，破坏人类和谐友善。特别是如果油船于北冰洋航道航行时发生意外泄漏，导致北极海域大面积污染，那么将对世界海洋环境安全造成极大的威胁。因为北极水域中的海冰一旦被石油污染，则无法彻底清除，这些被污染的海冰中，有很多都是北极熊、海豹和海象所依托的物体，因此会导致上述生物的灭绝。于是北极现阶段的法律制度致力于减少和避免人类在开发利用北极过程中破坏和污染环境，不像之前的法律制度只是单纯鼓励投资，而现在的法律制度是强调保护北极生态，从不同维度出台了具有保护性特征的法律法规，当然北极内部国家亦于国内出台环境保护法加以对区域内环境的保护。北极理事会等北极事务有关组织分别把工作重心向保护生态环境、处理污染物和遏制气候变暖等方面，同时亦建立了适用于本区域的环保公约。

《联合国海洋法公约》规定了国家、地区和国际机构于防治海洋污染、减少海域上人类活动和共同保护海洋环境等行动纲领。此公约条款中的第二百三十四条是这样陈述的："沿海国为了控制、减少和防止船只于冰封区域航行所致的油泄漏污染等严重问题，有权依据联合国宪章及国际法，制定和出台不带有歧视性质的法律内容和规章制度，以求最大程度保护北极地区的冰封区域。并且这些法律内容和规章制度也要以科学为依据，不搞一刀切，应当适当顾及科学考察等绿色的航行。""冰封区域"是专门针对保护极地环境提出的。提出冰封区域这一概念是为了减少和避免对船只航行造成危险，更是为了避免有害船只对海洋造成污染，避免无法挽救的油泄漏风险，避免对北极生态造成巨大损失。北极内部国家如俄罗斯等国依据此公约条款，制定出台了关于整治北极水域船只污染的国内法。出台这些国内法不仅是为了保护北极水域环境，更是为了争取自身利益最大化。

北极事务具有典型的国际性，所以不应该仅限于北极内部国家参与。在全球一体化趋势的背景下，北极区域自然资源开发与航道利用所影响的区域大大超出自身区域。世界各国的共同责任是协力保护北极生态环境，共同应对全球气候变暖等问题。北极外部国家同样有治理北极区域的担当，亦存在此区域的合法权益，因此北极内部国家不应该完全把北极外部国家排除在北极治理之外。世界各国都应该积极投入人力物力及技术资金，改善自身不科学的生产方式和活动方式，共同遏制日益变暖的气候，防止北极区域污染状况严重恶化。当然仅仅依靠北极内部国家根本不可能独立完成北极治理这个超大工程，它是需要全人类、所有国家共同努力才可完成的，尤其是需要新兴经济体及发达国家作出应有的贡献，比如贡献治理北极区域污染的资金，提供环保技术等。全球一体化增加了经济元素的国际流动，加强了国家之间的相互依赖，开发利用北极区域丰富的自然资源和使用北极航道，皆会成倍增加人员、资金和物资的国际流动。也就是说北极区域汇集了太多的机遇和挑战。这就需要世界各国从全球利益的大局观出发，求同存异，共同面对北极区域存在的诸多机遇和挑战。北极外部国家亦为北极区域的环境影响者、资源产品开发者、航道使用者，不应该被北极内部国家排除在外。

2013 年召开的北极理事会内部组织大会是一次成功的大会，是一次具有里程碑意义的会议，因为代表了北极内部国家终于愿意和北极外部国家开展合作了。本次大会的宣言亦对中国等观察员国表示了热烈欢迎。观察员国的基本职能为观察和监督理事会的工作。不仅如此，北极理事会还勉励观察员国多参与北极区域环境污染治理的决策，贡献治理北极区域污染及基础设施的资金，提供科学技术、监测技术、环保技术等。北极理事会决策的决定权还是属于北极内部国家的独有权利，观察员国只能参与研究和讨论，提供自己的意见和建议，当然这些意见和建议皆为治理北极区域环境污染和开发利用北极区域丰富的自然资源。中国作为负责任的大国，始终遵循联合国宪章和国际海洋法，积极参与北极区域生态环境治理、资源开发利用、维护海上秩序、救助生命财产、预警与防治自然灾害、科学考察等。

（三）"冰上丝绸之路"建设

"冰上丝绸之路"作为"一带一路"建设理念的组成部分。2013 年，习近平主席出访中亚国家期间，提出构建"丝绸之路经济带"理念。后来，依靠诸多有效手段及途径，此理念得到落地执行及稳步推进。2015 年俄罗斯实施了最新制定的北方海航道发展方针，吸纳中国为航道建设的合作国。2017 年，北京举办"丝绸之路"高峰论坛。同年，北京成功举办了多个高峰论坛，涉及进口博览、中非合作、上海合作组织等。同年，中国政府报告中提出要建设途径北冰洋的亚欧通道。2019 年，第二届"丝绸之路"高峰论坛再次在北京隆重开幕。至此，"冰上丝绸之路"理念逐渐被更多的国家和地区、国际组织认可以及拥护，其影响力不断上升，其所受到关注程度亦不断增加。

构建此理念将对北极水域生态环境安全整治带来积极的影响，属于"一带一路"倡议及北极航道建设的有机结合。但国际社会没有世界性政府，难免会因为各自利益而发生冲突，进而影响国际合作，导致国际机制难于发挥该有的作用。因此呼吁世界各国从全球利益的大局观出发，求同存异，共同面对北极区域存在的诸多机遇和挑战。

国际机制对于行为体来说起到了信息获取的作用，它们可以保证信息的完整性。首先，这种机制下行为体提供的关于其相关领域的信息必须具有真实性，在国际规则中，这些成员国所提供的真实信息将用于各国之间共同的分享。在这种机制下相关信息的获取可以让各国对于潜在伙伴的相关政治质量进行评判，从而确定合理的合作对象。由于"冰上丝绸之路"的影响力逐步扩大，加上域外国家尤其是中国的积极推动，域外国家也获得了参与新北极区域合作机制的资格。在各国的共同努力下，未来"冰上丝绸之路"将获得更多更加完备的信息来保证北极生态的安全治理。

未来北冰洋非常有希望变成世界新的大渔场，因为大洋上面的海冰日益减少。2017 年，十方会谈在华盛顿签订了《公海捕鱼协定》，该协定于2008 年正式签署及生效。依照第六次会谈所达成的共识，此协定约定的有效年限为 16 年，若于有效年限内，没有任何一个签署国违反此协定，则此协定的有效年限可以再增加 5 年。由于现阶段北冰洋公海绝大多数仍然被海冰覆盖，根本不可能实施捕鱼活动，因此该协定现阶段来看仅属于一种预防性措施。该协定的最大作用为预防未来海冰大面积融化、北冰洋公海大肆开展捕鱼活动的危险情况，最大限度维护公海生态环境安全，同时亦可使人类研究公海的生态系统的时间更加充裕。该协定的主要特点为：关注到原住民的生存状况；限制了捕鱼的各种条件，以极力避免对公海生态系统以及鱼类种群产生不利的影响，同时亦可最大限度遏制捕鱼过度以及商业性捕鱼；自生效开始两年内实施"监测及科研联合项目"。为了确保北极地区协作制度全面落实及原住民的健康，推进该协定的落地执行，北极成员国需要建立一个专门机构，这个机构成员既包含北极原住民，亦包含北极各社区。依照此协定，面积庞大的北冰洋中部公海，将于未来十几年内谢绝一切商业性捕鱼活动。

由于北极事务具有典型的国际性，所以不应该仅限于北极内部国家参与。在全球一体化趋势的背景下，北极区域自然资源开发与航道利用所影响的区域大大超出自身区域。世界各国的共同责任是协力保护北极生态环境，共同应对全球气候变暖等问题。北极外部国家同样有治理北极区域的担当，亦存在此区域的合法权益。

此协定属于北极区域协作机制之一，在某种程度上能提供更加完善的信息，亦可约束公海渔业活动。此协定体现了北极区域多方协作的新模式，即 A5+5 模式，由重要利益攸关方同北冰洋周边各国共同商定公海渔业捕捞的问题。

从更根本最广泛的意义上来说，促进国际制度形成的勉励因素取决于共同利益或者共享的存在。"冰上丝绸之路"理念逐渐被更多的国家和地区、国际组织认可以及拥护，其影响力不断上升，其所受到关注程度亦不断增加。构建此理念将对北极水域生态环境安全整治带来积极的影响，属于"一带一路"倡议及北极航道建设的有机结合。构建此理念将有助于北极区域合作制度产生规模效益、减少交易成本，并且皆与"冰上丝绸之路"密切相关。依托国际机构的国际制度亦可为世界各国提供决策以及论坛。即使出现新谈判事项，国际制度已包含的规定还是能运用到新谈判事项中。

在这种制度下，行为体可以对将要合作的对象进行合理评估，对于可能发生的分歧进行有效预防，这对于行为体维护自身的利益有着不可估量的作用。而北极还有合作特遣组织于 2019 年提出对应的合作建议，来提升北极治理的国际合作机制。作为"冰上丝绸之路"重要内容之一的北极海洋合作应当具有一定的包容性，它应当不仅仅容纳北极国家，也应当接纳非北极国家的参与，同时它还具有一定的法律责任性，这是一种合理的区域合作机制。我国应当积极参与到这个机制中，为建立合理的北极海洋合作机制同时推动其在"冰上丝绸之路"中的应用贡献自己的最大努力。

北极互联互通特遣组在 2019 年提出了相关的报告，这些报告主要是关于北极区域基础设施的需求情况以及未来的建设情况，这一报告将在部长级会议中进行讨论，并有可能通过相关的法律条款来实施。而"冰上丝绸之路"的进行也必须依靠北极地区基础设施的建设。我国若能够积极参与到相关基础设施建设中，将会有效地提升"冰上丝绸之路"的融合和共同发展。

国际机制可以有效地减少交易的成本，合理利用有限资金，各国会有效地降低协议制定的成本。国际机制中各国会制定相关的协议内容，在国际组织的作用下，这些机制能够制定相关的发展程序来指引国家的发展。当新的谈判领域出现时，这些现有的机制可以灵活应用到新的领域中来。北极经济理事会成立于2014年9月，它的主要作用是推动北极地区各国之间的经济合作，因此它与"冰上丝绸之路"的发展有着密不可分的联系。我国如果能与该机构共同合作，就能够有效降低北极地区相关经济活动的成本，在某种特定的情况下，国际机制能够获得一定的规模效益，当某种有效的机制被建立后，若要对该机制相关的追加议题进行处理，所需要的成本相对于没有机制来说会更低。在国际机制的作用下，各国能够更加有效地进行合作和谈判，在降低成本的同时提升了合作效率。同时依靠国际机制各国对于伙伴国的相关行为和风险能够进行有效预测，从而降低风险成本。比如说，在北极航行方面，现有的北极海洋生态安全区域合作机制应用范围较广，而这些都少不了国际海事组织和北极理事会的积极参与，"冰上丝绸之路"的发展也必然要遵循相关的机制，从而获得一定的规模效益。

四、北极海洋生态安全治理机制构建的实现路径

尽管北极资源开发与新航道的开通将带来巨大经济效益，但仍需在确保生态环境平衡的前提下进行。北极海洋生态安全是北极生态环境平衡的基础，也是全球生态安全的前提，完善北极海洋生态安全治理是适应"人类命运共同体"构建的步骤，更是人类生存和发展的未来命运的重要保障。因此，完善北极海洋生态安全治理意义重大，以下将对如何加强北极海洋生态安全进行具体说明。

（一）构建统一的多边治理机制

目前，北极海洋生态安全治理缺乏一种统一的管理机制，治理主体虽然丰富多元但混乱无序；治理权力分散而薄弱；治理的框架不健全，难以对北极海洋生态安全进行有效治理。北极海洋生态安全治理缺乏外部指令和强制性，这使其在某种程度上是一种自组织行为。然而，自组织行为的关键靠制度，各行为以相互认可的某种规则作为行动依据，从而促使自组织成员各尽其责而又协调统一，自动地形成有序结构，形成统一的多边治理机制。然

而现阶段，北极海洋生态安全治理虽然受到重视，但是由于北极治理整体上还在处于初期阶段，治理机制不健全，北极海洋生态安全治理也不完善。各国或国际组织对北极海洋生态安全的治理大多依据一些具有广泛适用性的国际条约或协定，甚至一些"软法"国际性质的文件，治理机制较为松散。可以说现有的治理机制是一个不同国际条约、国际文件的松散集合，其各个构成要素的内容往往涉及某一具体的北极事务，且各构成要素大多相互独立，互不相关。这种机制过于分散且混乱，各条约、国际组织间的层次难以划清，没有形成统一体系，各国纷纷从自己的立场和利益出发，随意使用、解释甚至创制国际法规范。此外，国际条约、国际组织之间也常常发生重叠和冲突，严重削弱了适用于北极地区事务的国际法机制的权威，也加大了北极地区实现国际多边治理的难度。因此要加强和完善现有国际条约和国际组织所形成的机制，强化各个国际条约和国际组织之间的联结和合作，实现北极地区事务的国际治理。

北极地区复杂的国际关系，使得北极事务的处理也变得异常棘手。加之北极独特的自然环境，使得北极环境问题根本无法靠一两个国家去解决。由于我国不是北极国家，缺乏直接进行北极活动的平台，因此，同世界各国进行合作是我国参与北极活动和开展北极环保活动的一条基本途径。我国应该积极发展同北极国家尤其是俄美加等国的双边或多边关系，积极参与现有的北极合作机制，探求符合我国实际的合作模式，增进与北极国家之间的了解，清楚各自的利益诉求。深化资金与技术方面的务实合作，逐步成为北极事务管理过程中不可或缺的一部分。同时，为了改进非北极国家被边缘化的态势，维护我国以及其他广大非北极国家在北极的权益，我国要充分发挥自己在北极组织中的作用，加强非北极国家在北极事务上的通力合作。利用北极理事会对非北极国家开放的态度，促使更多的非北极国家成为北极理事会的观察员国，形成北极国家与非北极国家之间良性互动、密切合作解决全球问题的合作机制。制定我国的北极环境规划，并将其纳入国家战略之中，确立北极海洋生态安全的政策保障。以往许多国家只重研究不重实践，使得那些建立在自然科学研究基础之上的环保协议大多都比较独立，彼此之间缺乏联系，从而导致这些协议都没有约束性和执行力。在此，我国可以借鉴加拿大的北极环境保护策略，即重视北极环境保护的整体性，侧重建立宽领域、多层次、全方位的环境合作框架，形成有效的环境保护制度体系。我国应建立一套综合性的北极环境研究制度和具有约束力的政策性协议，以保障我国北极环保工作的顺利实施。在总结借鉴和科学预见的基础上，将国家协议和国内政策相结合，恰当灵活地利用国际协议来制定自己的法律法规，以使国际和国内同步。唯有如此，才能更好地实现我国的国家利益。同时，我国还要处理好政策与国家战略的关系，再好的政策若是不能上升到国家战略的高度，是很难在实际中受到重视的，其实施效果也是会大打折扣的。因此，我国在重视政策制定的同时，也要注意把政策纳入国家战略的轨道之中，把北极事务的处理与环境保护当成维护国家安全来看待，让理论和政策在实践中发挥建设性作用。

（二）健全和完善北极海洋生态安全治理的相关国际性法律规范

适用北极海洋生态安全治理的现有国际法律规范数量少，且内容缺乏专业性和针对性，因此完善北极海洋生态安全治理就必须加强相关的国际法律规范。具体来说，一方面，要重新制定新的法律规范。具有重要影响力的国际组织，应该督促其立法部门，针对北极海洋生态安全治理的各项事宜进行立法，为国际活动提供明确的法律依据，例如联合国、国际海事组织、北极理事会等具有重要影响力的国际组织，应该合作进行北极方面的综合立法，或在本组织工作范围内制定相应国际规范，分别规范北极事务参与行为体的活动，促进北极海洋生态安全治理；此外，主权国家，也可以制定本国的北极法律规范性文件，或者对北极海洋生态安全治理进行规范。另一方面，要修订和完善现有的国际性法律规范内容。首先，要对现有国际法中不再符合时代要求的，或者已经得到解决的问题进行修订；其次，对于原法中未涉及的新出现的问题，应该增加相关内容，完善现有国际法的内容，比如《联合国海洋法公约》中，涉及北极权益争端、资源分配、航道利用、海洋生态安全治理的规定就比较缺乏，因此，该法的制定主体应该与时俱进，把相应的北极海洋生态安全治理内容加入进去，在原法的基础上增加有关的约束。法律规范是约束行为体活动的最有效方式，也是治理的重要手段，制定和完善相关的国际性法律规范，对北极海洋生态安全治理意义重大。

　　诸多国家之间均有北极资源争端，争端的本质为经济利益的竞争，由于北极相关法律的制定比较滞后，因而争端问题很难轻而易举地解决。北冰洋沿岸国采用内部合作、外部封闭的方针策略，目的是获取大量的北极资源，这固然违背了维护全人类共同利益的原则，因而建立健全解决丰富资源争端的体系已经刻不容缓。通过分析比对多方解决模式，得到的结论为单凭一种体系来解决如此复杂的丰富资源争端是违背实际情形的，而是要基于共同开发的共识以及有关的法律规定，通过协商谈判等非武力方式妥善解决丰富资源争端问题，倘若通过协商谈判无法解决，再利用调解机制进行解决。首先，基于有关的法律规定，积极吸引域外国家加入。倡导公平开发利用北极公海资源，积极维护全人类共同的公海资源利益，给予公海沿岸国正当合法的权利义务。不仅应该实现北极区域各成员国利益最大化，亦要通过和平方式解决北极公海资源争端问题。仔细分析北极公海资源争端问题，其根源在于各国对资源的索求。但北极资源归属世界人民，为削弱北极内部国家的权利优势，防止其垄断所有资源，北极外部国家更要积极主动争取合法权益。因而，处理北极公海资源开发争端时，要以公平原则为出发点，这亦为削弱北极内外国家权利优势的最有效手段。其次，要以共同开发为实现途径，以协商谈判为实现方法，促进多个国家联合开发北极资源。所有国家都要依照约定，通过协作方式实施公海资源的开发利用。全球一体化增加了经济元素的国际流动，加强了国家之间的相互依赖，开发利用北极区域丰富的自然资源和使用北极航道，皆会成倍增加人员、资金和物资的国际流动。也就是说北极区域汇集了太多的机遇和挑战。这就需要世界各国从全球利益的大局观出发，求同存异，共同面对北极区域存在的诸多机遇和挑战。北极外部国家亦为北极区域的环境影响者、资源产品开发者、航道使用者，不应该被北极内部国家排除在外。①

———————

① 刘峻华：《国际海洋综合治理的立法研究》，硕士学位论文，山东大学，2016年，第37页。

北极海洋生态安全具有较大的跨国性以及全人类性，基于此，各国政府需要加强制度设计和法律保障。中国应该积极参与其中，在健全北极地区海洋国际立法的过程中建言献策，明确自身的北极权益和在国际社会的基本立场。首先，参与北极资源开发以及北极航运的国内立法，妥善处理同北极国家、参与北极事务的非北极国家间的关系，为北极事务的争端提供解决方式，避免摩擦。其次，可以考虑建立北极事务的综合管理机构，积极参与北极圆桌会议、安全论坛等活动，改进北极海洋生态安全规范，减少由海洋生态安全引发的外交冲突。最后，同"一带一路"倡议沿线国家不断协商交流，制定应对北极海洋生态安全破坏带来的自然灾害以及生态危机的相应预案，在问题发生时相互支援、共同应对。

（三）构建多元主体协调参与的治理体系

目前，北极海洋生态安全治理主体多表现为主权国家，治理主体较为单一，且由于北极特殊的地缘政治属性，参与北极海洋生态安全治理的各个主权国家之间存在严重的地位不平等。因此构建平等的多元主体治理体系应该从两个方面进行。第一，吸引不同的治理主体参与北极海洋生态安全治理，比如一些政府与非政府组织、跨国公司、社会团体、个人等行为体。不同层次的主体会关注不同的问题，因此多元主体治理能够使北极海洋生态安全治理更加完善，但是多元主体治理能够实现的前提是各层次的治理主体之间不会产生治理混乱，这就要求有系统的法律规范对这些治理主体进行约束。第二，促进治理主体之间的地位平等。治理主体之间地位不平等会严重影响处于弱势地位的主体发挥作用，严重影响北极海洋生态安全治理效果。比如，北极国家由于地理位置优势，在北极事务处理中占据绝对优势；而非北极国家则处于劣势地位，这严重限制了非北极国家进行海洋生态安全治理的作用。①

各参与主体加大科研投入，攻克北极海洋生态污染治理技术难题。北极海洋生态污染治理的技术难题是影响北极海洋生态安全治理的一个基础

① 卢静：《北极治理困境与协同治理路径探析》，《国际问题研究》2016 年第 5 期。

性、客观性、长期性的障碍，只有加大科研投入、攻克技术难题，在治污技术上取得进展，才能有效治理北极海洋生态污染，客观上保障北极海洋生态的安全。首先，加大北极海洋生态污染治理科研项目的资金支持。各主权国家应出台相应的政策，鼓励国内科研工作人员积极参与北极海洋生态污染治理的研究，对于有能力和科研实力的队伍，给予高额的科研经费以及相应的荣誉，吸引其积极投身到北极海洋生态治理的相关科研工作；国际组织也可以拿出相应的科研经费，鼓励各国参与到北极海洋生态安全治理中的研究人员。其次，由于人类对北极的认知整体上比较缺乏，单一国家的科研队伍进行科学考察进展缓慢，因此可以加强国家间的科研合作。可以设置一个"科研通道"，该通道不受国家限制，使每个国家都能够在最早的时间，了解到北极海洋生态污染治理的最新研究成果，增强国家之间的科研合作与科研成果共享，避免单一国家封闭科研所发生的重复研究问题，推进全球范围内北极海洋生态污染治理技术的进步速度。最后，加强北极地区的基础设施建设，为北极海洋生态污染治理提供相应的平台，这在一定程度上也为攻克技术难题提供了条件。

各参与主体加大北极海洋生态安全治理意识的宣传力度。大到国际社会、主权国家，小到国家内的社会团体、国家公民，都缺乏对北极海洋生态安全治理的意识。对某个事务意识的缺乏会导致个体或群体忽视该事务的重要性，从而限制了该事务的发展，北极海洋生态安全治理也是如此。增强各主体间的北极海洋生态安全治理意识，应从以下方面着手：第一，国际组织发挥其跨国性的优势，在国际范围内，宣扬北极海洋生态安全治理的重要性、必要性和可行性；制造国际性的舆论压力，向各主权国家或社会团体施加压力，促使各行为体重视北极海洋生态安全治理，并积极采取行动参与北极海洋生态安全的治理。第二，主权国家政府的相关宣传部门应该承担向国民普及北极相关知识的责任，可以通过报纸、广播、电视、网络等途径宣传北极知识，让国民对北极的气候变化、自然特征、国际形势、资源优势等特征有所认识，并在此基础上对国民的北极海洋生态安全治理意识进行培育，提升整个国家的北极海洋生态安全治理意识。第三，增强各国的"人类命运共同体"意识，北极海洋生态安全的重要性在世界范围内得以提升，就能使各国甚至其国民都深刻认识到，人类只有一个地球，世界各国各个地区都紧密相连，互相制约与促进，整个世界都处于一个"命运共同体"中。各行为体的命运共同体意识增强在一定程度上能够促使其保护自身生产和发展所需的环境与空间，从而积极参与到北极海洋生态安全治理实践中去。各国的北极海洋生态安全治理意识提高，并积极参与治理实践，是北极海洋生态安全治理的重要前提。

（四）大力推进"冰上丝绸之路"的建设

北极海洋生态安全治理机制与国际法治理之间的关系越来越密切，同时它的包容性也更强，越来越多的非北极国家将参与进来。我国借助北极航道的应用和发展，在"冰上丝绸之路"的建设中取得了很大的进步，但是要想获得各方共同利益的发展，资源的共同分享，道路的共同建设必须遵循"五通"原则，分别是道路互通、政策互通、贸易互通、货币互通以及民心互通。这对于我国和北极以及欧美国家贸易的共同发展有着积极的作用，同时它也能推动北极地区本身的经济发展。我国应当积极参与，在北极区域发展中贡献自己更多的力量，同时充分应用北极区域合作机制，推动北极区域治理的健康稳步进行。我国在积极履行相关的北极义务，遵循相关的国际公约的同时也应当积极参与北极区域的规则制定，保障我国的相关利益和权益，做好北极的科研工作，让北极治理拥有更多的数据支持，获得更高的国际地位，同时在北极环境保护问题上应当积极参与，保护北极生态环境。

在双边或者多边关系中，环北极区域尚无具有统一约束性的法律体系，因而周边国家特别是沿岸五国在航道归属等诸多问题上存在不同程度争议。例如俄罗斯与其他周边国家就存在北极东北航道权属的争端，因为东北航道潜在的经济利益巨大，经此航道航行能大大缩短航程，节省时间成本和耗油等成本。当然东北航道之于中国的意义亦非常重大，如果船只从中国大陆港口出发，经由北极东北航道去往欧洲西部港口，将缩短一半左右的航程，每年可节省各项成本高达数百亿甚至数千亿美元。① 比如"永盛+"项目共计航行六次，因为经由北极东北航道，所以共节约燃油数千吨、节省航行时间100多天、缩短航程3万多海里。我国与北极东北航道开展合作，具有极高的经济收益。②

北极经济理事会成立于2014年9月，成立的原因为加强北极水域的经济振兴，对北极水域经济合作的成本缩减产生正向的作用。国际制度亦对产生经济效益具有推动作用。倘若某种制度建立健全完善起来，处理追加议题的经济成本将明显缩减。倘若如此，世界各国之间的谈判变得更为容易方便，并且世界各国能在此国际制度范畴之内，预测出未来协作伙伴的目标，再依据此目标预测出未来协作伙伴的行动，最终使经济成本大幅降低。比如，北极地区协作体系拥有较大规模，是有关北极公海航行的，北极理事会与国际海事部门均在其中起到协调作用，"冰上丝绸之路"理念的落地执行必然同此机制产生紧密关联，同时促进经济效益的产生。

比如，"冰上丝绸之路"可以跟芬兰等国提出的"北极走廊"进行卓有成效的协作。芬兰等国提出建设北极走廊，第一是为了有效满足本国人民日益高涨的北极水域开发需求，第二是为了促进北冰洋水域及沿岸地区的交通运输发展。北极走廊的构建恰好可以同"冰上丝绸之路"产生战略对接，进而产生"冰上丝绸之路"的更多价值。芬兰政府一直积极参与中国的"冰上丝绸之路"构建，北极走廊项目负责人表示："中国的'冰上丝绸之路'发展理念与北极走廊发展理念非常吻合，该国非常愿意同我国进行深度协作，愿意发挥积极作用。"③ 在建设北极走廊理念的指导下，挪威及芬兰等国亦决心共同建设北冰洋沿岸的铁路，特别希望中方企业能够加入到这项铁路建设中来。后来，中方企业果真接受邀请，加入了该地区铁路建设工程，极大促

---

① 吴雯芳：《中俄共同打造冰上丝绸之路》，《潇湘晨报》2017年7月5日。

② 金暄：《让北极资源更多造福人类——"冰上丝绸之路"的未来畅想》，《中国远洋海运》2018年第10期。

③ 人民网：《"冰上丝绸之路"吸引世界目光》，2018年1月28日，http://world.people.com.cn/n1/2018/0128/c1002-29790791.html。

进了洲际货物的互联互通。挪威及芬兰等西欧国家非常支持我国倡导的"冰上丝绸之路"的发展建设，继而实现世界各地的互通互联。

"冰上丝绸之路"理念不是旧理念的重提，而是新的战略对接，目的是实现优势互补。"冰上丝绸之路"理念的发展建设，务必要同沿边国家相互协作，实现资源和战略对接，加快多边合作进程。不过，"冰上丝绸之路"理念的构建仍需关注以下三点。

1. 与俄罗斯加强交流，深化北极区域合作

以美国为首的北约始终企图将北极航线国有化，将俄罗斯排挤出北极航道。俄罗斯意识到需要通过科学考察，为该区域的航道争议解决提供科学依据，但受制于技术因素和经济因素，因为俄罗斯的生产技术和经济实力远远落后于欧美经济强国，因此俄罗斯一直谋求与我国开展技术与经济合作。我国也看准这个时机，于是提出与俄罗斯合作，俄罗斯从很早之前就开始钻研破冰技术，目的是为了早日实现北极航道开发和通航。目前世界上所有国家中，只有俄罗斯掌握生产最先进破冰船的技术，也是拥有最多破冰船的国家。因此，很多国家在北极水域航行中的破冰服务，皆是使用俄罗斯的破冰船。所以，中国应该在北极区域合作中加强与俄罗斯的政治互信，加强与俄罗斯的技术交流，中俄两个大国倘若能在北极区域合作中强强联合，那么势必会加快北极区域基础设施建设和北极东北航道的开发利用。

2. 倡导命运共同体理念，积极参与北极治理

全球气候变暖趋势明显，能源安全问题、网络安全问题和恐怖主义袭击时有发生，海洋环境保护和海洋生物保护工作进展缓慢。中国为了推动世界海洋综合治理工作的深入开展，为世界海洋综合治理提供中国经验，提出了"冰上丝绸之路"理念，亦是为了表明中国在治理世界海洋方面的态度，亦可有效补充与完善世界海洋综合治理体系。构建此理念就是构建人与海洋和谐，构建人与自然环境和谐发展，继而有助于维护人类生存环境的安全。中国积极推动构建此理念，不仅彰显了中国主动承担治理世界海洋问题的决心和大国担当，兑现加强海洋安全合作的承诺，亦有助于维护世界海洋

和平稳定，推动涉海争议妥善解决，丰富世界海洋综合治理体系理论，促进海洋科学有序发展，最终实现人与海洋和谐共处、参与治理的国家合作共赢。

3. 发展极地海洋技术，减少客观制约因素

全球一体化增加了经济元素的国际流动，加强了国家之间的相互依赖，开发利用北极区域丰富的自然资源和使用北极航道，皆会成倍增加人员、资金和物资的国际流动。也就是说北极区域汇集了太多的机遇和挑战。这就需要世界各国从全球利益的大局观出发，求同存异，共同面对北极区域存在的诸多机遇和挑战。北极自然气候环境恶劣，有一定程度的放射性污染，生态环境的重要威胁之一来自于大气气流从西欧携带来的污染物质。因此开发利用北极区域资源必须始终持有认真及负责的态度，尽最大努力保护脆弱的北极生态环境，确保该区域的环境安全，此任务已经刻不容缓。世界各国于北极公海资源开发利用中务必严格遵循环境保护原则；各国政府也务必完善事故责任制，定期进行环境评价，鼓励有能力的环保企业进驻该区域活动，以妥善处理人类活动给该区域造成的破坏。为改善该区域日趋严重的生态环境保护问题，世界各国应该对本国进行的实验活动及造成的污染情况采取实时监控，妥善处理漏油船只和报废船只，以防油泄漏污染给公海自然环境造成的灾难性危害；改进垃圾分类工作，处理之前由实验活动及人类活动所残留在公海的各类垃圾，提高垃圾再利用率，鼓励发展公海旅游业；扩大保护公海及自然保护区的范围，健全该区域自然保护区制度，完善该区域的环境监测制度体系，鼓励技术手段的创新。

（五）加强北极海洋生态安全治理的国际合作

北极海洋生态安全不仅对当地的经济与社会活动造成影响，更关乎世界人民的根本生存利益。北极海洋生态安全在地球生态系统之中地位特殊，其安全形势的变化足以在全球范围内产生广域性的影响，这使得北极海洋生态安全这一公共品带有强烈的全球效应，而北极环境公共性与治理资源稀缺性的耦合，则从客观上强调了国际合作的必要性，加强北极海洋生态安全治理的国际合作必须重新进行制度安排或议程设置，缓和北极海洋生态安全治

理国际合作的必要性与难实现性。①

北极海洋生态安全治理主体应该积极探讨合作领域，逐步推进北极海洋生态安全治理的国际合作。首先，北极航道问题受到世界各国的广泛关注，因此可以从北极航道治理问题上进行国际合作，各国可以在北极航运方面进行沟通与协调，从而实现国际合作，解决北极海洋航运治理问题。其次，在北极公海领域，任何国家都能进行科研考察活动，而从科研考察所获取的利益可以说是隐形的，各国之间对在北极海域进行科研考察活动的争议不多，因此可以就北极海洋科学考察方面进行国际合作。最后，北极海洋生态安全治理需要大量的资金支持，不同国家之间可以进行金融合作，加大治理的财力支持，为北极海洋生态安全治理提供良好的条件。

北极海洋生态安全关乎北极生态安全，更关乎世界和平与发展。由于人类进入北极的机会越来越多，北极原生海洋生态系统遭到一定程度的破坏，北极海洋生态安全的形势不容乐观，因此北极海洋生态安全治理显得极为重要。目前，北极海洋生态安全治理还不成熟，治理的技术和经验比较欠缺，治理机制不完善，缺乏相关的规则制度来引导治理活动，且缺乏良好的国际合作。这就要求加强北极海洋生态安全治理研究与实践，丰富治理经验，完善北极治理机制，建立统一协调多元的北极海洋生态安全治理机制。加强北极海洋生态安全治理有利于构建关乎人类未来的"人类命运共同体"，世界各国应该加强合作，共同致力于完善北极海洋生态安全治理的目标。

中国当下实行的"一带一路"倡议需要一个稳定的北极海洋生态，同时北极海洋生态的变化将给中国"一带一路"倡议以及沿线国家带来消极和积极两方面多层影响。面对北极事务，由于历史以及区位原因，中国很难占据优势，同时北极资源、航运、军事战略等多方面的优势促使各国对该地区的争夺较量更为加剧，而科研方面的加强将成为中国摆脱短板、提高竞争力和发言权的关键所在。对北极海洋生态安全的科研必须建立一支高水平的科

---

① 丁煌、马皓：《"一带一路"背景下北极环境安全的国际合作研究》，《理论与改革》2017年第5期。

研团队，注重实地科考和理论钻研，力争缩小同环北极国家乃至科技发达的非北极国家之间的差距。需要说明的是，对北极海洋生态等问题的科研不能够只局限于自然科学方面，还需要加强对北极地区人文社科方面的探讨。要想在北极事务中宣誓权利，就必须提供科学及法理等多方面的依据，同时加强在相关方面同世界各国的合作交流。

（六）加快构建北极海洋空间规划

海洋空间规划（Marine spatial planning，MSP）是一个公共过程，用于分析和分配人类活动在海洋区域的时空分布，以实现通常通过政治过程指定的生态、经济和社会目标（Ehler 和 Douvere，2007 年）。其特点包括：1. 跨经济部门和政府机构；2. 以战略和未来为导向，着眼于长远；3. 参与性，包括在整个过程中积极参与的利益相关者；4. 灵活性强，可以随实践进行调整；5. 以生态系统为基础，平衡生态、经济、社会和文化目标，实现可持续发展和维护生态系统服务的目标；6. 基于地点或区域，即通过生态、社会经济和管辖权因素确定的空间范围内所有人类活动的综合管理。[1]

在过去的 30 年里，各国政府在海洋规划方面取得了重大进展。海洋空间规划广泛应用在全球范围内，并且在科学和政策领域中越来越重要。2006年联合国教科文组织召开了第一届海洋空间规划国际研讨会，这是利用海洋空间规划手段实施基于生态系统的海岸带管理的第一次国际会议，该会议推动了海洋空间规划的普及与实施。[2] 目前，海洋空间规划正在约 70 个国家（即所有沿海国家的约 45%）中进行，包括六大洲和四个海洋盆地。

大多数北极国家已经为许多人类活动指定或划定海洋空间，如海上运输、油气开发、海上可再生能源、海上水产养殖和废物处理。2006 年，挪威议会批准了一项综合管理计划，关于部分巴伦支海挪威和洛富顿群岛以外海域的空间和时间管理措施，挪威议会还于 2010 年批准了挪威海综合管理计划。加拿大已经为其部分博福特海制定了一项综合管理计划，其中包括作

---

① Charles N. Ehler，"Arctic Marine Governance"，2014，pp.202-203.

② 张云峰、张振克等：《欧美国家海洋空间规划研究进展》，《海洋通报》2013 年第 3 期。

为其未来行动之一的海洋空间计划的制定。然而，尽管加拿大波弗特海洋计划在 2010 年得到渔业和海洋部长的"支持"，但尚未为其实施划拨资金。在美国，联邦政府规划了基于生态系统的海岸和海洋空间规划，包括白令海和楚科奇海、波弗特海。然而，美国在北极地区的其他海域规划仍旧滞后。除挪威外，大多数北极国家政府在推进海洋空间规划方面进展缓慢。①

因为大多数北极国家的海洋空间规划通常是在一个部门一个项目的基础上进行的，不太考虑对其他人类活动或海洋环境的影响。因此，这种情况导致了两种主要的冲突：1. 人类使用者之间的冲突；2. 人类使用者与海洋环境之间的冲突。

随着北极资源开发，随之而来的是一系列的资源开发次生问题。制定北极海洋空间规划，协调国家和地方利益，鼓励跨行政区协调合作，通过转移支付等手段，合理分配保护海域、开发海域与获益内陆等不同地方政府的利益分配，实现海域的复合高效利用等，是维护北极海洋生态安全的有效途径。北极海洋生态安全的维护需要跨国境协调合作，北极海洋空间规划的制定需北极利益相关方共同制定，海洋空间规划需在统一的政策环境下进行。但不同地区之间存在法律、政策和文化等方面的冲突，克服地区本位主义是目前北极海洋空间规划的一大难题。

海洋空间规划旨在实现社会、经济和生态多个目标，在制定北极海洋空间规划时应充分反映北极海洋空间规划领域出现的期望、机会或冲突。因此，让利益相关方，包括非北极国家、非政府组织以及北极的土著人民参与北极海洋空间规划是至关重要的。中国作为北极地区重要的利益相关者，应积极参与北极海洋空间规划，积极践行人类命运共同体理念，在北极事务中发出中国声音，提出中国方案，提升国际话语权；此外，在积极参与北极海洋空间规划的同时，应深入分析北极海洋空间规划对我国的政治、社会、经济产生的影响，未雨绸缪，研究应对策略。

---

① Charles N. Ehler, "Arctic Marine Governance", 2014, pp.200-201.

参 考 文 献

[1] 周洪钧、钱月娇：《俄罗斯对"东北航道"水域和海峡的权利主张及争议》，《国际展望》2012 年第 1 期。

[2] 陆俊元：《地缘政治的本质与规律》，时事出版社 2005 年版。

[3] 陆俊元：《北极地缘政治与中国应对》，时事出版社 2010 年版。

[4] [挪威] 英格丽·科瓦尔维克：《挪威与俄罗斯（前苏联）海洋划界谈判评估》，《亚太安全与海洋研究》2015 年第 5 期。

[5] 李振福、崔林嵩：《基于"通权论"的北极地缘政治发展趋势研究》，《欧亚经济》2020 年第 3 期。

[6] 王晨光、孙凯：《域外国家参与北极事务及其对中国的启示》，《国际论坛》2015 年第 1 期。

[7] 张祥国、李学峰：《论俄罗斯新版北极战略及其经济前景》，《东北亚经济研究》2022 年第 6 期。

[8] 曲兵：《从丹麦提出领土新主张看北极领土争端》，《国际研究参考》2015 年第 3 期。

[9] 匡增军：《2010 年俄挪北极海洋划界条约评析》，《东北亚论坛》2011 年第 5 期。

[10] 李学保、蒋玲：《非传统安全的概念辨析》，《科教文汇》（中旬刊）2007 年第 3 期。

[11] 丁德文、徐惠民、丁永生等：《关于"国家海洋生态环境安全"问题的思考》，《太平洋学报》2005 年第 10 期。

[12] 刘学成：《非传统安全的基本特性及其应对》，《国际问题研究》2004 年第 1 期。

[13] 傅勇：《非传统安全与中国》，上海人民出版社 2007 年版。

[14] [美] 莱斯特·R.布朗：《建设一个持续发展的社会》，祝三友等译，科学技术文献出版社 1984 年版。

[15] 徐继承、易佩荣：《人类的终极安全：生态安全》，《佳木斯大学社会科学学报》2004 年第 1 期。

[16] 张素君：《海洋生态安全法律问题研究》，硕士学位论文，中国海洋大学法政学院，2009 年。

[17] 张珞平等：《海洋环境安全：一种可持续发展的观点》，《厦门大学学报》（自然科学版) 2004 年第 8 期。

[18] 邓聿文、王丰年：《生态安全因素对中国经济影响力增大》，《科学决策月刊》2008 年第 2 期。

[19] 徐继承、易佩荣：《人类的终极安全：生态安全》，《佳木斯大学社会科学学报》2004 年第 1 期。

[20] 于淑文：《关于加强海洋安全和海洋权益保护的思考》，《行政与法》2008 年第 2 期。

[21] 刘中民：《国际海洋整治专题研究》，中国海洋大学出版社 2007 年版。

[22] 于淑文：《我国海洋生态环境现状及对策》，《中国水运》2009 年第 12 期。

[23] 帅学明、朱坚真：《海洋综合管理概论》，经济科学出版社 2009 年版。

[24] 刘明：《我国海洋经济安全现状与对策》，《中国科技投资》2008 年第 11 期。

[25] 陈惠彬：《天津海洋经济可持续发展面临严峻生态安全挑战》，《海洋环境保护》2005 年第 1 期。

[26] 张海滨：《环境与国际关系》，上海人民出版社 2008 年版。

[27] [日] 池田大作：《二十一世纪的警钟》，中国国际广播出版社 1988 年版。

[28] 黄全胜：《环境外交综论》，中国环境科学出版社 2008 年版。

[29] 刘中民、修斌、郭培清等：《国际海洋整治专题研究》，中国海洋大学出版社 2007 年版。

[30] 周忠海：《海洋法与国家海洋安全》，《河南省政法管理干部学院学报》2009 年

第 2 期。

[31] 张式军：《海洋生态安全立法研究》，《山东大学法律评论》2004 年第 1 期。

[32] 蔡先凤、张式军：《我国海洋生态安全法律保障体系的建构》，《三江论坛》2006 年第 3 期。

[33] 张其云：《海洋生态安全法律问题研究》，硕士学位论文，中国海洋大学法政学院，2009 年。

[34] 魏爱泓、徐虹、樊祥科等：《海洋生态环境影响、评价与监测管理若干问题的探讨》，《江苏环境科技》2007 年第 2 期。

[35] 李彦仓、周书敬：《基于改进投影追踪的海洋生态环境综合评价》，《生态学报》2009 年第 10 期。

[36] 毛文永：《生态环境影响评价概论》，中国环境科学出版社 2008 年版。

[37] 刘家沂：《生态文明与海洋生态安全的战略认识》，《太平洋学报》2009 年第 10 期。

[38] 叶属峰、温泉、周秋麟：《海洋生态系统管理——以生态系统为基础的海洋管理新模式探讨》，《海洋开发与管理》2006 年第 1 期。

[39] 丘君等：《基于生态系统的海洋管理：原则、实践和建议》，《海洋环境科学》2008 年第 1 期。

[40] 黎昕：《社会结构转型与我国生态安全体系的构建》，《福建论坛》（人文社会科学版）2004 年第 12 期。

[41] 周景博：《绿色经济核算的理论与方法》，《环境保护》2003 年第 10 期。

[42] 雷明：《中国绿色核算及经济环境协调发展战略选择》，《科学社会主义》2006 年第 5 期。

[43] 张炳炎：《中国的海洋生态》，《科学决策》2007 年第 12 期。

[44] ［美］莱斯特·布朗：《建设一个可持续发展的社会》，科学技术文献出版社 1984 年版。

[45] ［美］诺曼·迈尔斯：《最终的安全：政治稳定的环境基础》，上海译文出版社 2001 年版。

[46] 肖笃宁、陈文波、郭福良：《论生态安全的基本概念和研究内容》，《应用生态

学报》2002 年第 3 期。

[47] 陈星、周成虎:《生态安全:国内外研究综述》,《地理科学进展》2005 年第 6 期。

[48] 杨振姣:《人类命运共同体视域下北极海洋生态安全治理机制研究》,《理论学刊》2022 年第 3 期。

[49] 杨振姣、姜自福、罗玲云:《海洋生态安全研究综述》,《海洋环境科学》2011 年第 2 期。

[50] 夏立平、谢茜:《北极区域合作机制与"冰上丝绸之路"》,《同济大学学报》(社会科学版)2018 年第 4 期。

[51] 蔡子怡、游庆龙、陈德亮、张若楠、陈金雷、康世昌:《北极快速增暖背景下冰冻圈变化及其影响研究综述》,《冰川冻土》2021 年第 3 期。

[52] 黄德明,卢卫彬:《国际法语境下的"人类命运共同体意识"》,《中共浙江省委党校学报》2015 年第 4 期。

[53] [瑞典] 英瓦尔·卡尔松、什里达特·兰法尔主编:《天涯成比邻——全球治理委员会的报告》,赵仲强、李正凌译,中国对外翻译出版公司 1995 年版。

[54] 宋婧琳、张华波:《国外学者对"人类命运共同体"的研究综述》,《当代世界与社会主义》2017 年第 5 期。

[55] 庞中英:《"海洋命运共同体"是中国"认识海洋"的又一里程碑》,《华夏时报》2019 年 4 月 29 日。

[56] Ehler Charles 等:《海洋空间规划——循序渐进走向生态系统管理》,何广顺等译,海洋出版社 2010 年版。

[57] 许莉:《国外海洋空间规划编制技术方法对海洋功能区划的启示》,《海洋开发与管理》2015 年第 32 期。

[58] 刘曙光、纪盛:《海洋空间规划及其利益相关者问题国际研究进展》,《国外社会科学》2015 年第 3 期。

[59] 杨松霖:《中美北极科技合作:重要意义与推进理路——基于"人类命运共同体"理念的分析》,《大连海事大学学报》(社会科学版)2018 年第 5 期。

[60] 黄德明、卢卫彬:《国际法语境下的"人类命运共同体意识"》,《中共浙江省

委党校学报》2015 年第 4 期。

　　[61] 陈建芳、金海燕等：《北极快速变化的生态环境响应》，《海洋学报》2018 年第 10 期。

　　[62] 徐小杰：《新世纪的油气地缘政治——中国面临的机遇和挑战》，《世界经济》1999 年第 2 期。

　　[63] 张吉平、潘月明等：《北极能源之争难有句号——北极领土之争背后的能源暗战》，《新远见》2010 年第 8 期。

　　[64] 陆俊元：《北极地缘政治竞争的新特点》，《现代国际关系》2010 年第 2 期。

　　[65] 张超：《北冰洋矿产资源开发中生态环境保护法律制度的完善》，博士学位论文，山东大学，2018 年。

　　[66] 杨剑，郑英琴：《"人类命运共同体"思想与新疆域的国际治理》，《国际问题研究》2017 年第 4 期。

　　[67] 孙英、凌胜银：《北极：资源争夺与军事角逐的新战场》，《红旗文稿》2012 年第 16 期。

　　[68] 杨振姣、刘雪霞、辛美君：《我国增强在北极地区实质性存在的实现路径研究》，《太平洋学报》2015 年第 10 期。

　　[69] 孙天宇：《中国参与北极事务的实践探索及路径分析》，硕士学位论文，吉林大学，2017 年。

　　[70] 杨振姣、孙雪敏：《中国海洋生态安全治理现代化的必要性和可行性研究》，《中国海洋大学学报》（社会科学版）2016 年第 4 期。

　　[71] 国家海洋局极地专项办公室编：《北极地区环境与资源潜力综合评估》，海洋出版社 2018 年版。

　　[72] 余兴光：《变化、影响和响应：北极生态环境观测与研究》，海洋出版社 2017 年版。

　　[73] 林芯羽：《全球变暖对北极生物多样性的影响研究》，《低碳世界》2018 年第 12 期。

　　[74] 杨振姣、郑泽飞：《命运共同体背景下北极海洋生态安全治理存在的问题及对策研究》，《中国海洋大学学报》（社会科学版）2018 年第 5 期。

[75] 杨剑：《北极治理新论》，时事出版社 2014 年版。

[76] 陈玉刚、陶平国、秦倩：《北极理事会与北极国际合作研究》，《国际观察》2011 年第 4 期。

[77] 孙凯：《机制变迁、多层治理与北极治理的未来》，《外交评论》（《外交学院学报》）2017 年第 3 期。

[78] 叶江：《试论北极区域原住民非政府组织在北极治理中的作用与影响》，《西南民族大学学报》（人文社会科学版）2013 年第 7 期。

[79] 陈玉刚、陶平国、秦倩：《北极理事会与北极国际合作研究》，《国际观察》2011 年第 4 期。

[80] 张胜军、郑晓雯：《从国家主义到全球主义：北极治理的理论焦点与实践路径探析》，《国际论坛》2019 年第 4 期。

[81] 肖洋：《北极理事会"域内自理化"与中国参与北极事务路径探析》，《现代国际关系》2014 年第 1 期。

[82] 郭培清、孙凯：《北极理事会的"努克标准"和中国的北极参与之路》，《世界经济与政治》2013 年第 12 期。

[83] 孙凯：《参与实践、话语互动与身份承认》，《世界经济与政治》2014 年第 7 期。

[84] 王传兴：《北极治理：主体、机制和领域》，《同济大学学报》（社会科学版）2014 年第 2 期。

[85] 柳思思：《"近北极机制"的提出与中国参与北极》，《社会科学》2012 年第 10 期。

[86] 张胜军：《从国家主义到全球主义：北极治理的理论焦点与实践路径探析》，《国际论坛》2019 年第 4 期。

[87] 唐国强：《北极问题与中国的政策》，《国际问题研究》2013 年第 1 期。

[88] 李志文、高俊涛：《北极通航的航行法律问题探析》，《法学杂志》2010 年第 11 期。

[89] 白佳玉、李静：《美国北极政策研究》，《中国海洋大学学报》（社会科学版）2009 年第 5 期。

[90] 田延华、郭培清：《加拿大北极战略》（下），《海洋世界》2010 年第 12 期。

[91] 赵宁宁：《小国家大格局：挪威北极战略评析》，《世界经济与政治论坛》2017年第 3 期。

[92] 郭培清、卢瑶：《北极治理模式的国际探讨及北极治理实践的新发展》，《国际观察》2015 年第 5 期。

[93] 刘惠荣、陈奕彤、董跃：《北极环境治理的法律路径分析与展望》，《中国海洋大学学报》（社会科学版）2011 年第 2 期。

[94] 杨振姣、董海楠、唐莉敏：《北极海洋生态安全面临的挑战及应对》，《海洋信息》2014 年第 2 期。

[95] 韩逸畴：《论联合国与北极地区之国际法治理》，《中国海洋大学学报》（社会科学版）2011 年第 2 期。

[96] 刘中民、唐斌：《国际环境法基本原则研究评析》，《中国海洋大学学报》（社会科学版）2007 年第 4 期。

[97] 杨凡：《北极生态保护法律问题研究》，硕士学位论文，中国海洋大学资源与环境保护法学，2014 年。

[98] 郭培清、王书鹏：《印度北极战略新动向：顶层设计与实践进程》，《南亚研究季刊》2022 年第 3 期。

[99] 贾桂德、石午虹：《对新形势下中国参与北极事务的思考》，《国际展望》2014年第 4 期。

[100] 谢晓光、程新波、李沛珅：《"冰上丝绸之路"建设中北极国际合作机制的重塑》，《中国海洋大学学报》（社会科学版）2019 年第 2 期。

[101] 狄乾斌、韩旭：《国土空间规划视角下海洋空间规划研究综述与展望》，《中国海洋大学学报》（社会科学版）2019 年第 5 期。

[102] 薛桂芳：《〈联合国海洋法公约〉体制下维护我国海洋权益的对策建议》，《中国海洋大学学报》（社会科学版）2005 年第 6 期。

[103] 白佳玉、隋佳欣：《论北冰洋海区海洋划界形势与进展》，《上海交通大学学报》（哲学社会科学版）2018 年第 6 期。

[104] 叶静：《加拿大北极争端的历史、现状与前景》，《武汉大学学报》（人文科学版）2013 年第 2 期。

[105] 吴慧：《"北极争夺战"的国际法分析》，《国际关系学院学报》2007 年第 5 期。

[106] 黄志雄：《北极问题的国际法分析和思考》，《国际论坛》2009 年第 6 期。

[107] 刘晔：《从北极航道到"冰上丝绸之路"》，《港工技术》2018 年第 1 期。

[108] 孙立广：《中国的极地科技：现状与发展刍议》，《人民论坛·学术前沿》2017 年第 11 期。

[109] 杨博锦：《遥感卫星影像在地理国情普查中的应用》，《电子技术与软件工程》2019 年第 5 期。

[110] 刘圆、韩进喜：《海洋卫星应用系统现状及发展》，《国际太空》2019 年第 3 期。

[111] 李振福、刘同超：《北极航线地缘安全格局演变研究》，《国际安全研究》2015 年第 6 期。

[112] 唐小松、尹铮：《加拿大北极外交政策及对中国的启示》，《广东外语外贸大学学报》2017 年第 4 期。

[113] 孙凯：《"美国治下"的北极治理》，《世界知识》2016 年第 22 期。

[114] 王浩宇：《中国参与北极治理：理念与路径研究》，《对外经贸》2022 年第 4 期。

[115] 杨剑：《域外因素的嵌入与北极治理机制》，《社会科学》2014 年第 1 期。

[116] 徐增辉：《全球公共产品供应中的问题及原因分析》，《当代经济研究》2008 年第 10 期。

[117] 张茉楠：《中国参与全球公共产品供给的机制及路径》，《发展研究》2017 年第 11 期。

[118] 吴志成、李金潼：《国际公共产品供给的中国视角与实践》，《政治学研究》2014 年第 5 期。

[119] 肖育才、谢芬：《全球公共产品供给的困境与激励》，《税务与经济》2013 年第 3 期。

[120] 马建英：《"软权力"论与国家崛起刍议》，《江苏广播电视大学学报》2008 年第 1 期。

[121] 吴美华、张彦伟：《基于全球框架的新公共金融理论》，《金融研究》2006 年第 12 期。

[122] 李德顺：《用"合作式对话"代替"比较式对话"》，《北京日报》2019 年 8 月

26 日。

[123] 王琪、崔野：《将全球治理引入海洋领域——论全球海洋治理的基本问题与我国的应对策略》，《太平洋学报》2015 年第 6 期。

[124] 钟震山：《全球治理视域下人类命运共同体思想研究》，《决策探索》（中）2021 年第 1 期。

[125] 赵晨光：《全球治理新思考：发展中国家的视角》，《当代世界》2010 年第 10 期。

[126] 金英君：《社会党国际"全球治理"理论述评》，《中共天津市委党校学报》2006 年第 4 期。

[127] 俞可平：《全球治理引论》，《马克思主义与现实》2002 年第 1 期。

[128] 徐继承等：《人类的终极安全：生态安全》，《佳木斯大学社会科学学报》2004 年第 1 期。

[129] 杨振姣、姜自福：《海洋生态安全的若干问题——兼论海洋生态安全的含义及其特征》，《太平洋学报》2010 年第 6 期。

[130] 何志鹏：《从国际经济新秩序到可持续发展——国际经济法治目标的升华》，《国际经济法学刊》2008 年第 3 期。

[131] 王秋辉：《生态政治的理论渊源浅探》，《法制博览》2017 年第 24 期。

[132] 刘京希：《生态政治论》，《学习与探索》1995 年第 3 期。

[133] 丁煌、朱宝林：《基于"命运共同体"理念的北极治理机制创新》，《探索与争鸣》2016 年第 3 期。

[134] 刘峻华：《国际海洋综合治理的立法研究》，硕士学位论文，山东大学，2016 年。

[135] 卢静：《北极治理困境与协同治理路径探析》，《国际问题研究》2016 年第 5 期。

[136] 金暄：《让北极资源更多造福人类——"冰上丝绸之路"的未来畅想》，《中国远洋海运》2018 年第 10 期。

[137] 丁煌、马皓：《"一带一路"背景下北极环境安全的国际合作研究》，《理论与改革》2017 年第 5 期。

[138] 张云峰、张振克等：《欧美国家海洋空间规划研究进展》，《海洋通报》2013

年第 3 期。

[139] RICHARD ULLMAN. Redefining Security, International Security, Summer1983；Jessica Mathews, Redefining security, Foreign Affairs, Spring 1989.

[140] BANY BUZAN. People, States and Fear: An Agenda f or International Security Studies in the Post-Cold War Era, Hemel Hempstead: Harvesters-Wheat sheaf, 1991.

[141] United Nations Development Programme. Human Development Report, 1993, New York: Oxford University Press, 1993.

[142] United Nations Development Programme. Human Development Report, 1994, New York: Oxford University Press, 1994.

[143] Bruntland, G. "Our common future", The World Commission on Environment and Development. Oxford: Oxford University Press, 1987.

[144] MCNELIS D.N., SCHWEITZER G.E..Environmental security: An evolving concept. *Environmental Science and Technology*. No.35, 2001.

[145] Cohen J, Screen J A, Furtado J C, et al: "Recent Arctic amplification and extreme mid-latitude weather", *Nature Geoscience*, Vol 7, No. 9, 2014.

[146] Christine R.Guluzian: "Making Inroads: China's New Silk Road Initiative ", *Cato Journal*, Vol.37, No.1, 2017.

[147] Zavyalova Natalya: "BRICS Money Talks: Comparative Socio-cultural Communicative Taxonomy of the New Development Bank", *Research in International Business and Finance*, Vol.39, Part A, 2017.

[148] Nam-Kook Kim: "Trust Building and Regional Identity in Northeast Asia", *IAI Working Paper*, Vol.17, No.10, 2017.

[149] Young O R.: "Governing the Arctic Ocean", *Marine Policy*, No.72, 2016.

[150] Melissa M. Foley, Benjamin S. Halpern, et al: "Guiding ecological principles for marine spatial planning", *Marine Policy*, Vol 34, No.5, 2010.

[151] Vanessa S, Janette L, et al.: "Rogers. Practical tools to support marine spatial planning: A review and some prototype tools", *Marine Policy*, No.38, 2013.

[152] Pomeroy R, Douvere F.: "The Engagement of Stakeholders in the Marine Spatial

Planning Process", *Marine Policy*, No.32, 2008.

[153] Stokke O S. "Examining the Consequences of Arctic Institutions", *Brookings Institutio*, 2007.

[154] Judah L Cohen, Jason C Furtado, Mathew A Barlow, Vladimir A Alexeev and Jessica E Cherry. "Arctic warming, increasing snow coverand widespread boreal winter cooling", *Environmental Research Letters*, Vol.7, 2012.

[155] R. Bintanja, O. Andry. "Towards a rain-dominated Arctic", *Nature Climate Change*, Vol. 7, 2017.

[156] Yevgeny Aksenov, EkaterinaE.Popova, AndrewYool, A.J.GeorgeNurser, Timothy D.Williams, LaurentBertino, JonBergh. " On the future navigability of Arctic sea routes: High-resolution projections of the Arctic Ocean and sea ice", *Marine Policy*, Vol.75, 2017.

[157] Gragson, and Ted. "From Principles to Practice: Indigenous Peoples and Biodiversity Conservation in Latin America\r. International Working Group for Indigenous Affairs (IWGIA)", *Journal of Anthropological Research*, Vol.55, No.2, 1999.

[158] Sebastian Knecht, "Arctic Regionalism in Theory and Practice: From Cooperation to Integration", Arctic Yearbook 2013, 2013.

[159] L. Heininen, "State of the Arctic Strategies and Policies-A Summary", in L. Heininen, H. Exner-Pirot, and J. Plouffe, ed., Arctic Yearbook 2012, Akureyri, Iceland: Northern Research Forum, 2012.

[160] Sebastian Knecht and Kathrin Keil, "Arctic Geopolitics Revisited: Spatialising Governance in the Circumpolar North", *The Polar Journal*, Vol.3, No.1, 2013.

[161] Cecile Pelaudeix, "What is 'Arctic Governance'? A Critical Assessment of the Diverse Meanings of 'Arctic Governance'", The Yearbook of Polar Law VI, Leiden: Koninklijke Brill NV, 2015.

[162] Chircop, Aldo. "Regulatory Challenges for International Arctic Navigation and Shipping in an Evolving Governance Environment", *Ocean Yearbook Online*, Vol. 28, No.1, 2014.

［163］ A. Chircop，N. Letalik，T.L. McDorman，S. Rolston，The Regulation of International Shipping：International and Comparative Perspectives，Boston：Brill/Nijhoff，2012.

［164］ Young O R. "Governing the Arctic Ocean"，*Marine Policy*，Vol.72，2016.

［165］ Stokke O S. "Examining the Consequences of Arctic Institutions"，Brookings Institutio，2007.

［166］ Charles N. Ehler，"Arctic Marine Governance"，2014，pp.202-203.